高职高专计算机规划教材

数字媒体应用教程

主　编　沈大林　万　忠
副主编　王爱赪　刘　薇　张　伦
　　　　王浩轩　曾　昊

中国铁道出版社
CHINA RAILWAY PUBLISHING HOUSE

内 容 简 介

数字媒体是指数字化的文字、图形、图像、声音、视频和动画等以二进制数形式记录的信息载体。数字媒体技术是以计算机、显示、信息处理、存储、网络通信、人机交互、流媒体、大数据、云计算与云服务和多媒体综合应用等技术为基础，不断迅速发展起来的新技术。

本书共 9 章，介绍了数字媒体和数字媒体技术的一些基本知识，使用 20 多种软件进行数字媒体采集和格式转换的方法，编辑处理 PDF 格式文字、图像、动画、音频和视频等数字媒体的基本操作方法和操作技巧等。本书通俗易懂，理论和操作方法相结合，配有适当案例制作，使读者在学习后可以快速入门，而且可以达到较高的水平，具有很强的实用价值。

本书适合作为高等职业院校计算机专业和非计算机专业的教材，也可作为培训学校的培训教材，还可作为数字媒体爱好者的自学用书。

图书在版编目（CIP）数据

数字媒体应用教程/沈大林，万忠主编．—北京：
中国铁道出版社，2016.8
高职高专计算机规划教材
ISBN 978-7-113-21742-6

Ⅰ．①数… Ⅱ．①沈… ②万… Ⅲ．①数字技术 –
多媒体 – 高等职业教育 – 教材 Ⅳ．①TP37

中国版本图书馆 CIP 数据核字（2016）第 088789 号

书　　名：数字媒体应用教程
作　　者：沈大林　万　忠　主编

策　　划：祁　云		读者热线：(010) 63550836
责任编辑：祁　云　冯彩茹		
封面设计：白雪		
责任校对：汤淑梅		
责任印制：郭向伟		

出版发行：中国铁道出版社（100054，北京市西城区右安门西街 8 号）
网　　址：http://www.51eds.com
印　　刷：北京明恒达印务有限公司
版　　次：2016 年 8 月第 1 版　2016 年 8 月第 1 次印刷
开　　本：787 mm×1 092 mm　1/16　印张：22.75　字数：508 千
书　　号：ISBN 978 – 7 – 113 – 21742 – 6
定　　价：49.00 元

数字媒体包括数字化的文字、图形、图像、声音、视频和动画等以二进制数形式记录的信息载体。数字媒体技术是以计算机、显示、信息处理、存储、网络通信、人机交互、流媒体、大数据、云计算与云服务和多媒体综合应用等技术为基础，不断迅速发展起来的新技术。本书介绍了数字媒体和数字媒体技术的一些基本知识，使用各种媒体软件进行数字媒体的采集和格式转换的方法，编辑处理文字、图像、动画、音频和视频等数字媒体的基本操作方法和操作技巧等。

本书共9章，第1章介绍了数字媒体和数字媒体技术基础知识，文本、图形、图像、音频、动画和视频媒体基础知识；第2章介绍了PDF格式文档的阅读和编辑的基本方法，用"PDF转换通"和"中文版Solid ConverterPDF"软件进行PDF格式转换的方法，以及Adobe Reader、"PDF精灵阅读器""福昕PDF阅读器"和Adobe Acrobat软件的使用方法；第3章介绍了使用Windows录音软件、"超级MP3录音机"和"蓝光影音MP3录音机"软件录音的方法，使用"中文PicPick"和"红蜻蜓抓图精灵2015"软件截图的方法，以及"录屏大师"、ZD Soft Screen Recorder和汉化SnagIt软件的使用方法；第4章介绍了"音频编辑专家8.2"、FairStars Audio Converter和"格式工厂"软件进行音频格式转换的方法，使用"音频编辑专家8.2"软件进行音频简单编辑的方法；介绍了"格式工厂"软件进行视频格式转换的方法，用"视频编辑专家8.3"软件进行视频格式转换和视频简单编辑的方法；第5章介绍了使用"美图秀秀"软件进行图片简单处理的方法；第6章介绍了使用中文PhotoImpact 10.0软件制作和处理图像的方法，还介绍了8幅图像制作案例的操作方法；第7章介绍了使用中文GIF Animator 5和中文Ulead COOL 3D软件制作各种GIF格式动画的方法，以及制作AVI等格式动画的方法，还介绍了10个动画制作案例的操作方法。第8、9章介绍了使用"会声会影X5"软件创建和编辑视频文件的基本方法和6个案例的制作方法与制作技巧。

本书通俗易懂，理论、操作方法和案例制作相结合，可以使读者在学习时，不但知其然，还能知其所以然，不但能够快速入门，而且可以达到较高的水平。

本书由沈大林、万忠任主编，王爱赪、刘薇、张伦、王浩轩、曾昊任副主编，参加本书编写的人员还有：赵玺、郑淑晖、张秋、沈昕、肖柠朴、郑鹤、郝侠、丰金兰、许崇、郭海、陶宁、郭政、郑原、王加伟、孔凡奇、李宇辰、苏飞、王小兵、郑瑜、毕凌云、关山、于建海等。

由于编者水平有限，加之时间仓促，书中难免存在疏漏和不足之处，恳请广大读者批评指正。

编　者

2016 年 6 月

CONTENTS　　▶▶▶　　　　　　　　　　　　　　　　　　　　　　　　　　　**目录**

第 1 章　数字媒体概述

本章主要介绍数字媒体和数字媒体技术的基本概念和基本知识，以及文本、图形、图像、音频、动画和视频的基本概念和基本知识。

1.1　数字媒体和数字媒体技术简介

1.1.1　数字媒体简介

1. 媒体分类

媒体是指信息传递和存储的基本技术、手段和工具，是信息存在和表现的形式，是承载信息的载体。按照国际电信联盟（ITU）电信标准部（TSS）的建议，定义媒体有以下5类。

（1）感觉媒体：是指能够直接作用于人的感觉器官（听觉、视觉、味觉、嗅觉和触觉），并使人产生直接感觉的媒体。人类感知信息的第一个途径是视觉，获取外部信息的70%～80%是从视觉获得的；人们从外部世界获取信息的10%左右是通过听觉获得的；第三个途径是通过嗅觉、味觉和触觉，获取的信息量约占10%。目前，计算机可以处理文字、图形、图像、动画和视频等视觉媒体，声音、音乐等听觉媒体，甚至触觉媒体都可以由计算机识别和处理。

（2）表示媒体：是指为了传播感觉媒体而人为研究和创建的媒体，它以编码的形式反映不同的感觉媒体。它的目的是为了更有效地将感觉媒体从一个地方传播到另一个地方，以便于对其进行加工、处理和应用。例如，日常生活中的条形码和电报码等，计算机中使用的文本编码、声音编码、图像编码、动画和视频编码等。

（3）表现媒体：是指感觉媒体输入到计算机中或通过计算机展示感觉媒体的物理设备，即获取和显示感觉媒体信息的计算机输入和输出设备。例如，显示器、打印机、音箱等输出设备，键盘、鼠标、话筒、扫描仪、数码照相机、摄像机等输入设备。

（4）存储媒体：是指存储、传输、显示媒体数据的物理设备，也叫实物媒体。例如，硬盘、磁带、光盘、内存和闪存等。

（5）传输媒体：是指将表示媒体从一个地方传播到另一个地方的物理设备，即传输数据的物理设备。例如，电缆、光纤、无线电波的发送与接收设备等。

在使用计算机中，人们首先通过表现媒体的输入设备将感觉媒体转换为表示媒体，再存放在存储媒体中，计算机将存储媒体中的表示媒体进行加工处理，然后通过表现媒体的输出设备将表示媒体还原成感觉媒体，反馈给用户。可以看出，5 种媒体的核心是表示媒体，所以通常将表示媒体称为媒体。因此，可以认为多媒体就是多样化的表示媒体。

ITU 对多媒体含义的表述是：使用计算机交互式综合技术和数字通信网技术处理的多种表示媒体，使多种信息建立逻辑连接，集成为一个交互系统。

2. 数字媒体定义和分类

（1）数字媒体定义：数字媒体（Digital Media）是以二进制数的形式获取、记录、处理和传播过程的信息载体，这些信息载体包括二进制数字化的文字、图像、图形、动画、音频和视频影像等信息。任何信息在计算机中存储和传播时都可以分解为一系列二进制数"0"和"1"的排列组合。因此，通过计算机存储、处理和传播的信息媒体被称为数字媒体。

用计算机记录和传播的信息媒体有一个共同特点，就是信息的最小单元是比特（bit）。比特只是一种存在的状态，可以表示为"0"或"1"，可以用来表现文字、图像、动画、影视、语音和音乐等信息，这些信息的融合被称为数字媒体。数字媒体是以比特的形式通过计算机进行存储、处理和传播。交互性能的实现，在模拟域中是相当困难的，而在数字域中却容易得多。因此，具有计算机的"人机交互作用"是数字媒体的一个显著特点。

（2）数字媒体分类：数字媒体可以按照不同的方式划分，简介如下。

①按时间属性分类：可分成静止媒体和连续媒体。静止媒体（Still Media）是指内容不会随着时间而变化的数字媒体，如文本和图片。连续媒体（Continues Media）是指内容随着时间而变化的数字媒体，如音频、视频、虚拟图像等。

②按来源属性分类：可分为自然媒体和合成媒体。自然媒体（Natural Media）是指客观世界存在的景象和声音等，经过电子设备进行数字化和编码处理后得到的数字媒体，例如，数码照相机拍的照片，数字摄像机拍的影像和电影等，录音机录制的数字音频等。

合成媒体（Synthetic Media）是指以计算机为工具，采用特定符号、语言或算法生成（合成）的文本、声音、音乐、图形、图像、动画和视频等。例如，用图像绘制软件绘制的图形和图像，用软件创建的文档，用软件制作的音乐、动画和视频等。

③按组成元素划分：可分成单一媒体和多媒体。单一媒体（Single Media）是指单一信息载体组成的媒体。多媒体（Multimedia）是指多种信息组成的媒体，包含各种表现形式和传递方式的各种媒体。通常，数字媒体就是指多媒体。

3. 流媒体

流媒体是指采用流式传输的方式在因特网（Internet）或企业网（Intranet，是在组织内部使用 Internet 技术实现通信和信息访问的网络）播放的媒体格式，例如音频和视频等文件。流媒体在播放前并不是将整个文件都下载后再播放，而是边下载边播放，只是在开始时有些延迟，与平面媒体不同。开始时先将部分内容下载后存入内存，在计算机中对数据包进行缓存，再将媒体数据输出。流媒体最大的特点在于互动性，这也是互联网最具吸引力的地方。

实现流媒体的关键技术就是流式传输，流式传输主要是指将整个音频、视频和三维媒体等多媒体文件经过特定的压缩方式生成一个个压缩包，由视频服务器向用户计算机顺序和实时传送。在采用流式传输方式的系统中，用户只需经过几秒或几十秒的启动延时即可在用户的计算机上利用解压设备对压缩的 A/V、3D 等多媒体文件解压后进行播放。此时多媒体文件的剩余部分将在后台的服务器内继续下载。这与非流式传输的单纯下载方式相比，不仅使启动延时大幅度地缩短，减少用户等待的时间，而且对系统缓存容量的需求也大大降低。

1.1.2　数字媒体技术简介

1. 什么是数字媒体技术

数字媒体技术是指通过现代计算和通信手段，把文字、音频、图形、图像、动画和视频等多媒体信息进行数字化采集、压缩/解压缩、编辑、存储等加工处理，再以单独或合成形式表现出来，使抽象的信息变成可感知、可管理和交互的一体化技术。数字媒体技术是以计算机、存储、显示、信息处理、通信、网络、流媒体、云和云服务、人机交互、多媒体和综合应用技术为基础，通过设计规划、艺术设计融合的新技术。例如，数字视听、动漫、网络资源共享、娱乐和手机通信等。数字媒体的表现形式更具有视觉冲击力和互动特性。

数字媒体技术主要研究与数字媒体信息的获取、处理、存储、传播、管理、安全、输出等相关的理论、方法、技术与系统。数字媒体技术的核心技术是数字信息的获取、存储、处理、管理、安全保证、传输和输出技术等，以及基于数字传输技术和数字压缩处理技术的广泛应用于数字媒体网络传输的流媒体技术，基于计算机图形技术的广泛应用于数字娱乐产业的计算机动画技术，基于人机交互、计算机图形和显示等技术的广泛应用于娱乐、广播、展示与教育等领域的虚拟现实技术等。

2. 数字媒体技术的基本特性

（1）数字化：不同于模拟信号，数字媒体技术处理的都是二进制数字信息，这是信息能够集成的基础。数字媒体具有数量大、差别大、类型多、输入输出设备复杂等特点。

（2）多样性：是指多媒体种类的多样化。多媒体的多样化使计算机所能处理的信息空间扩展和放大，不再局限于数值、文本，而是广泛采用图像、图形、视频、音频等信息形式来表达思想。使人类的思维表达不再局限于线性的、单调的、狭小的范围内，而是有更充分、更自由的余地，即计算机变得更加人性化。多媒体就是要把计算机处理的信息多样化（或称多维化），使之在信息交互过程中有更加广阔和更加自由的空间。

（3）交互性：是指人们可以介入到各种媒体的加工、处理过程中，从而使用户更有效地控制和应用各种媒体信息。人们使用键盘、鼠标、触摸屏、话筒等设备，通过计算机程序去控制各种媒体的播放，实现交互式工作。交互性可以增加对媒体信息的注意和理解，操作具有人性化和亲和性。人与计算机之间，人是主动者，多媒体是被动者。

从数据库中检索出某人的照片、声音及其文字材料，只是多媒体交互性的初级应用；通过交互特征使用户介入到信息过程中（不仅仅是提取信息），则为中级应用；当人们在一个与信息环境一体化的虚拟信息空间中遨游时，才达到了交互应用的高级阶段。这就是虚拟现实（Virtual Reality，VR），也是当今多媒体研究的热点之一。

（4）集成性：是指不同的媒体信息有机地结合到一起，形成一个完整的整体。这种集成性主要表现在：多种信息媒体的集成和处理这些媒体设备的集成。

各种信息媒体应该成为一体，而不应分离，尽可能地实现多通道的输入，通过多媒体信息的统一存储与组织，多媒体信息合成，多通道输出等各方面，实现多种信息媒体的集成。

（5）实时性：音频与视频信息都是与时间有关的媒体信息，在加工、处理、存储和播放时，需要考虑时间因素，应保证它们的连续性，这就需要对存取数据的速度、压缩和解压缩的速度、播放速度提出很高的要求。

（6）网络性：充分利用网络，使多媒体信息的传递基本不受时间和地域的限制。

3. 数字媒体技术的应用方向

数字媒体的应用越来越广泛，它的应用方向主要有以下几个方面。

（1）教育：在现代教育方面，多媒体技术被越来越多地应用到教育教学软件中，这些软件使用大量的图形、图像、动画、视频和音频，并具有很好的交互性。计算机辅助教学（CAI）和培训软件允许个人以适合自己的速度学习，并可用逼真的图像表现所需的信息。

（2）视频制作：是对数字媒体技术需求较多的应用，有视频捕获、图像压缩，解压缩，图像编辑和转换等特殊技术，此外，还有音频同步、添加字幕和图形重叠等多媒体技术。

（3）远程传输：多媒体技术在 Internet 上的应用，是其最成功的表现之一。

（4）信息咨询：利用多媒体技术建立无人值班的信息亭，用户通过操作获取对询问的解答和帮助。它常用于机场、银行、旅游胜地等。

（5）娱乐：它可能是多媒体技术应用最多的一个领域，目前一般的游戏都用到了动画、实时三维图形、视频播放、预录声音或生成声音等多媒体技术。

（6）虚拟现实技术：用来模拟复杂动作和仿真，利用计算机和其他相关设备将人们带入一个美妙的虚拟世界。它在驾驶训练、产品介绍、人体医学研究等许多方面已广泛采用。

1.1.3 数字媒体的关键技术

数字媒体技术是一门多学科的综合技术，涉及许多相关技术，简介如下。

1. 数据压缩技术

数据压缩技术包括算法和实现视频及音频压缩的国际标准、专用芯片和其他硬件与软件等。数据压缩技术的发展，使得实时传输大容量的图像、音频和视频数据成为可能。一幅 640×480 像素分辨率的彩色图像，数据量约为 7.37 Mbit/帧以上。例如，（640×480）像素 $\times 3$ 基色/像素 $\times 8$ bit/基色 $= 7.372\ 8$ Mbit），如果是视频（运动图像），要以每秒 30 帧的速度播放，则视频信号的传输速度为 221.2 Mbit/s，存放于 650 MB 光盘中只能播出 23 s。对于音频信号，若达到电话声音质量，每秒采样数据 8 bit/样本；若达到高保真（Hi-Fi）立体声（如 CD 唱盘），则每秒采样数据 44.1 KB，若量化为 16 bit 两通道立体声，则650 MB 光盘只能存放 1 h 的数据（44.1 kHz $\times 16$ bit/样本 $\times 2$ 声道 $= 1.4$ Mbit/s），其传输速率为 1.4 Mbit/s。多媒体数字信号因其不仅数据量大而需要较大的，而且要求存储空间大和传输速度快，因此，视频、音频信号的数据压缩与解压缩技术是多媒体的关键技术。压缩与解压缩技术的关键是图像信息的压缩，特别是视频图像信息的压缩。

压缩可分为两种类型：一种是不失真的压缩，一种是失真的压缩。不失真的压缩固然受到欢迎，但其研究应用难度较大。根据"特征选取"学说，一种好的特征选取方法有可能比一般的数据压缩方法更加适用。失真的压缩技术正是基于这一认识，以丢弃一部分信息为代价，保留最主要的最本质的信息。

数据的压缩可以看成是一种变换，数据的解压缩则被认为是一种反变换，这种变换的方法，又称为编码技术。数据编码技术大致经历了两个发展阶段：1977—1984 年为基础理论研究阶段；1985—1995 年为实用化阶段。目前最流行的关于压缩编码的国际标准有彩色静止图像的压缩方式 JPEG、彩色运动图像的压缩方式 MPEG 及电视电话/会议电视编码方式 H.261。

（1）JPEG 标准：JPEG 标准主要适用于压缩静止的彩色和单色多灰度的图像，一般用于彩色打印机、灰度和彩色扫描仪、部分型号的传真机。JPEG 标准分为基本压缩系统、扩展系统（在基本系统上增加了算术编码、渐进构造等特性）和分层的渐进方法（通过滤波建立了一个分辨率逐渐降低的图像序列）3 个系统。JPEG 标准采用了混合编码方法。其基础是离散余弦变换（DCT）和霍夫曼变换，这是一种失真的有损压缩算法，即图像质量和压缩比有关，压缩比越大，图像质量损失越多。由于 JPEG 算法中要进行大量计算，因此需要配备专用的快速 JPEG 信号处理器，以减轻计算机 CPU 的负担。

（2）MPEG 标准：MPEG 英文原意为"运动图像专家小组"。由于 ISO/IEC11172 压缩编程标准是由该运动图像专家小组于 1990 年制定的，因此将该标准称为 MPEG 标准。该标准又分为 3 个，其中 MPEG-1 用于普通电视，MPEG-2 用于数字电视，MPEG-4 为多媒体应用标准。MPEG 标准具体包含 MPEG 视频、MPEG 音频和 MPEG 系统（视频与音频同步）3 部分。

MPEG 视频是标准的核心部分。它采用帧内和帧间相结合的压缩方法，以离散余弦变换（DCT）和运动补偿两项技术为基础，最终获得了 100:1 的数据压缩率（MPEG-1）。

MPEG 音频压缩算法则根据人耳的屏蔽滤波功能，利用"某些频率的音响在重放其他频率的音频时便听不到"这样一个特性，将人耳完全或基本上听不到的音频信号压缩，使音频信号的压缩比达到 8:1 或更多，同时音质逼真，可以与 CD 唱片媲美。

按照 MPEG 标准，MPEG 数据流包含系统层和压缩层数据。系统层含有定时信号、图像和声音的同步信息、多路分配等信息，压缩层包含经压缩后的实际的图像和声音数据，该数据流传输速率为 1.5 Mbit/s（MPEG-1）。

在实用化阶段，压缩技术在很多方面有了新的进展；1989 年，工程师们制出了第一块具有压缩技术的大规模集成电路芯片。

2. 数据媒体存储技术

数据媒体存储技术包括多媒体数据库技术和海量数据存储技术。多媒体数据库的特点是数据类型复杂、信息量大，光盘、U 盘、移动硬盘和云存储技术的发展，大大带动了多媒体数据库技术及大容量数据存储技术的进步。此外，数据媒体中的声音和视频图像都是与时间有关的信息，在很多场合都要求实时处理（压缩、传输、解压缩）；同时，多媒体数据的查询、编辑、显示和演播，都向多媒体数据库技术提出了更高的要求。

3. 专用芯片技术

大规模集成电路的发展，使得多媒体计算机的运算速度和内存容量大幅度提高。

多媒体计算机专用芯片一般分为两种类型：一种是具有固定功能的芯片；一种是可编程的处理器。具有固定功能的芯片，主要用于图像数据的压缩处理，主要的半导体厂商有 C-cube 等公司。可编程的处理器不仅需要快速/实时地完成视频和音频信息的压缩和解压缩，还要完成图像的特技效果（如淡入淡出、马赛克、改变比例等）、图像处理（图形的生成和绘制）、音频信息处理（滤波和抑制噪声）等项功能。目前，主要生产厂商有 Intel 公司等。

4. 输入/输出技术

多媒体输入/输出技术涉及各种媒体外设以及相关的接口技术，包括媒体转换技术、识别技术、媒体理解技术和综合技术。

（1）媒体转换技术：是指改变媒体的表现形式，如当前广泛使用的视频卡、音频卡都属于媒体转换设备。

（2）媒体识别技术：是对信息进行一对一的映像过程。例如，语音识别是将语音映像为一串字、词或句子；触摸屏是根据触摸屏上的位置识别其操作要求。

（3）媒体理解技术：是对信息进行更进一步的分析处理和理解信息内容，如自然语言理解、图像理解、模式识别等。

（4）媒体综合技术：是把低维信息表示映像成高维模式空间的过程，例如语音合成器就可以把语音的内部表示综合为声音输出。

5. 云计算和云存储技术

云计算（Cloud Computing）是分布式计算技术的一种，它的基本概念是通过互联网将庞大的计算处理程序自动分拆成无数个较小的子程序，再交由多部服务器组成的庞大系统通过搜寻、分析计算之后将处理结果返回给用户。透过这项技术，网络服务提供者可以在数秒之内处理数以千万计以上的信息，达到和超级计算机相同效能的服务。

最简单的云计算技术在网络服务中已经随处可见，例如搜寻引擎、网络信箱等，使用者只要输入简单的指令，就可以获得大量信息。未来的手机、GPS 等设备都可以通过云计算技术来发展出更多的应用服务。

云存储是在云计算概念上的延伸和发展来的一个新的概念，是指通过集群应用、网格技术或分布式文件系统等功能，将网络中大量各种不同类型的存储设备通过应用软件集合起来协同工作，共同对外提供数据存储和访问功能的一个系统。当云计算系统运算和处理的核心是大量数据的存储和管理时，云计算系统中就需要配置大量的存储设备，那么云计算系统就转变成为一个云存储系统，所以云存储是一个以数据存储和管理为核心的云计算系统。

6. 网络和移动通信技术

（1）网络技术：因特网（Internet）是一个通过网络设备把世界各国的计算机相互连接在一起的计算机网络，人们将其看成是信息高速公路的起点。人们可以通过连入因特网，尽情享用其提供的服务和信息资源。因特网上已经开发了很多应用，归纳起来可分成两类：一类是以文本为主的数据通信，包括文件传输、电子邮件、远程登录、网络新闻和电子商务等；另一类是以图像、声音和电视为主的通信，通常把上述两类内容称为多媒体网络技术。

万维网（WWW）亦称 Web，是在因特网上运行的全球性分布式信息系统。它的主要特点是将因特网上的现有资源全部通过超链接互连起来，用户能够在因特网上查找到已经建立的 WWW 服务器的一切站点提供的超文本、超媒体资源文档，这些文档中包括文本、图像、声音、动画、视频等数据类型。

（2）移动通信技术：移动通信是移动体之间或移动体与固定体之间的通信，通信双方有一方或两方处于运动中的通信，移动体可以是人，也可以是汽车、火车、轮船等在移动状态中的物体。采用的频段遍及低频、中频、高频、甚高频和特高频。目前的移动通信已经发展到第三代移动通信系统（3G）和第四代移动通信系统（4G）。第三代移动通信系统最基本的特征是智能信号处理技术，支持话音和多媒体数据通信，它可以提供前两代产品不能提供的各种宽带信息业务，如高速数据、慢速图像与电视图像等。第四代移动通信系统是最新的移动通信系统，它集 3G 与 WLAN 于一体，能够传输高质量视频图像，图像的质量与高清晰度电视不相上下；该系统能够以 100 Mbit/s 的速度下载，比拨号上网快 2 000 倍，上传的速度也能达到 20 Mbit/s，并几乎能满足所有用户对于无线服务的要求。

1.2 文本、图形和图像媒体基础知识

1.2.1 文本媒体基础知识

1. 文本特点

（1）输入方便、处理容易：字符的输入可以有多种方式，操作均很方便。如果用键盘输入汉字，每分钟可以输入一百多个汉字。由于每个字符对应一个或两个字节的二进制数据，所以计算机在进行文字处理时可以直接对字节进行处理。

（2）文件很小、存取快速：由于每个字符对应一个或两个字节的二进制数，所以生成的文本文件很小。因为计算机在进行文字处理时很容易，所以文本文件的存取速度很快。

（3）表达清楚准确：文字表达可以做到表达清楚、明了和准确，可以叙述事情、逻辑推理、数学公式表述等。

（4）应用最多且样式多样：多媒体中应用最多的是文本。文本的样式多种多样，可设置文本的字体、大小、颜色、字形（正常、加粗、斜体等）、字间距、行间距和段间距等。

（5）形式简单、字符编辑：文本是字母、数字、数字序号、数学和标点符号、注音符号、制表符号、特殊符号、图形符号和其他各种符号的集合，通常把这个集合叫字符集。有多种不同类型的字符集，不同的字符集所包含的字符也不一样，每个字符集对应的编码也不同。字符编码有 ASCII 和 EBCDIC 编码，汉字编码有 GB、Unicode 和 Big5 等编码。

2. 文字字体类型

文字的字体类型有点阵字体、矢量字体、描边和组字体字体。其中，点阵字体在早期计算机中使用很多，它是由点构成的，易于创建和存储，放大后会失真，目前使用很少。矢量字体是用数学中的矢量函数记录的文字颜色和形状，在放大时不会产生失真，广泛用于印刷领域。描边字体的汉字采用描边的方法，采用矢量函数完整地描绘出整个描边汉字。

组字体是采用拆卸组合的方法，将中文分成笔画（矢量笔画），再组合成不同的汉字，缺点是在构成汉字时会在笔画的交叉处产生"漏白"现象，严重影响文字的美观，基本被淘汰。

3. 字符编码

计算机中的数据可以分为数值型数据与非数值型数据。其中数值型数据就是常说的"数"（如整数、实数等），它们在计算机中是以二进制形式存放的。而非数值型数据与一般的"数"不同，通常不表示数值的大小，而只表示字符，非数值型数据还包括各种控制符号和图形符号等信息，为了便于计算机识别与处理，它们在计算机中是用二进制形式来表示的，通常称之为字符的二进制编码。计算机中常用的字符编码简介如下。

（1）ASCII 码：目前使用最多的字符集是 ASCII 码字符集（美国信息交换标准代码），它是由美国标准化委员会制定的。该编码被国际标准化组织 ISO 采纳，作为国际通用的信息交换标准代码。ASCII 码有 7 位码和 8 位码两种版本。

国际的 7 位 ASCII 码（基础 ASCII 码）使用 7 位二进制数表示一个字符的编码，其范围是 $(0\,000\,000)_2 \sim (1\,111\,111)_2$，即 $0\,000\,000B \sim 1\,111\,111B$，共 $2^7 = 128$ 个不同的编码。包括了计算机处理信息常用的 26 个英文大写字母 A ~ Z、26 个英文小写字母 a ~ z，数字符号 0 ~ 9、算术与逻辑运算符号、标点符号等。在一个字节（八位二进制）中，ASCII 码用了 7 位，最高一位空闲，常用来作为奇偶校验位。另外，还有扩展的 ASCII 码，它用 8 位二进制数表示一个字符的编码，可表示 $2^8 = 256$ 个不同的字符。用 ASCII 表示的字符称为 ASCII 码字符，如表 1-2-1 所示。

表 1-2-1　ASCII 码字符表

$b_7b_6b_5$ / $b_4b_3b_2b_1$	000	001	010	011	100	101	110	111
0000	NUL	DLE	空格	0	@	P	`	P
0001	SOH	DC1	!	1	A	Q	a	q
0010	STX	DC2	"	2	B	R	b	r
0011	ETX	DC3	#	3	C	S	c	s
0100	EOT	DC4	$	4	D	T	d	t
0101	ENQ	NAK	%	5	E	U	e	u
0110	ACK	SYN	&	6	F	V	f	v
0111	BEL	ETB	'	7	G	W	g	w
1000	BS	CAN	(	8	H	X	h	x
1001	HT	EM	)	9	I	Y	j	y
1010	LF	SUB	*	:	J	Z	j	z
1011	VT	ESC	+	;	K	[	k	｜
1100	FF	FS	,	<	L	/	l	｜
1101	CR	CS	–	=	M	]	m	｝
1110	SO	RS	·	>	N	^	n	~
1111	SI	US	/	?	O	–	o	DEL

十进制数字字符的 ASCII 码与它们的二进制值是有区别的。例如，十进制数 8 的 7 位二进制数为 $(0\,001\,000)_2$，而十进制数字字符"8"的 ASCII 码为 $(0111000)_2 = (38)_{16} = (56)_{10}$，由此可以看出，数值 8 与字符"8"在计算机中的表示是不一样的。数值 8 能表示数的大小，可以参与数值运算；而字符"8"是一个符号，不能参与数值运算。

为了统一各种语言字符的表达方式，国际上又制定了国际统一编码（Unicode 编码）。在这种编码的字符集中，一个字符的编码占用 2 个字节，一个字符集可以表示的字符比 ASCII 码字符集所表示的字符扩大了一倍。

（2）EBCDIC 码：它是对 BCD 码的扩展，称为扩展 BCD 码。BCD 码又称"二-十进制编码"，用二进制编码形式表示十进制数。BCD 码的编码方法很多，最常用的是 8421 码，其方法是用 4 位二进制数表示一位十进制数，自左至右每一位对应的位权是 8、4、2、1。4 位二进制数有 0000 到 1111 共 16 种形态，而十进制数只有 0～9 共 10 个数码，BCD 码只取 0 000～1 001 十种形态。由于 BCD 码中的 8421 码应用最广泛，所以一般说 BCD 码就是指 8421 码。

4. 汉字编码和汉字的处理过程

（1）国标码：我国国家标准总局于 1980 年颁发了国家汉字编码标准 GB 2312—1980，全称为"信息交换用汉字编码字符集　基本集"，也称为汉字信息交换码或国标码。1981 年 5 月 1 日开始实施。国标码规定，一个汉字的编码用两个字节表示。国标码的字符集共收集了 6 763 个汉字，682 个数字、序号、拉丁字母等图形符号。

根据汉字信息交换码，一个汉字的机内码也用 2 个字节存储。因为 ASCII 码是西文的机内码，为了不使汉字机内码与 ASCII 码发生混淆，就把汉字每个字节的最高位置为 1，作为汉字机内码。国标码规定，全部国标汉字及符号组成 94×94 矩阵，在该矩阵中，每一行称为一个"区"，每一列称为一个"位"。这样，就组成了 94 个区（01～94 区），每个区内有 94 个位（01～94）的汉字字符集。区码和位码简单地组合在一起（即两位区码居高位，两位位码居低位）就形成了"区位码"。区位码可以唯一确定某一个汉字或汉字符号，反之，一个汉字或汉字符号都对应唯一的区位码，如汉字"啊"的区位码为"1601"（即在 16 区的第 1 位）。所有汉字及符号的 94 个区划分成如下四个组。

①1～15 区：为图形符号区，其中，1～9 区为标准符号区，10～15 区为自定义符号区。

②16～55 区：为一级常用汉字区，共有 3 755 个汉字，该区的汉字按拼音排序。

③56～87 区：为二级非常用汉字区，共有 3 008 个汉字，该区的汉字按部首排序。

④88～94 区：为用户自定义汉字区。

（2）汉字处理过程：为了使计算机可以处理汉字，也需要对汉字进行编码。从汉字编码的角度看，计算机进行汉字处理的过程实际上是各种汉字编码的转换过程。这些汉字编码有汉字输入码、汉字内码、汉字地址码和汉字字形码（即汉字输出码）等，如图 1-2-1 所示。

图 1-2-1　汉字的处理过程和汉字的几种编码

（3）汉字编码：在汉字的处理过程中提到的汉字编码简介如下。

①汉字输入码：是为用户能够使用西文键盘输入汉字而编制的编码，也叫外码。目前，汉字主要是经标准键盘输入计算机的，所以汉字输入码都是由键盘上的字符或数字组合而成。汉字输入码有许多种不同的编码方案，包括音码，以汉语拼音和数字组成的汉字编码，例如全拼输入法的编码等，种类非常多，被大多数用户采用；形码，根据汉字的字形结构对汉字进行的编码，例如五笔字型输入法的编码；音形码，以拼音为主，辅以字形、定义的汉字编码，例如自然码输入法的编码；数字码，直接输入固定位数的数字给汉字编码等。同一汉字的不同编码方案中的编码通常是不同的。好的编码要求易学习、重码少、击键次数少、容易实现盲打等。

②汉字机内码：也称汉字内码，是从上述区位码的基础上演变而来的。它是在计算机内部进行存储、处理和传输时所使用的汉字编码。不论用何种输入码，输入的汉字在机器内部都要转换成统一的汉字机内码，然后才能在机器内传输、处理。

区码和位码的范围都在 01～94 内，如果直接作为机内码必将与基本的 ASCII 码冲突。为了在计算机内部区分是汉字编码还是 ASCII 码，避免与基本 ASCII 码发生冲突，将国际码每个字节的最高位由 0 改为 1（即汉字内码的每个字节都大于 128）。

汉字的国标码和相应的汉字机内码的关系如下（其中的 H 表示为十六进制数）

汉字机内码 = 汉字国标码 + 8080H

其中，$8080H = (8080)_{16} = (1000000010000000)_2$。

国标码 + 8080H 的含义是将国标码的第 7 位和第 15 位置为 1，因 8080H = 1000000010000000B，注意其中的第 7 位和第 15 位都为 1（二进制是以 0 开始数起的，所以是 7 和 15 位）。为什么要加上 8080H 呢？是因为在计算机中 ASCII 码和汉字机内码是共存的，如何区分它们呢？因为 ASCII 码的最高位是 0，所以将汉字机内码的最高位置为 1，用来区别 ASCII 码和汉字机内码，计算机在判断是 ASCII 码还是汉字机内码时，只需要判断它们的最高位即可。

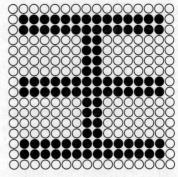

图 1-2-2　"王"字 16×16 点阵字形

③汉字字形码：也称汉字输出码，汉字是一种象形文字，每一个汉字都是一个特定的图形，它可以用点阵来描述。例如，如果用 16×16 点阵来表示一个汉字（见图 1-2-2），则该汉字图形由 16 行 16 列共 256 个点构成，这 256 个点需用 256 个二进制的位来描述。约定当二进制位值为"1"表示对应点为黑，二进制位值为"0"表示对应点为白。一个 16×16 点阵的汉字需要 2×16 = 32 个字节存放图形信息，这就构成了一个汉字的图形码，所有汉字的图形码就构成了汉字字库。

④汉字地址码：是指汉字库中存储的汉字字形编码的逻辑地址。在汉字库中，字形编码数据一般是按照一定顺序连续存放在存储介质内。汉字地址码大多数也是连续有序的，而且与汉字内码间有着简单的对应关系，从而可以简化汉字内码到汉字的转换。

当用某种汉字输入法将一个汉字输入到计算机之后，汉字管理模块立即将它转换为 2 个字节的国标码，同时将国标码每个字节的最高位置为"1"，作为汉字的标志，将国标码转换成汉字内码。然后，根据汉字内码转换为汉字地址码，再根据汉字地址码在汉字库中找到对应的一个汉字图形码，最后根据汉字图形码输出汉字字形。

5. 常见的文本文件格式

（1）TXT 格式：TXT 格式文件是包含极少格式信息的文本文件，是通用的、跨平台的文本文件。TXT 格式没有明确的定义，它通常是指那些能够被系统终端或者简单的文本编辑器接受的格式。Windows "附件" 中提供了一个 "记事本" 软件，可以输入、编辑、浏览和打开 TXT 格式文件。其他任何可以读取文字的程序都能读取 TXT 格式的文本。

（2）RTF 格式：RTF 是 Rich Text Format 的缩写，含义是多文本格式，类似 DOC 格式，有很好的兼容性，是由微软公司开发的跨平台文档格式。大多数的文字处理软件都能读取和保存 RTF 文档。使用 Windows "附件" 中的 "写字板" 可以创建、打开和编辑 RTF 文档。

RTF 的最大优点是具有通用兼容性，它的缺点是文件一般相对较大。Word 等应用软件可能无法正常保存为 RTF 格式文件等。对普通用户而言，RTF 格式是一个很好的文件格式转换工具，用于在不同应用程序之间进行格式化文本文档的传送。

（3）DOC 和 DOCX 格式：DOC 格式文件是 Office Word 2003 或之前版本的文件，DOCX 格式文件是 Office Word 2007 或之后版本的文件。它们都是微软公司 Office 软件的专属格式，其文档可以容纳脚本语言和图片等，但因为该格式属于封闭格式，其兼容性也较低。

（4）WPS 格式：WPS 是 Word Processing System 的缩写，中文含义是文字编辑系统，是金山软件公司的一款办公软件。它具有丰富的全屏幕编辑功能、各种控制输出格式及打印功能，基本上能满足各界文字工作者编辑的需要。WPS 格式是 WPS 软件独有的文档格式。

在 WPS 软件中打开 WPS 格式文档，可以再保存为 DOC 或 DOCX 格式的文档；在 WPS 软件中打开 DOC 或 DOCX 格式的文档，可以再保存为 WPS 格式的文档。

（5）ODF 格式：是 Open Office 软件的专有格式，也有很多软件可以打开 ODF 格式文档。Open Office 软件是一款开源的、整合性、商业级办公套件，它包含了许许多多的工具，其功能绝不逊于微软的 Microsoft Office，不但可以有 Word 一样的字处理等功能，还可以输出与 Microsoft Office 的 Word、Excel 和 PowerPoint 软件的文档格式相同的文档。

Open Office 是一套跨平台的办公室软件套件，能在 Windows、Linux、MacOSX（X11）等操作系统上执行，是自由软件，可以免费下载。它与各个主要的办公室软件套件兼容。

（6）PDF 格式：PDF 文件格式是 Adobe 公司开发的电子文件格式，它与操作系统平台无关，也就是说，PDF 文件在 Windows、UNIX 和 Mac OS 操作系统中都是通用的，使它成为在 Internet 上进行电子文档传播的理想文档格式。它已成为一个工业标准。

（7）RSS 格式：RSS（简易信息聚合）是一种消息来源格式规范，用以聚合经常发布更新数据的网站，如博客文章、新闻、音频或视频的网摘。RSS 文件包含了全文或节录的文字等。RSS 文件可以借由 RSS 阅读器来阅读。RSS 阅读器软件的种类很多，如看天下 RSS 阅读器、Feedreader 软件和博阅 RSS 阅读器等。RSS 文件常用于更新频繁的网站。

1.2.2 图形与图像媒体的基础知识

1. 彩色的三要素和三基色

（1）彩色的三要素：彩色的三要素是亮度、色调和饱和度，简介如下。

①亮度：亮度用字母 Y 表示，它是指彩色光作用于人眼时引起人眼视觉的明亮程度。它与彩色光光线的强弱有关，而且与彩色光的波长有关。

②色调：色调表示彩色的颜色种类，即通常所说的红、橙、黄、绿、青、蓝、紫等。

③饱和度：饱和度表示颜色的深浅程度。对于同一色调的颜色，其饱和度越高，颜色越深，在某一色调的彩色光中掺入的白光越多，彩色的饱和度就越低。

（2）彩色的三基色：将红、绿、蓝三束光投射在白色屏幕上的同一位置，不断改变三束光的强度比，即可看到各种颜色。因而可得出三基色原理：用 3 种不同颜色的光按一定比例混合就可以得到自然界中绝大多数颜色。通常把具有这种特性的 3 种颜色叫三基色。彩色电视中使用的三基色就是红、绿、蓝三色。对三基色进行混色实验可得如下结论：红＋绿→黄，蓝＋黄→白，绿＋蓝→青，红＋绿＋蓝→白，黄＋青＋紫→白，如图 1-2-3 所示。通常把黄、青、紫叫三基色的 3 个补色。

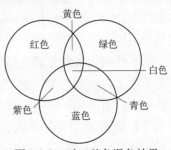

图 1-2-3　对三基色混色效果

2. 点阵图和矢量图

（1）点阵图：也叫位图，由许多颜色不同、深浅不同的小圆点（像素）组成。像素是组成图像的最小单位，许许多多的像素构成一幅完整的图像。图像中的像素越小，数目越多，则图像越清晰。例如，每帧电视画面大约有 40 万个像素。当人眼观察由像素组成的画面时，为什么看不到像素的存在呢？这是因为人眼对细小物体的分辨力有限，当相邻两个像素对人眼所张的视角小于 1′～1.5′时，人眼就无法分清两个像素点了。图 1-2-4 左图是在图像软件中打开的点阵图像，放大后的效果如图 1-2-4 右图所示。

图 1-2-4　点阵图和放大后的点阵图

点阵图的图像文件记录的是组成点阵图的各像素点的色度和亮度信息，颜色的种类越多，图像文件越大。通常，点阵图可以表现得更自然和更逼真，更接近于实际观察到的真实场景。但图像文件一般较大，将它放大、缩小和旋转时会产生失真。

（2）矢量图：由点、线、矩形、多边形、圆和弧线等基本的图元组成，这些几何图形均可以由数学公式计算后获得。矢量图的图形文件是绘制图形中各图元的命令。显示矢量图时，需要相应的软件读取这些命令，并将命令转换为组成图形的各个图元。由于矢量图是采用数学描述方式的图形，所以通常由它生成的图形文件相对比较小，而且图形颜色的多少与文件的大小基本无关。另外，在将它放大、缩小和旋转时，不会像点阵图那样产生失真。

3. 颜色模式

（1）灰度（Grayscale）模式：该模式只有灰度色（图像的亮度），没有彩色。在灰度色图像中，每个像素都以 8 位或 16 位表示，取值范围在 0（黑色）～255（白色）之间。

（2）RGB 模式：该模式是用红（R）、绿（G）、蓝（B）三基色来描述颜色。对于真彩色，R、G、B 三基色分别用 8 位二进制数来描述，共有 256 种。R、G、B 的取值范围在 0～255 之间，可以表示的彩色数目为 $256 \times 256 \times 256 = 16\ 777\ 216$ 种颜色。

（3）HSB 模式：该模式是利用颜色的三要素来表示颜色，它与人眼观察颜色的方式最接近，是一种定义颜色的直观方式。其中，H 表示色调（也叫色相，Hue），S 表示饱和度（Saturation），B 表示亮度（Brightness）。

（4）CMYK 模式：该模式是一种基于四色印刷的印刷模式，是相减混色模式。C 表示青色，M 表示品红色，Y 表示黄色，K 表示黑色，是一种最佳的打印模式。虽然 RGB 模式可以表示的颜色较多，但因打印纸不能创建色彩光源，只可吸收一部分光线和反射一部分光线，它不能打印出这么多的颜色。CMYK 模式主要用于彩色打印和彩色印刷。

（5）Lab 模式：该模式是由 3 个通道组成，即亮度，用 L 表示；a 通道，包括的颜色是从深绿色（低亮度值）到灰色（中亮度值），再到亮粉红色（高亮度值）；b 通道，包括的颜色是从亮蓝色（低亮度值）到灰色（中亮度值），再到焦黄色（高亮度值）。L 的取值范围是 0～100，a 和 b 的取值范围是 -120～120。这种模式可产生明亮的颜色，可表示的颜色最多，且与光线和设备无关，而且处理的速度与 RGB 模式一样快，是 CMYK 模式处理速度的数倍。

4. 图像的主要参数

（1）分辨率："分辨率"通常被表示成每一个方向上的像素数量，如 640×480 像素等。而在某些情况下，它也可以同时表示成"每英寸的像素数"（Pixels Per Inch）以及图像的长度和宽度，例如 90PPI 和 400×300 像素等。PPI 是图像分辨率使用的单位，即在图像中每英寸所表达的像素数目。从输出设备的角度来说，图像的分辨率越高，打印出的图像也就越细致。

DPI（Dot Per Inch）是打印分辨率使用的单位，意思是：每英寸所表达的打印点数。像素的大小不是一个定值，因为要结合图片的尺寸来说，如果图片的尺寸是 10 英寸 ×10 英寸，DPI 是 1/英寸，那么这个图片上一共有 100 个像素。每个像素的尺寸就是 1 英寸 ×1 英寸。

显示分辨率：是指屏幕的最大显示区域内，水平与垂直方向的像素个数。例如，1024×768 像素的分辨率表示屏幕可以显示 768 行，每行有 1 024 个像素，即 786 432 个像素。屏幕可以显示的像素个数越多，图像越清晰逼真。显示分辨率不但与显示器和显示卡的质量有关，还与显模式的设置有关。

图像分辨率：是指组成一帧图像的像素个数。例如，400×300 像素的图像分辨率表示该幅图像由 300 行，每行 400 个像素组成。它既反映了该图像的精细程度，又给出了该图像的大小。如果图像分辨率大于显示分辨率，则图像只会显示其中的一部分。在显示分辨率一定的情况下，图像分辨率越高，图像越清晰，但图像的文件越大。

通常，用于显示的图像的分辨率为 72 PPI（像素/英寸）或 72 PPI 以上，用于打印的图像的分辨率为 100 PPI（像素/英寸）或 100 PPI 以上。

（2）颜色深度：点阵图像中各像素的颜色信息是用若干二进制数据来描述的，二进制的位数就是点阵图像的颜色深度。颜色深度决定了图像中可以出现的颜色的最大个数。目前，颜色深度有 1、4、8、16、24 和 32 几种。例如，颜色深度为 1 时，表示像素的颜色只有 1 位，可以表示两种颜色（黑色和白色）；颜色深度为 8 时，表示像素的颜色为 8 位，可以表示 $2^8 = 256$ 种颜色；颜色深度为 24 时，表示像素的颜色为 24 位，可以表示 $2^{24} = 16\ 777\ 216$ 种颜色，它是用 3 个 8 位来分别表示 R、G、B 颜色，这种图像叫真彩色图像；颜色深度为 32 时，也是用 3 个 8 位来分别表示 R、G、B 颜色，另一个 8 位用来表示图像的透明度等。

颜色深度不但与显示器和显卡的质量有关，还与显示模式的设置有关。

（3）色阶：是图像像素每一种颜色的亮度值，它有 $2^8 = 256$ 个等级，色阶的范围是 $0 \sim 255$。其值越大，亮度越暗；其值越小，亮度越亮。色阶等级越多，图像的层次越丰富。

（4）色域：一种模式的图像可以有的颜色数目称为色域。例如，灰色模式的图像，每个像素用一个字节表示，则灰色模式的图像最多可以有 $2^8 = 256$ 种颜色，它的色域为 $0 \sim 255$。

RGB 模式的图像，每个像素的颜色用红、绿、蓝 3 种基色按不同比例混合得到，如果一种基色用一个字节表示，则 RGB 模式的图像最多可以有 2^{24} 种颜色，它的色域为 $0 \sim 2^{24} - 1$。

CMYK 模式的图像，每个像素的颜色由 4 种基色按不同比例混合得到，如果一种基色用一个字节表示，则 CMYK 模式的图像最多可以有 2^{32} 种颜色，它的色域为 $0 \sim 2^{32} - 1$。

5. 常见的图像文件的格式

对于图形和图像，由于记录的内容不同和压缩的方式不同，其文件格式也不同。不同格式的图形和图像文件都有不同的产生背景、应用的范围、特点和文件扩展名。

（1）BMP 格式：它是 Windows 系统下的标准格式。利用 Windows 的画图软件可以将图像存储成 BMP 格式图像文件。该格式结构较简单，每个文件只存放一幅图像。对于压缩的 BMP 的格式图像文件，它使用行编码方法进行压缩，压缩比适中，压缩和解压缩较快。还有一种非压缩的 BMP 格式，这种 BMP 格式的图像文件适用于一般的软件，但文件较大。

（2）GIF 格式：是 GompuServe 公司指定的图像格式，常用于网页，各种软件一般均支持。它能将图像存储成背景透明的形式，可将多幅图像存成一个图像文件，形成动画效果。

（3）JPG 格式：是用 JPEG 压缩标准压缩的图像文件格式，JPEG 压缩是一种高效率的有损压缩，压缩时可将人眼很难分辨的图像信息进行删除，压缩比较大。这种格式的图像文件不适合放大观看和制成印刷品。由于它的压缩比较大，文件较小，所以应用较广。

（4）PNG 格式：是网络传输中的一种图像文件格式。在大多数情况下，它的压缩比大于 GIF 格式的图像，利用 Alpha 通道可以调节图像的透明度，可提供 16 位灰度图像和 48 位真彩色图像。它可取代 GIF 和 TIF 图像文件格式，但它的一个图像文件只可存储一幅图像。

（5）PDS 格式：是 Adobe Photoshop 图像处理软件的专用图像文件格式，可以将不同的图层分别存储，便于图像的修改和制作各种图像的特殊效果。

1.3　音频、动画和视频媒体基础知识

1.3.1　音频媒体基础知识

1. 模拟音频和数字音频

（1）模拟音频：声音是由物体的震动产生的，物体的震动引起空气的相应震动，并向四周传播，当传到人耳时又引起耳膜的震动，通过听觉神经传到大脑，即可使人感到声音。这种声音的震动经过话筒的转换，可以形成声音波形的电信号，这就是模拟音频信号。

（2）数字音频：是由许多 0 和 1 组成的二进制数，可以声音文件（WAV 或 MIDI 格式）的形式存储在磁盘中。例如，使用音频卡（即声卡）的 A/D 转换器（模拟到数字转换器），将模拟音频信号进行采样和量化处理，即可获得相应的数字音频信号。

2. 数字音频的三要素

（1）采样频率：采样就是在将模拟音频转换为数字音频时，在时间轴上每隔一个固定的时间间隔对声音波形曲线的振幅进行一次取值，如图 1-3-1 所示。采样频率就是每秒抽取声音波形振幅值的次数，单位为 Hz。显然，采样频率越高，转换后的数字音频的音质和保真度越好，但生成的声音文件的字节数越大。目前常采用的标准采样频率有 12.025 kHz、22.05 kHz 和 44.1 kHz。

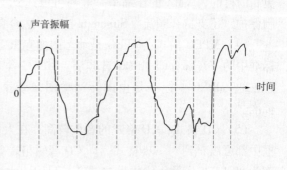

图 1-3-1　音频采样

（2）量化位数：量化位数就是在将模拟音频转换为数字音频时，采样获得的数值所使用的二进制位数。例如，量化位数为 16 时，采样的数值可以使用 $2^{16} = 65\,536$ 个不同的二进制数之一来表示。量化位数越高，转换后的数字音频的音质越好，声音的动态范围越大，但生成的声音文件的字节数越大。所谓声音的动态范围，就是重放后声音的最高值与最低值的差值。目前常采用的量化位数有 8 位、16 位和 32 位等。

（3）声道数：声道数就是指所使用的声音通道的个数。声道数可以是 1 或 2。当声道数为 1 时，表示是单声道，即声音有一路波形；当声道数为 2 时，表示是双声道，即声音有两路波形。双声道比单声道的声音更丰满优美，有立体感，但生成的声音文件的字节数要大。

三个要素不但影响了数字音频的质量，而且决定了生成的数字音频文件的数据量。计算生成的数字音频文件数据量大小的公式为：

WAV 格式的声音文件的字节数/秒 =（采样频率×量化位数×声道数）/8

其中，采样频率的单位为 Hz，量化位数的单位为位。除以 8 是一个字节为 8 位。例如，用 44.1 kHz 的采样频率对模拟音频信号进行采样，采样点的量化位数为 32，录制了 4 s 的双声道声音，获得的 WAV 格式的声音文件的字节数为（44100×32×2×4）/8 = 1 411 200。

3. 常见的音频文件的格式

（1）MID：MID 文件格式由 MIDI（Musical Instrument DigitalInterface）继承而来，MIDI 允许数字合成器和其他设备交换数据。MID 文件并不是一段录制好的声音，而是记录声音的信息，然后再告诉声卡如何再现音乐的一组指令。MIDI 文件每保存 1 min 的音乐只用 5~10 KB。MID 文件主要用于计算机作曲，可以用作曲软件写出，也可以通过声卡的 MIDI 口把外接音序器演奏的乐曲输入计算机中。MID 文件重放的效果完全依赖声卡的档次。

（2）MP3：MP3 是利用 MPEG Audio Layer 3 的音频压缩技术，将音乐以 1:10 甚至 1:12 的压缩率，压缩成容量较小的文件，而且还非常好地保持了原来的音质。正是因为 MP3 体积小，音质高的特点使得 MP3 格式几乎成为网上音乐的代名词。每分钟音乐的 MP3 格式只有 1 MB 左右大小，这样每首歌的大小只有 3~4 兆字节。使用 MP3 播放器对 MP3 文件进行实时的解压缩（解码），高品质的 MP3 音乐即播放出来。

（3）WMA：是微软公司开发的一种音频格式，也叫波形声音文件，是最早的数字音频格式，音质要强于 MP3 格式。它是以减少数据流量但保持音质的方法来达到比 MP3 压缩率更高的目的，WMA 的压缩率一般都可以达到 1:18 左右；它的另一个优点是可以加入防复制保护，还支持音频流（Stream）技术，适合在网络上在线播放。

（4）MPEG 格式：MPEG 是动态图像专家组的英文缩写。MPEG 音频文件指的是 MPEG 标准中的声音部分即 MPEG 音频层。MPEG 含有 MPEG-1、MPEG-2、MPEG-Layer3、MPEG-4 格式。MPEG-4 标准是由国际运动图像专家组公布的一种面向多媒体应用的视频压缩标准。

（5）CD 格式：CD 格式的音质较高，在大多数音频播放软件的"文件类型"下拉列表框中都可以看到 *.cda 格式，即 CD 音轨格式。标准 CD 格式的采样频率为 44.1 KB 的，速率为 88 KB/S，量化位数为 16 位，近似无损压缩。CD 可以用计算机的各种播放软件播放。

（6）AIFF 格式：是 Apple 公司开发的一种音频文件格式，是 Apple 计算机的标准音频格式，属于 QuickTime 技术的一部分，支持许多压缩技术。由于 Apple 计算机多用于多媒体制作出版行业，因此几乎所有的音频编辑软件和播放软件都或多或少地支持 AIFF 格式。

1.3.2 动画与视频媒体的基础知识

1. 动画与视频的产生

人们认识到，只要将若干幅稍有变化的静止图像顺序地快速播放，而且每两幅图像出现的时间小于人眼视觉惰性时间（每秒钟传送 24 幅图像），人眼就会产生连续动作的感觉

（动态图像），即实现动画和视频效果。实践和理论证明，如果图像的传送速度不小于每秒传送 48 幅图像，则人眼就有不闪烁的活动图像的感觉；如果传送图像的速度比每秒传送 48 幅图像小，则人眼会有明显的闪烁感。动画一般是由人们绘制的画面组成的，视频一般是由摄像机摄制的画面组成的。动画和视频都可以产生 AVI、MOV 和 GIF 等格式的文件。

2. 电视制式

电视制式就是一种电视的播放标准。不同的电视制式，对电视信号的编码、解码、扫描频率和画面的分辨率均不相同。不同制式的电视机只能接受相应制式的电视信号。在计算机系统中，要求计算机处理的视频信号应与和计算机相连接的视频设备的制式相同。

（1）普通彩色电视制式有以下 3 种。

①NTSC 制式：是 1953 年美国研制的一种彩色电视制式，它规定：每秒播放 25 帧画面，每帧图像有 526 行像素，场扫描频率为 60 Hz，隔行扫描，屏幕的宽高比为 4:3。

②PAL 制式：是 1962 年前联邦德国研制的一种彩色电视制式，它规定：每秒钟播放 25 帧画面，每帧图像有 625 行像素，场扫描频率为 50 Hz，隔行扫描，屏幕的宽高比为 4:3。

③SECAM 制式：是 1965 年法国研制的一种与黑白电视兼容的彩色电视制式，它采用的编码和解码方式与 PAL 制式完全不一样，屏幕的宽高比为 4:3。

（2）高清晰度电视（简称 HDTV）：它的图像质量超过 35 mm 电影片质量的电视系统。高清晰度电视应是这样一个系统，即一个具有正常视觉的观众在距该系统显示屏高度的 3 倍距离上所看到的图像质量应具有观看原始景物或表演时所看到的质量。

美国于 20 世纪 90 年代初研制出数字式 HDTV，从而使各国的研制方向立刻调整到数字 HDTV 上。目前，世界的高清晰度电视规定是：传送的信号全部数字化，水平和垂直分辨率均大于 720 线逐行（720 p）或 1 080 线隔行（1 080i）以上，屏幕的宽高比为 16:9，音频输出为 5.1 声道（杜比数字格式），同时能兼容接收其他较低格式的信号并进行数字化处理重放。HDTV 有 720P（1 280×720 逐行）、1 080 i（1 920×1 080 隔行）和 1 080P（1 920×1 080 逐行）3 种显示分辨率格式，其中 P 代表英文单词 Progressive（逐行），而 i 则是 Interlaced（隔行）的意思。

3. 动画的分类

（1）按照计算机处理动画的方式划分，可分为造型和帧动画两种。其特点简介如下：

①造型动画：是对每一个活动物件的属性（包括位置、形状、大小和颜色等）分别进行动画设计，用这些活动的物件组成完整的动画画面。造型动画通常属于三维动画，计算机进行造型的动画处理比较复杂。

②帧动画：是由一帧帧图像组成的。帧动画一般属于二维动画，通常有两种，一种是帧帧动画，即人工准备出一帧帧图像，再用计算机将它们按照一定的顺序组合在一起，形成动画；另一种是关键帧动画，即用户用计算机制作两幅关键帧图像，它们的属性（位置、形状、大小和颜色等）不一样，然后由计算机通过插值计算自动生成两幅关键帧图像之间的所有过渡的图像，从而形成动画。

（2）按照物件运动的方式划分，可分为关键帧动画和算法动画两种。其中，算法动画是采用计算机算法，对物件或模拟摄像机的运动进行控制，从而产生动画。

4. 全屏幕视频和全运动视频

视频可分为全屏幕视频和全运动视频。全屏幕视频是指现实的视频图像充满整个屏幕，因此它与显示分辨率有关。全运动视频是指以每秒 30 帧的速度刷新画面进行播放，这样可以消除闪烁感和使画面连贯。一些计算机是无法实现全屏幕视频和全运动视频的，它只能以每秒 15 帧的速度刷新画面进行播放，可以在屏幕上开一个小窗口进行全运动视频的播放。对于这些计算机，可以加入解压卡来提高刷新画面的速度。随着计算机技术的不断发展，全屏幕全运动的视频播放正在成为现实。

5. 常见的动画和视频文件的格式

（1）GIF 格式：是 CompuServe 公司在 1987 年开发的图像文件格式，它是将多幅图像保存为一个图像文件，从而形成动画。GIF 文件的数据是一种无损压缩格式，其压缩率一般在 50% 左右，它不属于任何应用程序，目前几乎所有相关软件都支持它。

（2）SWF 格式：是动画设计软件 Flash 的专用格式，是一种支持矢量和点阵图形的动画文件格式，它被广泛应用于网页设计和动画制作等领域。它具有缩放不失真、文件体积小和可以采用流媒体技术等特点。目前该格式被广泛应用于网页设计、动画制作等领域。SWF 格式文件可以用 Adobe Flash Player 打开，浏览器必须安装 Adobe Flash Player 插件。

（3）FLC/FLI（FLIC 文件）格式：是 Autodesk 公司在其出品的 2D、3D 动画制作软件中采用的动画文件格式，FLIC 是 FLC 和 FLI 的统称。在 Autodesk 公司出品的 Autodesk Animator 和 3D Sudio 等动画制作软件，以及其他软件中均可以打开这种格式文件。

（4）MAX 格式：是 3ds Max 软件的文件格式，是一种三维动画。3ds Max 是制作建筑效果图和动画制作的专业工具。三维动画是在二维动画的基础上增加前后（纵深）的运动效果。

（5）AVI 格式：是 Microsoft 公司开发的，可以把视频和音频编码混合在一起储存。AVI 格式上限制比较多，只能有一个视频轨道和一个音频轨道（现在有非标准插件可加入最多两个音频轨道），还可以有一些附加轨道，如文字等。AVI 格式不提供任何控制功能。

（6）WMV 格式：也是 Microsoft 公司开发的，是一组数位视频编解码格式的通称。

（7）MPEG 格式：MPEG 格式是一个国际标准组织（ISO）认可的媒体封装形式，被大部分计算机支持。其存储方式多样，可以适应不同的应用环境。MPEG 的控制功能丰富，可以有多个视频（即角度）、音轨、字幕（点阵图字幕）等。MPEG 的一个简化版本 3GP/3g2 还广泛用于准 3G 手机上。

（8）DV（数字视频）格式：通常用于指用数字格式捕获和存储视频的设备（如便携式摄像机）。DV 格式有 DV 类型 I 和 DV 类型 II 两种 AVI 文件。

（9）MKV（Matroska）格式：是一种新的多媒体封装格式，可以把多种不同编码的视频及 16 条或以上不同格式的音频和语言不同的字幕封装到一个 Matroska Media 文档内。它是一种开放源代码的多媒体封装格式，提供非常好的交互功能，比 MPEG 方便、强大。

（10）RM/RMVB 格式：Real Video 或者称 Real Media（RM）档是由 RealNetworks 公司开发的，通常只能容纳 Real Video 和 Real Audio 编码的媒体。它有一定的交互功能，允许编写脚本以控制播放。RM 是可变比特率的 RMVB 格式，体积很小，受到网络下载者的欢迎。

（11）MOV（QuickTime）格式：是由苹果公司开发的，是电影制作行业的通用格式。它可存储的内容相当丰富，除视频、音频外，还支持图片、文字（文本字幕）等。1998 年 2 月 11 日，国际标准组织（ISO）认可 QuickTime 档案格式作为 MPEG-4 标准的基础。

思考与练习

一、填空题

1. 媒体有_____、_____、_____、_____和_____五大类。

2. 数字媒体技术的基本特性有_____、_____、_____、_____、_____和_____。

3. 数字媒体技术的应用方向有_____、_____、_____、_____和_____等方面。

4. 最流行的压缩编码国际标准有_____、_____和_____。

5. 数字媒体是以_____的形式获取、记录、处理和传播过程的_____，包括二进制数字化的_____、_____、_____、_____、_____和_____等信息。

6. 云存储是一个_____的云计算系统。

7. 文本的主要特点是_____、_____、_____、_____和_____。

8. 彩色的三要素是_____、_____和_____，彩色的三基色是_____、_____和_____，色域是_____。

二、问答题

1. 什么是媒体？什么是多媒体？什么是数字媒体？什么是流媒体？

2. 什么是数字媒体技术？它包括那些技术数？它具有有哪几个基本特征？

3. 数据压缩技术包括哪些内容？

4. 说明手机和数字媒体的关系，简要介绍手机展示各种数字媒体的方式和特点。

5. 点阵图和矢量图有什么不同的特点？简述数字音频三要素的特点。

第 **2** 章 文本格式和PDF格式文档编辑

本章主要介绍 PDF 格式文件的阅读软件的使用方法、PDF 格式文件与其他文本文件格式之间的相互转换及 PDF 格式文件的创建和编辑方法。本章介绍的软件都是目前比较流行的中文或汉化软件，其中大部分软件都是免费软件，主要有中文 Adobe Reader、中文 PDF 转换通、中文版 Solid Converter 和中文 Adobe Acrobat 软件。

2.1 PDF 格式阅读和格式转换软件

2.1.1 Adobe Reader 和 PDF 精灵阅读器软件使用

可以打开 PDF 格式文件的软件很多，例如，Adobe 公司的 Adobe Reader、Adobe Acrobat，第三方公司的 Foxit Reader（中文名字为福昕阅读器）、Open Office、PDF 阅读精灵、海海 PDF 阅读器、PDF 转换通、PDF Xchange Viewer、PDF-XChange Pro 等软件都可以打开和阅读 PDF 格式的文件。第三方公司的 PDF 阅读软件的体积小巧，打开 PDF 文档的速度较快。Adobe 公司的 Adobe Reader 系列软件的兼容性较好。

Adobe Reader 最大的优点在于它是由 Adobe 官方出品的，对 PDF 文档的兼容性不会有任何问题；缺点则是无法使用 Adobe Reader 来免费创建 PDF 文档和进行格式转换等。

1. Adobe Reader 软件的使用

Adobe Reader 也称为 PDF 阅读器，是美国 Adobe 公司推出的一款官方免费 PDF 阅读软件，该软件可以查看、阅读和打印 PDF 文档，还可以对 PDF 表单进行填写修改，可以使用注释和标记工具为 PDF 文档添加批注等。Adobe Reader 软件是一款免费软件。

Adobe 公司最近推出了 Adobe Acrobat XI 软件套件，它包括 Acrobat XI Rro、Acrobat XI Standard 和 Adobe Reader XI。其中的 Adobe Reader XI 软件可以免费被下载。

启动 Adobe Reade XI 软件后弹出 Adobe Reade XI 软件的开始面板，如图 2-1-1 所示。可以看到，导航面板用于打开 PDF 文档，右边获取联机服务，下边用来免费升级新版本。单击"查看全部"标签，会弹出"Adobe Reade"界面，也是用来打开 PDF 文档。单击"Adobe Reade"界面内的"返回"按钮，可以关闭"Adobe Reade"界面，回到图 2-1-2 所示的 Adobe Reade XI 软件的开始面板内的"最近打开的文件"选项卡。单击上述界面或面板内的 PDF 文档名，可以弹出相应的 PDF 文档。单击"我的计算机"按钮，弹出"打开"对话框，利用该对话框可以打开计算机内的一个 PDF 文档。另外，单击"我的电脑"标签，切换到"我的电脑"选项卡，利用该选项卡也可以打开计算机内的一个 PDF 文档。

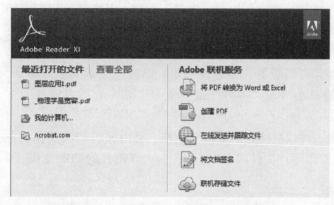

图 2-1-1　Adobe Reade XI 软件的开始面板　　　　图 2-1-2　"Adobe Reade"界面

　　打开一个 PDF 文档后的 Adobe Reade XI 软件的工作界面如图 2-1-3 所示。可以看到，它的工作界面很简单，初学者很容易上手。下面介绍 Adobe Reade XI 软件的主要使用方法。

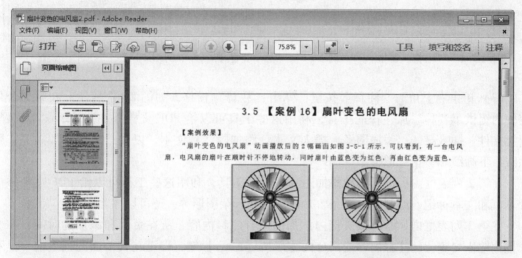

图 2-1-3　Adobe Reade XI 软件工作界面"页面缩略图"选项卡

　　（1）单击左边窗格控制按钮栏内的"页面缩略图"按钮，展开"页面缩略图"窗格（折叠状），如图 2-1-3 所示。将鼠标指针移到工作界面内工具栏和导航面板内的按钮之上，会显示该按钮的名称（会显示它的作用）和快捷键信息。单击展开的"页面缩略图"窗格内的"折叠"按钮，可以折叠"页面缩略图"窗格。在展开的"页面缩略图"窗格内有"页面显示大小调整"栏，用来调整显示页面的大小。

　　单击"页面缩略图"窗格内的页面缩略图，右边的页面显示窗口内会切换到相应的页面。在工具栏内文本框中输入页面后按【Enter】键，可以切换到相应的页面；单击按钮，可以切换到下一页；单击按钮，可以切换到上一页。在下拉列表框中选择不同的选项，可以调整显示页面的大小。单击按钮，可以调出它的菜单，利用该菜单内上边两栏中的 4 条命令，也可以调整页面显示大小。

（2）单击导航面板内的"书签"按钮，可以切换到"书签"窗格，其内显示 PDF 文档的目录，与 Word 软件中的导航窗格相似，如图 2-1-4 所示。单击其内的"选项"按钮，可以弹出"选项"菜单，如图 2-1-5 所示，该菜单内的可以进行当前书签的展开与折叠，可以跳至书签页，可以进行文档打印，可以设置长书签换行等。单击"文本大小"命令，弹出"文本大小"菜单，单击其内的"小号""中号"或"大号"命令，可以调整"书签"窗格内标题文字的大小。

单击导航面板内的"附件"按钮，可以切换到"附件"窗格，其内显示 PDF 文档的各附件文件的名称，如图 2-1-6 所示。双击附件文件的名称，可以打开该附件的 PDF 文档。

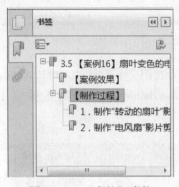

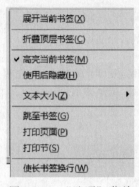

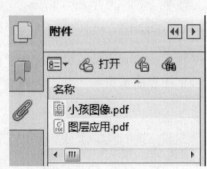

图 2-1-4　"书签"窗格　　　　图 2-1-5　"选项"菜单　　　　图 2-1-6　"附件"窗格

（3）单击右上角的"注释"按钮，弹出"注释"窗格，如图 2-1-7 所示。在第 1 个列表框内提供了各种添加注释的工具，利用这些工具可以给 PDF 文档添加附注、文本注释、附加文件、插入录音、添加图章、插入文本、添加附注到文本，以及给文字添加高亮、删除线、下画线和更正标记等。

在第 2 列表框内提供了各种添加图画标记的工具，利用这些工具可以给 PDF 文档添加文本框和文本标记，绘制各种线条、几何图形和云朵图形等，还可以擦除图形。

在第 3 列表框内显示出该文档内添加的所有注释内容、所在页面和添加的时间，在文本框内输入要查找的注释内容或部分内容后按【Enter】键，即可在其下面的列表框中显示相应的注视内容和有关信息。在文本框右边有 3 个按钮，单击按钮，可以弹出相应的菜单，利用其内的菜单命令可以排序注释、筛选注释和其他有关注释操作的命令和选项。

（4）单击右上角的"填写和签名工具"按钮，弹出"注释"窗格，单击"填写和签名工具"按钮，可以切换到"填写和签名工具"选项卡，如图 2-1-8 所示。利用"填写和签名工具"选项卡可以给当前文档添加文本、勾形图形和签名等。

单击"发送和收集签名"按钮，可以切换到"发送和收集签名"选项卡，如图 2-1-9 所示。其内有两个按钮，单击按钮，可以将当前 PDF 文档通过电子邮件或传真发送出去；单击按钮，可以要求其他人给当前 PDF 文档签名。要完成这些操作，需要交费注册。

（5）单击"使用证书"按钮，可以切换到"使用证书"选项卡，如图 2-1-10 所示。单击"使用证书进行签名"按钮，弹出"Adobe Reader"对话框，其内介绍了下一步的操作方法，如图 2-1-11 所示。

图 2-1-7 "注释"窗格

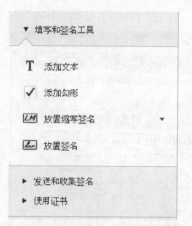

图 2-1-8 "填写和签名工具"选项卡

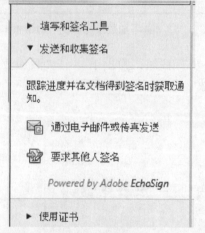

图 2-1-9 "发送和收集签名"选项卡

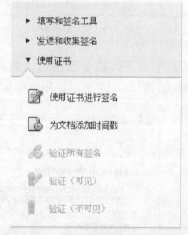

图 2-1-10 "使用证书"选项卡

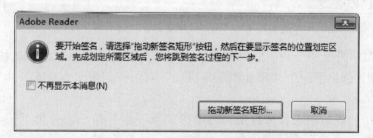

图 2-1-11 "Adobe Reader"对话框

单击该对话框内的"拖动新签名矩形"按钮，关闭该对话框，然后在文档内拖出一个矩形，即可弹出"签名文档"对话框，如图 2-1-12 所示。在"签名为"下拉列表框中选择一个签名，也可以选择"新建 ID"选项。选择"新建 ID"选项后会弹出"添加数字身份证"对话框,如图 2-1-13 所示。选中该对话框内不同的单选按钮,可以设置不同类型的身份证。

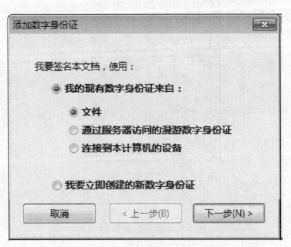

图 2-1-12 "签名文档"对话框   图 2-1-13 "添加数字身份证"对话框 1

例如,选中最下边的单选按钮,单击"下一步"按钮,弹出下一个"添加数字身份证"对话框,如图 2-1-14 所示,用来确定自签名数字身份证的存储位置。

图 2-1-14 "添加数字身份证"对话框 2

在"添加数字身份证"对话框内选中一个单选按钮(例如下边的单选按钮),再单击"下一步"按钮,弹出下一个"添加数字身份证"对话框,如图 2-1-15 所示(还没有输入数据)。

按照表格中的提示输入各种数据,再单击"下一步"按钮,弹出下一个"添加数字身份证"对话框。再按照提示输入口令,单击"下一步"按钮,回到"签名文档"对话框。单击"签名"按钮,弹出"另存为"对话框,将签名内容保存为 PDF 文档,单击"保存"按钮,即可在 PDF 文档内矩形框位置处添加设计好的数字身份证内容,如图 2-1-16所示。

图 2-1-15　"添加数字身份证"对话框 3　　　　图 2-1-16　文档中添加的数字身份证内容

（6）单击右上角的"工具"按钮，弹出"创建 PDF"选项卡，如图 2-1-17 左图所示。单击"选择文件"按钮，导入一个 DOC 或 DOCX 等格式文档，即可在文本框中填入该文档的名称，如图 2-1-17 右图所示。单击"转换"按钮，即可完成将其他格式文档转换为 PDF 格式文档的转换。

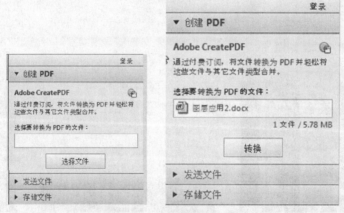

图 2-1-17　"创建 PDF"选项卡

单击"发送文件"按钮，可以展开"发送文件"选项卡，用来通过邮箱等发送 PDF 格式文件；单击"存储文件"按钮，可以展开"存储文件"选项卡，用来保存 PDF 格式文件。

注意，要完成上述工作，需要注册缴费。无法使用免费的 Adobe Reader 来完成上述创建 PDF 文档和进行格式转换等操作。

2. PDF 精灵阅读器软件的使用

PDF 精灵阅读器是一款免费国产 PDF 文档专用阅读器，它启动速度快，占用存储空间小（2 MB 多一点），浏览文件过程中占用内存不到同类软件的一半。它提供了单页模式和书本模式两种查看阅读模式，可以使阅读 PDF 文档更快速、简单、轻松；它独创的多纯种文本搜索技术，可以使搜索文本内容更快、更精确；它提供了多种阅读模式（如"书签"和"缩略图"模式），可以使浏览长篇 PDF 文档更快捷。该阅读器的使用方法简介如下。

（1）启动"PDF 精灵阅读器"软件，弹出如图 2-1-18 所示的工作界面。

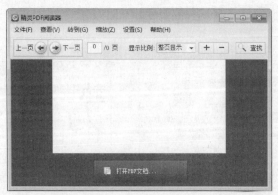

图 2-1-18　"PDF 精灵阅读器"软件工作界面 1

（2）单击"文件"→"打开"命令，弹出"打开"对话框，利用该对话框打开一个 PDF 格式（也可以是 XPS 等格式）文档。例如，打开"图层应用 1. pdf"文档，单击左边"导航"栏内的"缩略图"按钮，切换到"缩略图"模式；单击"查看"→"单页模式"命令，此时的"PDF 精灵阅读器"软件工作界面如图 2-1-19 所示。单击"导航"栏内的缩略图，即可快速切换到与该缩略图对应的页面进行浏览。

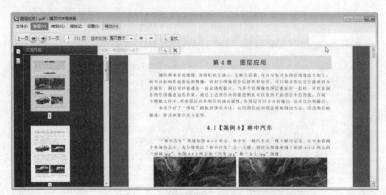

图 2-1-19　"PDF 精灵阅读器"软件工作界面 2

（3）单击左边"导航"栏内的"书签"按钮，切换到"书签"模式；单击"查看"→"书本模式"命令，此时的"PDF 精灵阅读器"软件工作界面如图 2-1-20 所示。单击"导航"栏内的目录标题（书签），即可快速切换到与该书签对应的页面进行浏览。

（4）在工具栏内的"显示比例"下拉列表框中选择一个选项，即可调整显示页面的大小；单击"放大"按钮 ＋ ，可以将当前页面适当放大；单击"缩小"按钮 － ，可以将当前页面适当缩小。

（5）在工具栏内单击"上一页"按钮，可以浏览上一个页面；单击"下一页"按钮，可以浏览下一个页面；在文本框中输入一个页面编号，再按【Enter】键，即可切换到该页面对应的页面浏览。

（6）在工具栏内单击"查找"按钮，弹出查找框 。在文本框内输入要查找的文字，单击"查找"按钮 ，即可在当前文档内找到第 1 个要查找的文字，并用黄色标注该文字。单击"关闭查找框"按钮 ✕ ，可以关闭查找框。

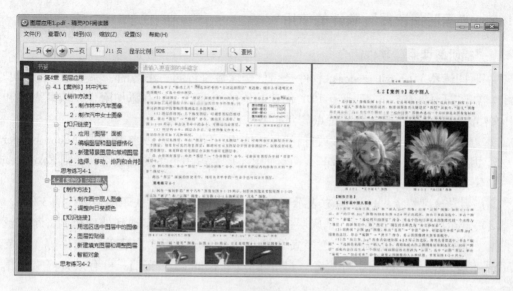

图 2-1-20　"PDF 精灵阅读器"软件工作界面 3

（7）在工具栏内单击"查看"命令，弹出"查看"菜单，如图 2-1-21 所示，利用其内的命令可以设置各种显示模式；单击"全选"命令，可以将所有页面选中；再单击"复制选择区"命令，可以将选中的页面复制到剪贴板内，再粘贴到其他 PDF 文档中，也可以粘贴到 Word 文档中，只是其内的图像无法粘贴。

（8）在工具栏内单击"转到"命令，弹出"转到"菜单，如图 2-1-22 所示，利用其内的命令可以进行页面的切换；单击"查找"命令与单击"查找"按钮的作用一样。单击"缩放"命令，弹出"缩放"菜单，如图 2-1-23 所示，利用其内的命令可以进行页面的放大和缩小等操作。

图 2-1-21　"查看"菜单

图 2-1-22　"转到"菜单

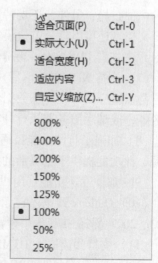

图 2-1-23　"缩放"菜单

2.1.2 "福昕阅读器"软件的使用

1. "福昕阅读器"软件简介

"福昕阅读器"（Foxit reader）软件是一款全球最流行的、小巧的、完全免费的 PDF 文档阅读器。它是目前唯一一款带有 PDF 创建功能的阅读器，拥有添加附件、填写表单和为 PDF 文档添加文本等功能。它的特点简介如下。

（1）体积小巧：具有令人难以置信的小巧体积，Foxit Reader 体积仅是 Adobe Reader X 的 1/5，所以如果需要经常处理 PDF 文档，而又不愿意占用更多的磁盘空间，则 Foxit Reader 是一个不错的选择。

（2）启动速度快捷：Foxit 官方表示 Foxit Reader 的运行速度快于同类软件的 3 倍。

（3）安全：它以安全著称，从底层技术、应用设计、功能实现到处理机制，都广泛考虑了各层面用户对安全的需求。更多安全控制包括 Foxit DRM 内容管理插件等。它支持 Windows 活动目录信息权限管理服务，打开 RMS 保护的 PDF 文档，可有效提高文档信息安全。

（4）唯一支持微软 SharePoint 服务器和 Office 365 环境下对 PDF 文档的权限控制与应用，被微软推荐为首选的 PDF 阅读器。唯一支持微软 AD RMS 对 PDF 文档的安全应用。

（5）朗读功能：通过安装微软语音支持库或高质量的商业语音引擎等，完成 PDF 文档的语音功能，且能实现多语言的语音朗读，让用户获得最佳的听觉享受。

（6）灵活设置 PDF 阅读方式：支持 3 种文档显示模式，包括阅读模式、逆序阅读模式和文本查看模式；支持多种页面显示模式，包括全屏显示、单页显示、连续页显示、拆分显示、双联页显示、双联页连续显示、双联页单独显示封面、自动滚动显示；支持页面过渡效果设置；支持多标签文档浏览模式，方便用户在不同的 PDF 文档间实现快速切换浏览，支持在 PDF 文档中快速添加、编辑和删除书签；支持多种文档查看模式，包括支持横向和纵向两种布局。另外，还支持通过缩放选项或选框缩放、放大镜和仿真放大镜等工具缩放 PDF 文档。还可以拆分窗口模式，可以在 2 个窗口（拆分命令）或 4 个窗口（表格式拆分命令）中查看 PDF 文档，易于操作，可以同时更新修改内容，最大限度地提高效率。

（7）支持 XFA 表单填写功能：XFA 表单是属于交互式表单的一种，它可以自动重新调整自身以适应用户或外部数据源（如数据库服务器）提供的数据，并可用于将数据提交给服务器，或请求服务器执行计算并返回结果。

（8）加强了打印功能：通过设置，打印机可以根据 PDF 页面的大小，智能地选择打印纸源，此功能提供了更灵活的打印机制，令打印任务更快捷。

（9）邮件发送功能：用户可以把当前正在阅读的 PDF 文档发送给客户。

（10）Outlook 预览：它无缝融合 Office 系统，软件安装之后，即可在 Microsoft Outlook 2003、2007 及 2010 版本中预览 PDF 附件。

（11）支持阅读嵌入 HTML 的 PDF 文档：方便用户灵活阅读 PDF 文档。阅读嵌于HTML 中的 PDF 文档与在福昕 PDF 阅读器中阅读文档一样简单、方便，阅读器中所有的工具栏及操作选项在阅读内嵌于 HTML 的 PDF 文档时都可便捷地选择使用。

（12）其他：支持 PDF 文档手写签名、插入印章，增强文字渲染效果，数字签名验证，拥有批注、评论、拼写检查、文本标注、文本选择工具、图画标注、打字机工具、查看评论或添加评论到文本对话框或者插图中等注释工具，同时拥有方便的文本搜索功能。

2. "福昕阅读器"软件工作界面简介

（1）"福昕阅读器"软件启动后弹出"开始－福昕阅读器"软件的工作界面，如图 2-1-24 所示。该工作界面内右边栏内简要介绍了该软件的特点。左边"最近打开的文件"栏内列出了最近打开的 PDF 格式的文件，单击其内的"清除"按钮，可以清除所有最近打开的文件的名称；单击文件名称，可弹出该文件；单击"打开"按钮，可以弹出"打开"对话框，利用该对话框可以打开 PDF 等格式的文件。

图 2-1-24　"开始－福昕阅读器"工作界面

（2）打开"图层应用 1. pdf"PDF 格式文件后，软件的工作界面内会增加一个"图层应用 1. pdf"选项卡，并切换到该选项卡。功能栏（Ribbon 工具栏）中的大部分按钮变为有效，单击上边的标签，可以切换到相应的选项卡，功能栏（Ribbon 工具栏）在不同选项卡下显示不同的工具组，工具组内提供了多个工具。

（3）"导航"栏内有 7 个标签，单击标签，可以在"导航"栏内切换到相应的选项卡。单击上边栏内的"主页"标签，功能栏切换到"主页"选项卡；单击"导航"栏内的"页"标签，"导航"栏切换到"页"选项卡。此时，"福昕阅读器"软件工作界面的"图层应用 1. pdf"选项卡如图 2-1-25 所示。可以看到，在"主页"选项卡内有"工具"和"插入"等 7 个工具组。将鼠标指针移到标题栏、功能栏和状态栏内的按钮之上或"导航"栏的标签之上，会显示它们的名称以及作用信息。

（4）在"福昕阅读器"软件工作界面内的右下边也提供了可以放大或缩小页面大小的工具，以及可以调整显示 PDF 文档中第几个页面的工具。

（5）将鼠标指针移到"导航"栏内的"页"标签之上，会显示该标签的作用"查看页面缩略图"，单击"页"标签，切换到"页"选项卡，可以看到"页"选项卡内主要显示一个列表框，其内显示 PDF 文档各页的缩略图，在列表框之上有两个按钮，将鼠标指针移到这两个按钮之上，会显示它们的名称，单击"放大"按钮，可以放大缩略图；单击"缩小"按钮，可以缩小缩略图。

单击"页"选项卡内的缩略图，可以在右边切换到相应的页面。

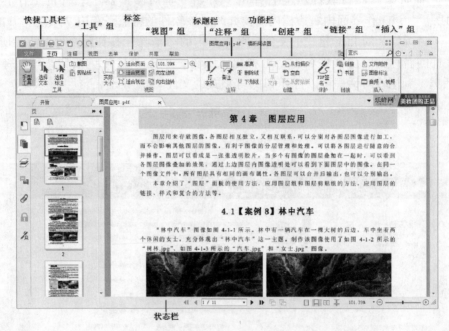

图 2-1-25 "图层应用 1.pdf"选项卡

（6）单击"导航"栏内的"书签"标签，切换到"书签"选项卡，其内显示 PDF 文档的目录和有关的工具按钮，如图 2-1-26 所示。单击目录中的图标，可以收缩下一级目录；单击图标，可以展开一级目录。单击目录中的标题，可以在右边切换到相应的页面。

单击"隐藏"按钮，可以隐藏选项卡；单击"显示"按钮，可以展开显示选项卡；单击"展开"按钮，可以展开选项卡，隐藏右边的页面；单击"折叠"按钮，可以折叠选项卡，在右边显示页面。

上边的按钮组从左到右依次是"删除书签""将当前视图保存为书签""展开当前书签"和"收起所有书签"按钮。

（7）单击"导航"栏内的"注释"标签，切换到"注释"选项卡，其内显示 PDF 文档的注释内容，如图 2-1-27 所示。

（8）单击"导航"栏内的"附件"标签，切换到"附件"选项卡，其内显示当前 PDF 文档内的所有附件文件的名称。

单击"导航"栏内的其他标签，可以切换到相应的选项卡，其内会显示相应的内容。

3. 功能栏内"主页"选项卡中的工具

由图 2-1-25 可以看到，在"主页"选项卡内有"工具""视图""注释""创建""保护""链接"和"插入"组。各工具组内工具的作用简介如下。

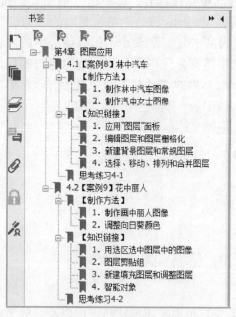

图 2-1-26　"书签"选项卡

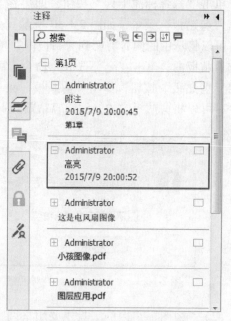

图 2-1-27　"注释"选项卡

（1）"工具"组内左边的 3 个工具在除"文件"选项卡外其他选项卡内都有。单击"手型工具"按钮，即可在页面内拖动来移动页面内容；单击"选择文本"按钮，即可在页面内拖动选中文字；单击"选择标注工具"按钮，即可在页面内选中标注内容。

单击"主页"选项卡"工具"组内的"截图"按钮 📷 ，在页面内拖出一个蓝色矩形区域，选中要截取的画面，如图 2-1-28 所示。释放鼠标左键后，弹出一个"福昕阅读器"对话框，告诉用户已经将选区内的内容复制到剪贴板中，如图 2-1-29 所示。单击"确定"按钮，关闭该对话框，可以将剪贴板内截取的图像粘贴到其他位置，甚至粘贴到 Word 文档内的光标处，这是一个非常有用的功能。

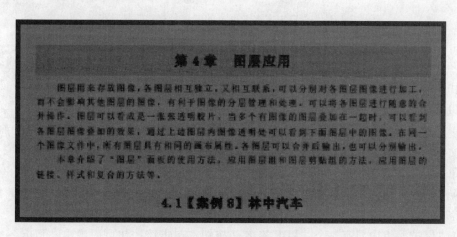

图 2-1-28　选中要截取的画面

　　单击"选择标注工具"按钮，即可在页面内选中标注内容，再单击"剪贴板"按钮，弹出"剪贴板"菜单，如图 2-1-30 所示（"粘贴"命令还无效）。单击其内的"剪切"命令，可以将选中的内容剪切到剪贴板内；单击其内的"复制"命令，可以将选中的内容复制到剪贴板内；单击"全部选取"命令，可以选中所有标注内容。剪贴板内有内容后，再单击"剪贴板"按钮，弹出"剪贴板"菜单，此时其内的"粘贴"命令变为有效，单击该命令，可以将剪贴板内的标注内容粘贴到 PDF 文档中。

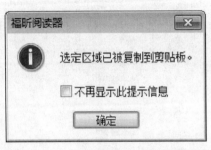

图 2-1-29　　"福昕阅读器"对话框

图 2-1-30　　"剪贴板"菜单

　　（2）"视图"组内的工具主要用来调整 PDF 文档页面视图的状态，可以放大或缩小页面大小，可以按照右边视图区域大小自动调整页面，使页面完全显示等。

　　（3）"注释"组内的工具主要用来给当前 PDF 文档添加文本和备注内容。可以给 PDF 文档中的文字添加高亮背景、删除线或下画线。单击"打字机"按钮，再单击 PDF 文档页面内，即可创建一个文本框，同时功能栏切换到自由文本工具的"注释格式"选项卡，如图 2-1-31 所示，可以用来调整输入文字的字体、大小、颜色和风格等。

图 2-1-31　　"自由文本工具"的"注释格式"选项卡

　　单击"备注"按钮，再单击 PDF 文档页面内，即可弹出一个"备注"面板，如图 2-1-32 所示（还没有输入文字），可以在其内输入备注文字。单击面板右上角的"关闭"按钮，可以关闭该面板，在 PDF 文档页面内单击处形成一个图标。以后单击该图标，即可调出"备注"面板，查看其内

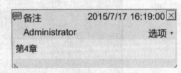

图 2-1-32　　"备注"面板

的备注文字；将鼠标指针移到图标之上，也可以看到备注文字内容。右击图标，弹出它的菜单，单击该菜单内的"删除"命令，可以删除该标记。

　　（4）"创建"组内的工具主要用来创建 PDF 文档。例如，单击"空白"按钮，即可创建一个空白的 PDF 文档。

　　（5）"保护"组内只有一个"PDF 签名"按钮，单击该按钮可以弹出"PDF 签名"菜单。单击该菜单内的"创建签名"命令，可以弹出"创建签名"对话框，在该对话框内的

下拉列表框中选择"绘制签名"选项后，在它的右边会显示一个"绘制"按钮，如图 2-1-33 所示。在下拉列表框中还可以选择"从剪贴板"或"导入文件"选项，选中"从剪贴板"选项后，会在"预览"窗口内显示剪贴板中的图像，用来作为 PDF 签名；选中"导入文件"选项后，"浏览"按钮会变为有效，单击该按钮会调出外部 PDF 文档，该文档中的内容会作为 PDF 签名。

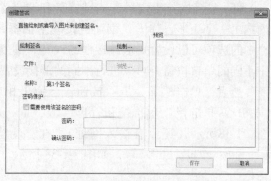

图 2-1-33　"创建签名"对话框

　　单击"绘制"按钮，弹出"绘制签名"对话框，如图 2-1-34 所示。在该对话框内的书写板内拖动鼠标，可以绘制签名或图形，再单击"确定"按钮，关闭该对话框，在"创建签名"对话框内的"预览"框中显示绘制的内容。

　　在"创建签名"对话框内的"名称"文本框中输入签名的名称，在"密码保护"栏内选中"需要使用该签名的密码"复选框，再输入密码。然后，单击"保存"按钮，将这次设置的签名保存，同时关闭该对话框，鼠标指针也改为设置的签名内容。

　　此时，在 PDF 文档内空白处单击，即可添加刚刚设置好的签名，如图 2-1-35 所示。

图 2-1-34　"绘制签名"对话框

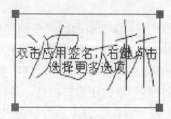

图 2-1-35　签名

　　单击"PDF 签名"菜单内的"管理签名"命令，可以弹出"管理签名"对话框，如图 2-1-36 所示。在"签名"栏内会显示出设置好的所有签名的名称的内容，"预览"框内会显示选中的签名内容。利用该对话框可以创建新签名、编辑选中的签名和删除选中的签名。

图 2-1-36　"管理签名"对话框

（6）"链接"组内只有"链接"和"书签"按钮，单击"链接"按钮，再在 PDF 文档内拖出一个矩形，弹出"创建链接"对话框，如图 2-1-37 所示，利用该对话框内"外观"栏中的选项可以设置矩形链接框的线宽、高度、线类型和线颜色；在"目标位置"栏内选中不同的单选按钮，可以进行不同的链接设置。

然后，单击"下一步"按钮，会弹出相应的对话框或完成相应的操作。例如，选中"打开 Web 链接"单选按钮，再单击"下一步"按钮，会弹出"URL 编辑"对话框，如图 2-1-38 所示（还没有输入网址）。在"为当前链接输入 URL"列表框中输入一个网址（如 http：//hao.360.cn），如图 2-1-38 所示，再单击"确定"按钮，完成设置，关闭该对话框。

图 2-1-37　"创建链接"对话框　　　　图 2-1-38　"URL 编辑"对话框

以后，单击"工具"组内的"手型工具"按钮，单击前面创建的矩形链接框，即可弹出相应的网页。单击"链接"按钮或"工具"组内的"选择文本"按钮或"选择标注工具"按钮，鼠标指针呈黑三角状，右击矩形链接框，弹出它的菜单，单击该菜单内的"删除"命令，可删除矩形链接框。双击矩形链接框，可以弹出"链接属性"对话框，如图 2-1-39 所示。利用该对话框内的"动作"选项卡可以修改链接对象，切换到"外观"选项卡，可以修改矩形链接框的外观。

单击"书签"按钮，会在当前 PDF 文档内的末尾添加一个书签，名称默认为"无标题"，并处于可以编辑名称状态。同时在"导航"栏内会选中"书签"标签，切换到"书签"选项卡，其内显示 PDF 文档的目录和新增的"无标题"书签。右击书签名称，弹出它的快捷菜单，单击该菜单内的"删除"命令，可以删除该书签。

（7）"插入"组内的工具主要用来在 PDF 文档中插入文件附件、图像标注、音乐和视频等。单击"文件附件"按钮，弹出"附件"对话框，如图 2-1-40 所示（还没有添加附件文件）。单击"添加文件"按钮，单击弹出菜单内的"添加文件"命令，弹出"打开"对话框，利用该对话框可以打开一个或多个 PDF 文件，并添加到"附件"对话框的列表框中。单击该菜单内的"添加文件夹"命令，弹出"浏览文件夹"对话框，利用该对话框可以确定一个文件夹，将该文件夹内的所有 PDF 文件添加到"附件"对话框的列表框中。单击"附件"对话框中的"确定"按钮，关闭该对话框，将选中的附件文件添加到当前 PDF 文档内。

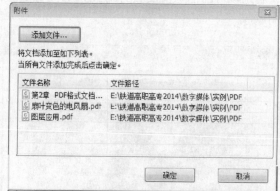

图 2-1-39　"链接属性"对话框　　　　　　　　图 2-1-40　"附件"对话框

　　此时，会在"导航"栏内选中"附件"标签⊘，切换到"附件"选项卡，其内显示
PDF 文档的所有附件名称。双击附件名称，弹出"打开附件"对话框，如图 2-1-41 所示。
选中不同的单选按钮，决定了以后是否提示后再单击附件文件、直接打开附件文件或不打开
附件文件。单击"确定"按钮，关闭该对话框，完成设置。若要再修改设置，可以单击"附
件"选项卡内的"设置"按钮，弹出"安全设置"对话框，按照上述方法重新进行设置
即可。

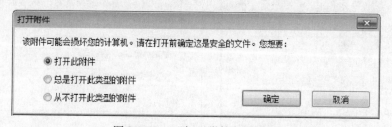

图 2-1-41　"打开附件"对话框

　　（8）单击"插入"组内的"图像标注"按钮，在 PDF 文档中拖出一个矩形，即可弹出
"添加图像"对话框，如图 2-1-42 所示（还没有添加图像）。单击该对话框内的"浏览"按
钮，弹出"打开"对话框，利用该对话框导入一幅图像，如图 2-1-42 内显示框中的图像所
示。在"位置"文本框中会显示该图像的路径。

　　拖动"不透明度"栏内的滑块或在文本框内输入数值，可以调整图像的不透明度；在
"旋转"下拉列表框中可以选择图像旋转的角度。单击"高级"按钮，会弹出"图像设置"
对话框，如图 2-1-43 所示。利用该对话框可以设置图像位于边框内的位置，以及调整边框
时其内图像的变化特点。

　　单击"确定"按钮，关闭该对话框，回到"添加图像"对话框。单击该对话框内的
"确定"按钮，关闭该对话框，在拖出的矩形内会显示导入的图像。单击"插入"组内的
"图像标注"按钮，双击该图像，可以弹出"图像属性"对话框，单击"外观"标签，切
换到"外观"对话框，如图 2-1-44 左图所示，利用该对话框可以设置边框有无、边框粗
细、边框类型和颜色等；单击"动作"标签，切换到"动作"对话框，如图 2-1-44 右图所

示，利用该对话框可以设置针对插入的图像标签的动作，以及动作（例如单击标签图像）
的响应等。

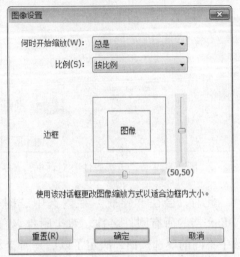

图 2-1-42　"添加图像"对话框　　　　　　图 2-1-43　"图像设置"对话框

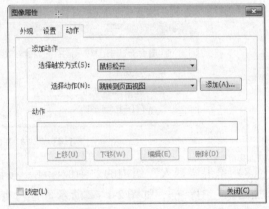

图 2-1-44　"外观"选项卡和"动作"选项卡

（9）单击"插入"组内的"视频 & 音频"按钮，在 PDF 文档中拖出一个矩形，即可
弹出"添加视频 & 音频"对话框，如图 2-1-45 所示（还没有进行设置）。单击该对话框内
"位置"栏的"浏览"按钮，弹出"打开"对话框，利用该对话框导入一个视频或音频文
件，在"位置"文本框内填入该文件的路径，在"内容类型"下拉列表框中自动选中导入
文件的类型。此处导入的是要播放的视频或音频内容。

单击该对话框内的"从文件创建海报"单选按钮，再单击"浏览"按钮，弹出"打
开"对话框，利用该对话框导入一个图像文件，在"文件"文本框内输入该图像文件的路
径。此处导入的是矩形框内显示的图像。

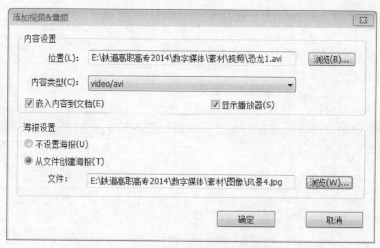

图 2-1-45 "添加视频 & 音频"对话框

单击"确定"按钮，关闭"添加视频 & 音频"对话框，在 PDF 文档内矩形框中显示导入的图像，如图 2-1-46 左图所示。单击"工具"组内的"手型工具"按钮，单击矩形框内的图像，矩形框内即可播放导入的视频，如图 2-1-46 右图所示，也可以播放导入的音频。

图 2-1-46 图像和播放的视频画面

单击"视频 & 音频"按钮或"工具"组内的"选择标注工具"按钮，鼠标指针呈黑三角状，单击矩形框，矩形框四周会出现红色矩形框和 8 个控制柄，拖动控制柄，可以调整矩形框架的大小。

右击矩形框，调出它的菜单，单击该菜单内的"删除"命令，可删除矩形框。双击矩形链接框，弹出"视频 & 音频属性"对话框，利用该对话框可以修改矩形框架外观，重新设置图像、视频或音频，以及设置动作等。

4. 功能栏内其他选项卡简介

（1）在"福昕阅读器"软件工作界面内，单击"注释"标签，切换到"注释"选项卡，如图 2-1-47 所示。可以看到它有 9 个工具组，其内的工具用来在当前 PDF 文档中插入文本、备注、文件、注释框、文本框、各种图形、测量数据、图章和各种管理注释等。大部分工具的使用方法前面都介绍过，用户通过实际操作可以很方便地掌握。

图 2-1-47 "注释"选项卡

（2）在"福昕阅读器"软件工作界面内，单击"视图"标签，切换到"视图"选项卡，如图 2-1-48 所示。可以看到它有 6 个工具组，其内的工具用来进行视频调整，也就是改变 PDF 文档页面的显示效果。

图 2-1-48 "视图"选项卡

① "转到"组内的工具用来切换当前显示的页面。"文档视图"组内的工具用来改变阅读模式，例如，单击"文本查看器"按钮，则显示框内显示的 PDF 文档只有文本内容。

② "助手"组内的工具用来帮助放大显示页面内的内容，以及朗读页面中的文字。单击"选取框"按钮，在 PDF 文档页面内单击，可以放大 PDF 文档页面；按住【Ctrl】键的同时在 PDF 文档页面内单击，可以缩小 PDF 文档页面。单击在"放大镜"按钮，则弹出"放大镜工具"面板，如图 2-1-49 所示，鼠标指针呈小放大镜状，移动放大镜，在"放大镜工具"面板内会放大显示小放大镜所处位置的文字。单击"仿真放大镜"按钮，则弹

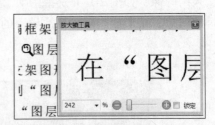

图 2-1-49 "放大镜工具"面板

出一个放大镜，如图 2-1-50 所示，放大境内会显示放大镜所处位置的文字。

单击"朗读"按钮，弹出"朗读"菜单，如图 2-1-51 所示。单击"朗读当前页"命令，只朗读当前页文字；单击"从当前页开始朗读"命令，可以从当前页开始朗读文字；单击"停止"命令，可以停止朗读文字。开始朗读文字后，"朗读"按钮右边的 3 个小按钮变为有效，它们的名称从上到下分别为"语速""音量"和"暂停"，分别用来调整朗读的速度、朗读的音量和暂停与重播相互切换。

③ "页面显示"组内的工具用来确定页面的显示形式，以及是否显示参考线、标尺和显示或隐藏线宽。单击"自动滚动"按钮，则页面内的文字自动从下向上缓慢滚动。

④ "视图设置"组内的工具用来确定"导航"栏内显示的内容，以及确定状态栏是否显示和如何显示。单击"导航面板"按钮，弹出"导航面板"菜单，单击其内的命令，可以设置导航面内显示的内容；单击"隐藏导航面板"命令，可以隐藏导航面板；单击"重置所有面板"命令，可以使导航面板内不显示内容，只有标签。

（3）在"福昕阅读器"软件工作界面内单击"表单"标签，切换到"表单"选项卡，它有 2 个工具组，其内的工具用来重置、导入、导出、邮件发送和合并表单。单击"保护"标签，切换到"保护"选项卡，它有 3 个工具组，用来进行 PDF 文档的内容保护等。单击"共享"标签，切换到"共享"选项卡，它有 4 个工具组，用来发送邮件等。

图 2-1-50　放大镜

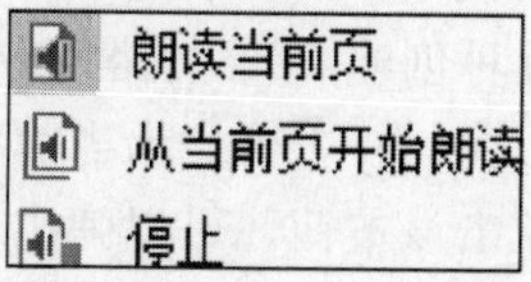

图 2-1-51　"朗读"菜单

图 2-1-52　"导航面板"菜单

（4）在"福昕阅读器"软件工作界面内单击"帮助"标签，切换到"帮助"选项卡，如图 2-1-53 所示。可以看到它有 4 个工具组，用来获取各种帮助信息。例如，单击"帮助"组内的"用户手册"按钮，可以调出"Foxit 福昕"网页，利用该网页可以浏览各种帮助手册，以及下载各种帮助手册。

图 2-1-53　"帮助"选项卡的功能栏

（5）单击"选择标注"按钮，按住【Shift】键的同时选中多个标注，会在功能区内弹出"排序"工具，它有一个"排序"选项卡，3 个工具组，如图 2-1-54 所示。拖出一个矩形使其围住多个标注，也可以同时选中多个标注。在只选中一个标注时，"对齐"组内的按钮无效。

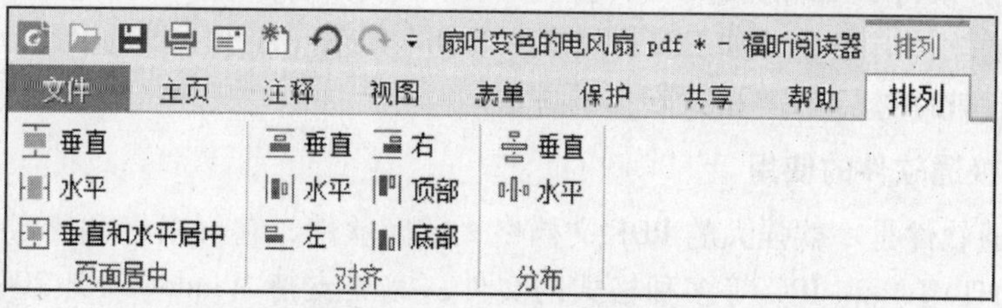

图 2-1-54　"排列"选项卡

"页面居中"组内的工具用来使选中的标注按照页面垂直居中、水平居中或同时水平和垂直居中。

（6）在"福昕阅读器"软件工作界面内，单击"文件"标签，切换到"文件"选项卡，单击左边栏内的"打开"按钮，右边切换到"打开"选项卡，如图 2-1-55 所示。选中

"最近的文档"选项，可以在右边栏内显示最近打开的文档的名称。单击文档名称，即可打开该 PDF 文档。

单击中间栏内的"计算机"按钮，右边会显示当前和最近打开的文件夹内的 PDF 文档名称，以及一个"浏览"按钮，单击该按钮，可以弹出"打开"对话框，利用该对话框可以打开一个 PDF 文档。

单击左边栏内的"文档属性"按钮，可以在右边显示当前文档的属性。单击左边栏内的"创建"按钮，可以在右边显示几种创建 PDF 文档的方式。单击左边栏内的"另存为"按钮，单击中间栏内的"计算机"按钮，右边会显示当前和最近打开的文件夹内的 PDF 文档名称，以及一个"浏览"按钮，单击该按钮，可以弹出"另存为"对话框，利用该对话框将当前 PDF 文档以一个给定的名称保存在选定的文件夹中。

单击左边栏内的"偏好设置"按钮，可以弹出"偏好设置"对话框，如图 2-1-56 所示。利用该对话框可以设置该软件的默认参数和默认选项等。

图 2-1-55 　"打开"选项卡　　　　　　　　图 2-1-56 　"偏好设置"对话框

单击左边栏内的"更改工具栏模式"按钮，右边会显示几种工具栏模式供选择。单击左边栏内的"更改皮肤"按钮，右边会显示几种工作界面皮肤供选择。

2.1.3　PDF 格式转换软件的简介

Word 软件可以将 DOC 格式文档转换为 PDF 格式文件。可以创建、格式转换和编辑 PDF 格式文件的软件有很多。如 PDF 转换通、Solid Converter 和 Adobe Acrobat 等。下边简要介绍用这两款软件进行 PDF 格式转换的方法。

1. PDF 转换通软件的使用

PDF 转换通软件是一款强大的 PDF 文档格式转换软件，它可以将 PDF 格式文件转换为 Word、网页（HTML）和 JPG 等多种格式的文件，完美支持 Windows XP/2003/Vista/7，兼容 32 位和 64 位系统。界面简洁大方，操作容易上手，更重要的是它完全免费，可以随意分发使用。

使用 PDF 转换通软件进行文件格式转换的方法简介如下。

（1）PDF 转换通软件启动后，单击"转换为 WORD"按钮，弹出"打开"对话框。利用它打开一个 PDF 格式文件，并进行 PDF 文档转换为 Word 格式文档工作，工作界面如图 2-1-57 所示。注意，如果 PDF 文档较大，则转换后的 Word 格式文档内容会有损坏。

（2）单击"转换为图片"按钮，调出"打开"对话框。利用该对话框可以打开一个 PDF 格式文件，同时会调出"浏览文件夹"对话框，如图 2-1-58 所示。利用该对话框选择一个保存转换后的 JPG 格式文件的目录，单击"确定"按钮，即可将打开的 PDF 文档中的每一页转换为相应的一幅 JPG 格式图像文件。

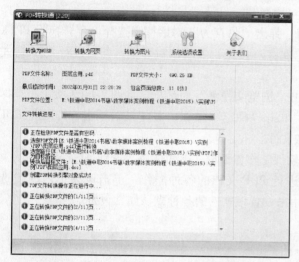

图 2-1-57　PDF 转换通 2.20 软件的工作界面

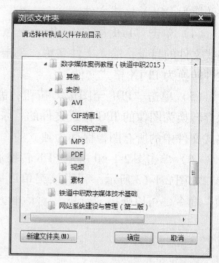

图 2-1-58　"浏览文件夹"对话框

2. 中文版 Solid Converter 软件的使用

中文版 Solid Converter 软件是一款专门将 PDF 文档转换成 DOC、RTF、Word 和 XML 文件的软件。它还可以将 PDF 文档中的图片和表单提取出来，并输出到 Excel 中。

使用中文版 Solid Converter 软件进行文本文件格式转换的方法简介如下。

（1）Solid Converter V9 启动后会显示一个"开始"面板，如图 2-1-59 所示，可以看到，该软件有很多功能，单击其内的一个按钮，即可执行相应的一个功能。例如，单击"打开 PDF"按钮，可以打开一个 PDF 文档，如图 2-1-60 所示。

图 2-1-59　"开始"面板

图 2-1-60　PDF 转换通软件工作界面

（2）单击按钮▼，会弹出一个菜单，如图 2-1-61 所示，单击该菜单内的一个命令，即可关闭该菜单，同时按钮▼左边的按钮的名称会改为该菜单选项名称，菜单内的这个命令会变为灰色。单击按钮 · 左边的按钮，即可弹出"另存为"或其他对话框，利用这些对话框可以将打开的 PDF 格式文件转换为相应格式文件并保存。

（3）单击"PDF 至 Word"按钮，弹出"另存为"对话框，选择保存转换为 DOCX 格式文件的目录，输入文件名称，单击"保存"按钮，关闭该对话框，即可进行 PDF 格式文件转换为 DOCX 格式文件。

（4）单击"PDF 至 PowerPoint"按钮，弹出"另存为"对话框，选择保存转换为 PPTX 格式文件的目录，输入文件名称，单击"保存"按钮，关闭该对话框，即可进行 PDF 格式文件转换为 PPTX 格式文件。

（5）单击"PDF 至图像"按钮，弹出"浏览文件夹"对话框，如图 2-1-62 所示，选择保存转换为图像的 JPG 格式文件的目录，单击"确定"按钮，关闭该对话框，即可将 PDF 格式文件中的所有图像保存为独立的图像文件。

（6）单击图 2-1-60 所示 PDF 转换通软件工作界面内左上角的圆形按钮 ，调出它的菜单，如图 2-1-63 所示，利用该菜单可以进行 PDF 文档的各种操作。单击该菜单内的"选项"命令，可以弹出"选项"对话框，用来设置该软件的各种默认属性设置。

图 2-1-61　按钮菜单

图 2-1-62　"浏览文件夹"对话框

图 2-1-63　按钮菜单

2.2　Adobe Acrobat 软件应用

2.2.1　Adobe Acrobat 软件简介和格式转换

1. Adobe Acrobat 软件功能简介

Adobe 公司是全球最著名的图形、图像软件公司之一。其产品有 Adobe Photoshop、Adobe Illustrator、Adobe PageMaker 图形印刷业的专用软件。Adobe Acrobat 也是 Adobe 公司推出的一款非常优秀的软件。Adobe Acrobat 软件可以创建、阅读、编辑 PDF 格式文档。

PDF 格式是 Adobe 公司推出的便携式文档格式 Portable Document Format（PDF），是一种全新的电子文档格式。PDF 格式文档能保留文档原来的面貌、内容、字体和图像，可以通过电子邮件发送，也可以存储在 WWW 、企业内部网、文件系统或 CD-ROM 上，可供用户在 Microsoft Windows、Mac OS 和 Linux 等操作系统平台上进行查看。无论是网上阅读，还是打印、印刷出版，Adobe Acrobat 都能给出最好的效果。

Adobe Acrobat 的版本很多，最新版本是 Adobe Acrobat XI Pro（Adobe Acrobat 11），该产品家族包括：Acrobat XI Pro、Acrobat XI Standard 和 Adobe Reader XI。Adobe Acrobat XI Pro 简体中文专业版不仅仅是领先的、出色的 PDF 编辑、转换软件，它还集中了多种智能工具，提供更强大的沟通功能，使用简便和顺畅。它的部分主要功能简介如下。

（1）快速编辑 PDF 文档：在 PDF 文档中直接对文本和图像做出编辑、更改、删除、拆分和合并 PDF 文档、重新排序、旋转 PDF 页面。可以将包括电子表单、网页、视频等更丰富的内容制作为一个经过优化的 PDF 文档，从而提升了效果。

（2）深度整合了 Microsoft Office 套件：实现了 PDF 与 Word、Excel 以及 PowerPoint 等文档间的无缝相互转换，集成于微软 Office 中，使用一键功能就可以将部分或整个 Word、Excel 、Power Point 等文件转换为 PDF 格式 文件，并保留版面、格式和表单等；也可以将 PDF 格式文件转换为 Word、Excel 和 PowerPoint 等文件。

（3）整合云服务：可将 PDF 文档存储在微软 Share Point 服务器和 Office 365 之上，以及 Adobe 公司的 Acrobat. com 云端服务器中。支持 IOS、Andriod 和 Windows 8 平台。

（4）扫描至 PDF：扫描纸质文档和表单并将它们转换为 PDF。利用 OCR 实现扫描文本的自动搜索，然后检查并修复可疑错误。

（5）打印 PDF 格式文档：可以在任何选择 Adobe PDF 作为打印机进行打印的应用程序中创建 PDF 格式文档，可以打印原始文档的外观和风格。

（6）HTML 转 PDF：在 IE 或 Firefox 中单击即可将网页捕获为 PDF 文件，并将所有链接保持原样。也可以只选择所需内容，将部分网页转换为 PDF 文件。

（7）在平板计算机和手机上使用：可以轻易地利用触控操作 Adobe Reader，处理 PDF 档案，加入附注及批注，并可以填写和签署窗体。

（8）朗读 PDF 格式文档的文字内容：可以真人声音朗读 PDF 格式文档的文字内容。

2. Adobe Acrobat 软件工作界面和格式转换

（1）启动 Adobe Acrobat IX 11.0，弹出它的工作界面窗口，单击"文件"→"打开"命令，弹出"打开"对话框，利用该对话框选择一个 PDF 格式的文件（如"图层应用 . pdf"）。此时的 Adobe Acrobat IX Pro 工作界面窗口如图 2-2-1 所示。可以看到，Adobe Acrobat IX Pro 工作界面窗口是由菜单栏、"常用工具"栏、"视图工具"栏、导览窗格、"工具"窗格、"签名"窗格（单击"签名"标签，可以切换到"签名"窗格）、"注释"窗格（单击"注释"标签，可以切换到"注释"窗格）、"PDF 格式文档"窗口和状态栏等组成。

（2）在"工具"窗格内有很多标签，单击这些标签，可以展开相应的面板，图 2-2-1 所示是在"工具"窗格内切换到"内容编辑"面板。单击"导航"栏内的页面缩略图，可以在"PDF 格式文档"窗口内切换到相应的页面。将鼠标指针移到任何按钮之上，都会显示该按钮的名称，以及相应的使用提示，按照按钮名称和提示，可以尝试进行相应的操作。

（3）单击"文件"→"另存为"命令，弹出"另存为"对话框，如图 2-2-2 所示。

选择要保存转换格式后的文件所在文件夹，在"保存类型"下拉列表框中选择转换的格式选项，如图2-2-3所示，在"文件名"文本框中输入文件名称，如图2-2-2所示。然后，单击"保存"按钮，即可将打开的PDF格式文档以给定的格式和名称保存在指定的文件夹内。

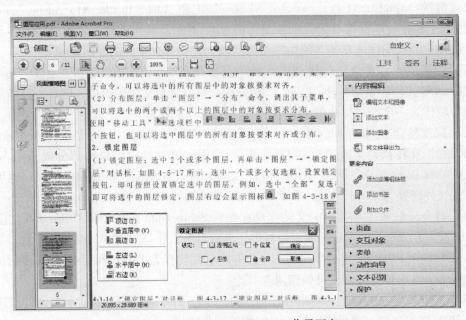

图 2-2-1　Adobe Acrobat IX Pro 工作界面窗口

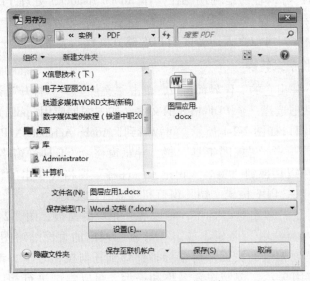

图 2-2-2　"另存为"对话框

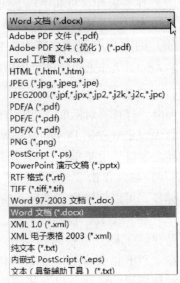

图 2-2-3　"保存类型"下拉列表框

（4）单击"文件"→"另存为其他"命令，弹出"另存为其他"菜单，如图2-2-4所示。利用该菜单内的命令或者命令下的子菜单命令，可以将打开的 PDF 格式文档以选定的格式转换并保存。

（5）单击"文件"→"创建"命令，弹出"创建"菜单，如图 2-2-5 所示。利用该菜单内的命令或者子菜单命令，可以利用选择的文件创建一个 PDF 格式文档。也就是完成将选择的文件转换为 PDF 格式文件，同时打开转换后的 PDF 格式文件。以后只要将转换的 PDF 格式文件进行保存，即可完成文件格式的转换。另外，单击"常用工具"栏内的"创建"按钮，也可以弹出图 2-2-5 所示的"创建"子菜单。

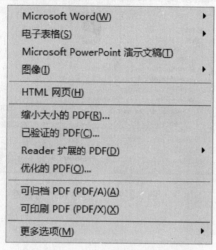

图 2-2-4　"另存为其他"子菜单

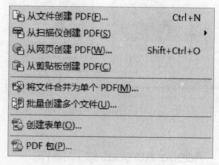

图 2-2-5　"创建"子菜单

（6）单击图 2-2-5 所示的"从文件创建 PDF"命令，弹出"打开"对话框，如图 2-2-6 所示。在"格式类型"下拉列表框中选择转换的文件格式选项，如图 2-2-7 所示，再选择文件，例如"扇叶变色的电风扇 .doc"文件，如图 2-2-6 所示。

图 2-2-6　"打开"对话框

图 2-2-7　"格式类型"下拉列表框

（7）单击"打开"按钮，打开选中的文件并进行格式的转换，将选中的文件转换为相应的 PDF 格式文件，例如"扇叶变色的电风扇 .pdf"，同时打开该文件，如图 2-2-8 所示。

（8）单击"文件"→"另存为"命令，弹出"另存为"对话框，如图 2-2-9 所示。在"文件名"文本框内输入文件名称，采用默认的文件名称"扇叶变色的电风扇.pdf"，单击"保存"按钮，即可完成文件格式的转换。

图 2-2-8 打开"扇叶变色的电风扇.pdf"文件

图 2-2-9 "另存为"对话框

2.2.2 Adobe Acrobat 软件操作

1. 导览窗格基本操作

（1）在 Adobe Acrobat IX Pro 工作界面窗口内打开了"扇叶变色的电风扇.pdf"文件，右边没显示窗格。单击"工具"标签，即可在"PDF 文档"窗口右边显示"工具"窗格。再单击"工具"标签，可以隐藏"工具"窗格。

（2）单击导览窗格内的"页面缩览图"按钮，会展开"页面缩览图"栏，单击其内的缩览图，即可在"PDF 文档"窗口内显示相应的页面。"PDF 文档"窗口较小，不能显示页面的全部内容时，"页面缩览图"栏当前页中有一个矩形框，用鼠标拖动该矩形框，可以调整"PDF 文档"窗口内显示的内容，如图 2-2-10 所示。

（3）单击导览窗格内的"书签"按钮，会展开"书签"栏，单击其内的书签名称，即可在"PDF 文档"窗口内显示相应的书签所在页面的内容。原来格式转换前的"扇叶变色的电风扇.doc"文档中的前三级样式在转换为 PDF 格式文件后，会自动转换为书签，如图 2-2-11 所示。

（4）单击"页面缩览图"栏上边的"选项"按钮，或右击"页面缩览图"栏内部，会弹出"选项"菜单，如图 2-2-12 所示，其内都是有关页面操作的命令；单击"书签"栏上边的"选项"按钮，或右击"书签"栏内部，弹出"选项"菜单，如图 2-2-13 所示，其内都是有关书签操作的命令。

图 2-2-10　导览窗格内的页面缩览图　　　　　　图 2-2-11　导览窗格内的书签

（5）右击导览窗格内左边的"导览窗格按钮"栏，会弹出"导览窗格按钮"菜单，如图 2-2-14 所示。

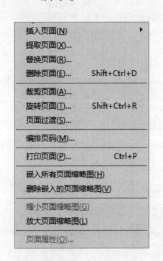

图 2-2-12　页面"选项"菜单　　　图 2-2-13　书签"选项"菜单　　　图 2-2-14　"导览窗格按钮"菜单

（6）选中"导览窗格按钮"菜单菜单内的按钮名称，即可在"导览窗格按钮"栏添加相应的按钮，同时选中该按钮，切换到相应的栏。单击"重置窗格"命令，可以还原为默认状态；单击"隐藏导航窗格按钮"命令，可以隐藏"导览窗格按钮"栏。

（7）单击"视图"→"显示/隐藏"→"导览窗格"→"显示导览窗格"命令，可以将隐藏的导览窗格显示出来。

2. "签名"和"注释"窗格基本操作

（1）单击 Adobe Acrobat IX Pro 工作界面窗口内右边的"签名"标签，切换到"签名"窗格，默认展开其内的"我需要签名"面板，单击"添加文本"按钮，如图 2-2-15 所示。

（2）单击"注释"标签，切换到"注释"窗格，默认展开其内的"批注"和"图画标记"面板。单击"工具"标签，切换到"工具"窗格，默认展开其内的"内容编辑"面板，如图 2-2-1 所示。

（3）在"工具""签名"和"注释"窗格内，单击面板的标签，可以在展开和收缩面板间切换。要切换"工具"窗格内的面板，也可以单击"视图"→"工具"菜单内的命令；要切换"注释"窗格内的面板，也可以单击"视图"→"注释"菜单内的命令。

（4）单击"签名"标签，切换到如图 2-2-15 所示的"签名"窗格，展开其内的"我需要签名"面板，单击"添加文本"按钮。单击 PDF 文档内，此时弹出的"添加文本"面板如图 2-2-16 所示。

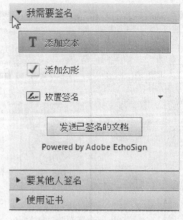

图 2-2-15　"我需要签名"面板

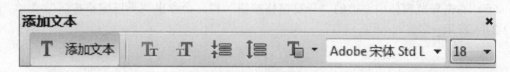

图 2-2-16　"添加文本"面板

（5）在"字体"下拉列表框内选择"Adobe 宋体"选项，在"字大小"下拉列表框中选择"18"。单击"文字颜色"按钮 🇹，弹出"颜色"面板，如图 2-2-17 所示。单击"颜色"面板内的一个色块，即可设置文本颜色为单击色块的颜色。单击"颜色"面板内的"其他颜色"命令，可以弹出"颜色"对话框，如图 2-2-18 所示。利用该对话框可以给"颜色"面板内添加自定义的其他颜色和设置文本颜色。

然后，在文档内光标处输入文字，例如输入红色、18 磅大小的文字"我的签名如下"。

图 2-2-17　"颜色"面板

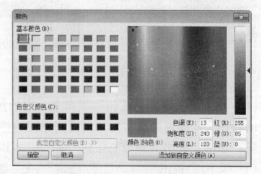

图 2-2-18　"颜色"对话框

（6）单击"签名"窗格内的"添加勾形"复选框，此时鼠标指针呈对勾状，单击文档内"我的签名如下"文字的右边，添加一个对勾图形，如图 2-2-19 所示。

（7）单击"签名"窗格内"放置签名"行的按钮 ▾，弹出"签名"菜单，如果未设置过签字，则"签名"菜单如图 2-2-20 所示。

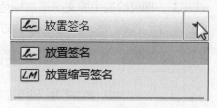

图 2-2-19　文字、对勾和签名　　　　　　图 2-2-20　"签名"菜单

单击该菜单内的"放置签名"命令，会弹出"放置签名"对话框，如图 2-2-21 所示。单击该菜单内的"放置缩写签名"命令，弹出"放置缩写签名"对话框，它和图 2-2-21 所示基本一样，只是下拉列表框中默认选中的是"绘制我的缩写签名"选项，而不是选中"绘制我的签名"选项。

（8）在显示框内拖动鼠标，书写你的签名，如图 2-2-21 所示。然后，单击"接受"按钮，关闭该对话框，完成签字的设置。此时，鼠标指针呈设计的签字状，将鼠标指针移到"我的签名如下"文字的下边单击，即可在文档内插入设计的签字。

（9）如果要更改签名，则单击"签名"窗格内"放置签名"行的按钮▾，弹出"签名"菜单，如图 2-2-22 所示。单击该菜单内的"清除保存的签字"命令，可以将以前设计的签字删除。再单击"签名"菜单内的"放置签名"命令，重新按照上述方法设计签字。

如果不执行"清除保存的签字"命令，可以单击"更改保存的签名"命令，弹出"放置签名"对话框，单击"清除签名"链接文字，将显示框内的签名删除。然后，按照上述方法重新设计签字。

3. 给 PDF 文档添加文字标注和文字注释

（1）单击"注释"标签，切换到"注释"窗格，展开其内的"批注"和"图画标记"面板，如图 2-2-23 所示。

图 2-2-21　"放置签名"对话框　　图 2-2-22　"签名"菜单　　图 2-2-23　"注释"窗格

（2）单击常用工具栏内的"文本和图像选择工具"按钮▯▯，选中要添加注释内容的文字，例如选中"按钮库"文字，如图 2-2-24（a）所示。单击"注释"窗格中"批注"面板内的

"下画线"按钮**I**，即可给选中的文字添加绿色下画线，如图2-2-24（b）所示。单击"批注"面板内的"删除线"按钮**￦**，即可给选中的文字添加红色删除线，如图2-2-24（c）所示。

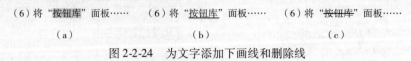

图2-2-24　为文字添加下画线和删除线

（3）单击要添加文字处，将光标定位在此处，例如将光标定位在"按钮库"文字左边，如图2-2-25（a）所示。单击"注释"窗格内的"在指针位置插入文本"按钮**Tᴬ**，即可在光标右下方显示一个有输入文本框的面板，再在文本框内输入要插入的文字，例如"系统"，如图2-2-25（b）所示。以后，只要将鼠标指针移到文字插入点处，即可弹出一个面板，其内显示插入的文字，如图2-2-25（c）所示。

图2-2-25　插入文字注释

（4）选中要添加替换的文字，例如选中"按钮库"文字，如图2-2-26（a）所示。单击"注释"窗格内的"添加附注至替换文本"按钮**￦ᴬ**，即可在选中文字的右下方显示一个有输入文本框的面板，再在文本框内输入要插入的文字，例如"库"，如图2-2-26（b）所示。以后，只要将鼠标指针移到文字插入点处，即可调出该面板。

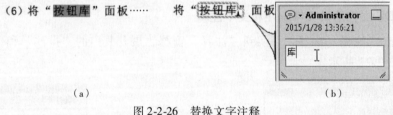

图2-2-26　替换文字注释

（5）选中要添加替换的文字，例如选中"按钮库"文字，如图2-2-27（a）所示。单击"注释"窗格内的"添加附注到选定的到文本"按钮**￦**，即可在选中文字（选中文字的背景变为黄色）的右下方显示一个有输入文本框的面板，再在文本框内输入要插入的文字，例如"库"，如图2-2-27（b）所示。以后，只要将鼠标指针移到黄色背景，即可显示注释信息，如图2-2-27（c）所示。

（6）单击面板内左上角的按钮**□**，可以关闭有输入文本框的面板。

（7）单击"注释"窗格内的"添加附注"按钮**⬤**，单击文档内要添加附注的位置，在单击处产生一个"添加附注"标记符号**⬭**和一个输入文本框的面板，如图2-2-28所示（还没有输入文字）。

（8）单击"注释"窗格内的"高亮文本"按钮**⬜**，在要注释的文字上拖动，可以使这些文字的背景变为黄色，产生高亮效果。

（a）　　　　　　　　（b）　　　　　　　　（c）

图 2-2-27　替换文字注释

（9）单击"注释"窗格内的"添加文本注释"按钮 **T**，再单击文档内部空白处，此时会弹出"添加文本注释"面板，利用该面板可以设置文字的属性，再在光标处输入文本注释内容。

4. 给 PDF 文档添加文件和声音注释

（1）单击"注释"窗格内的"附加文件"按钮，再单击文档内部空白处，弹出"添加文件"对话框，如图 2-2-28 所示。利用该对话框选择一个文件（可以使用各种类型的文件），例如，选中一个名称为"扇叶变色的电风扇 . pdf"文件，单击"打开"按钮，关闭该对话框，弹出"文件附件属性"对话框的"外观"选项卡，如图 2-2-29 所示。同时在单击处产生一个图标。"外观"选项卡用来设置图标的形状等属性。

图 2-2-28　"添加附注"对话框

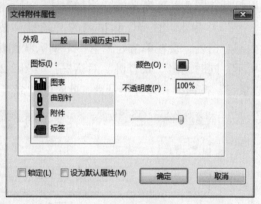

图 2-2-29　"文件附件属性"对话框

（2）在"外观"选项卡内"图标"栏中有 4 个选项，选中其内的一个选项，即可设置图标的外形和类别，例如单击选中"图表"选项，确定图标的外形为 █。单击"颜色"色块，弹出"颜色"面板，如图 2-2-17 所示，单击其内的色块，即可设置图标的颜色。拖动"不透明度"栏内的滑块或者在其内文本框中输入数值，都可以改变不透明度数值，从而改变图标的不透明度。选中"锁定"复选框后，可以使图标不能被移动。

（3）切换到"文件附件属性"对话框的"一般"选项卡，如图 2-2-30 所示（还没有设置），在该对话框内的 3 个文本框内输入相应的文字，如图 2-2-30 所示。单击"确定"按钮，关闭该对话框，在单击处创建一个"图表"图标。以后，将鼠标指针移到图标之上，即可在图标的右下方显示"作者"和"说明"文本框内的文字，如图 2-2-31 所示。

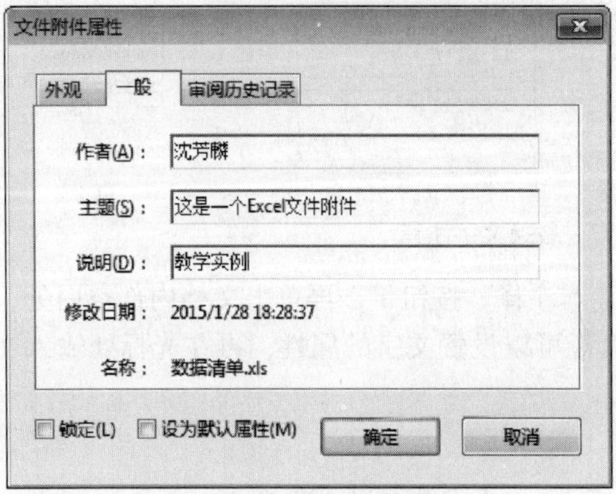

图 2-2-30 “一般”选项卡

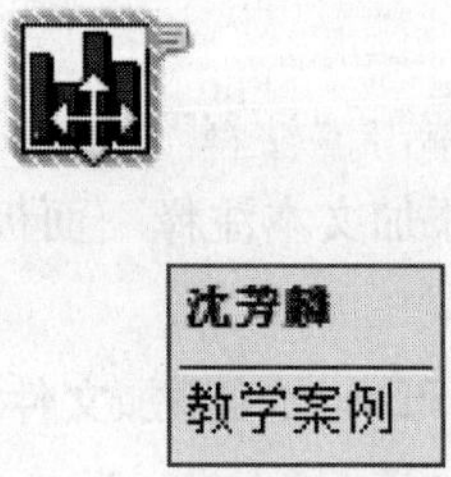

图 2-2-31 图标和提示信息

（4）右击图标，弹出“图标”菜单，单击该菜单内的“属性”命令，弹出如图 2-2-30所示的“文件附件属性”对话框“一般”选项卡，用来修改图标的属性。单击“图标”菜单内的“打开文件”命令或双击图标，可以打开在图 2-2-28 所示的“添加附注”对话框中打开的文件。

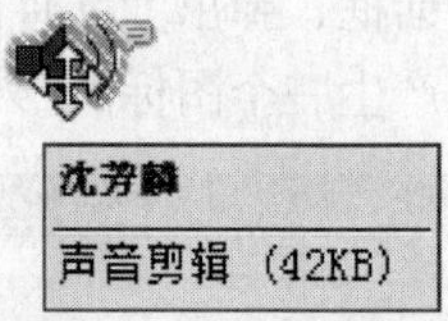

图 2-2-32 图标和提示信息

（5）单击“注释”窗格内的“录音”按钮，再单击文档内部空白处，会在单击处产生一个喇叭状图标，如图 2-2-32 上图所示。同时调出“录音机”对话框，如图 2-2-33 左图所示。单击“录音”按钮，即开始录音，此时的“录音机”对话框如图 2-2-33 右图所示。

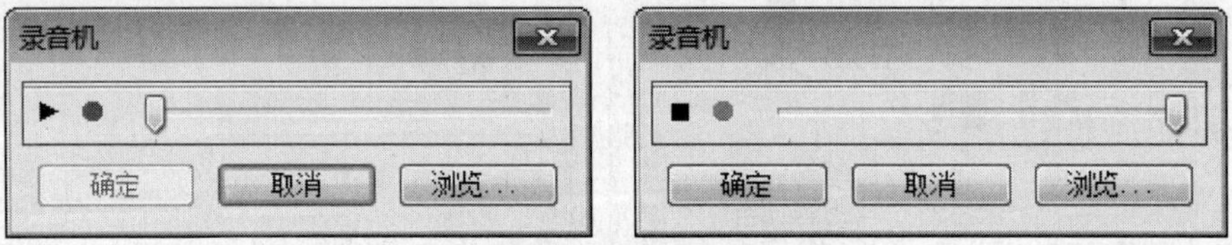

图 2-2-33 “录音机”对话框

（6）录完音后，单击“确定”按钮，关闭该对话框，弹出“声音附件属性”对话框的“外观”选项卡，在“图标”栏内默认选中“扬声器”选项，如图 2-2-34 所示。切换到“一般”选项卡，其内 3 个文本框的设置如图 2-2-35 所示。然后，单击“确定”按钮。

（7）将鼠标指针移到喇叭状图标之上，会在图标的右下方显示一个提示框，其内显示“一般”选项卡内“作者”和“说明”文本框中的文字。双击喇叭状图标，可以播放录音。

5. 给 PDF 文档添加图章和图形注释

（1）单击“编辑”→“首选项”命令，弹出“首选项”对话框，在左边的列表框内选中“身份信息”选项，将右边切换到“身份信息”选项卡。在该选项卡内输入个人身份信息，如图 2-2-36 所示。然后单击“确定”按钮，关闭该对话框。

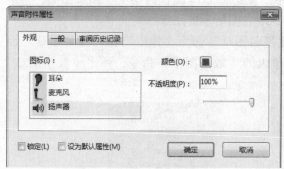

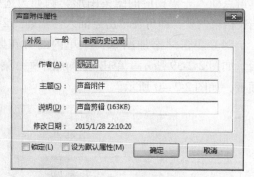

图 2-2-34 "外观"选项卡   图 2-2-35 "一般"选项卡

（2）单击"注释"窗格内的"添加印章"按钮 👤▾，弹出"添加印章"菜单，如图 2-2-37所示。可以看到该菜单内一些命令的右边有箭头 ▶，这些命令表示某种类型图章，单击这些命令，会弹出相应的面板，面板内会列出这种类型图章内的一些图章图案，单击图案，再单击文档内空白处，即可在单击点插入一幅相应的图案图形。

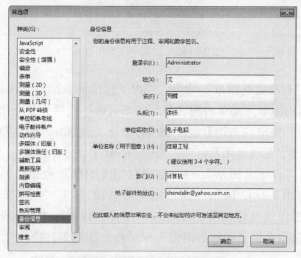

图 2-2-36 "首选项"对话框

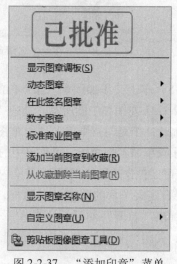

图 2-2-37 "添加印章"菜单

（3）单击"添加印章"菜单内的"动态图章"命令，弹出"动态图章"面板，如图 2-2-38左图所示。可以看到其内有 5 个不同的图章样式，中间 3 个样式图案内都有"沈芳麟"名称，这是在图 2-2-36所示"首选项"对话框"身份信息"选项卡内设置的，如果没有进行"身份信息"选项卡的设置，则会显示登录名称。另外，在图章内还会显示当前的日期和时间，以及单位名称。单击"动态图章"面板内的一个图案，再单击文档内的空白处，即可在

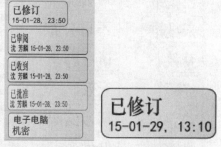

图 2-2-38 "动态图章"面板和图章

单击点插入一幅相应的图案图形。例如，选中"动态图章"面板内第 1 个图章图案，再单击文档空白处，即可在单击点插入一幅如图 2-2-38 右图所示的图章图案。

（4）单击"添加图章"菜单内的"在此签名图章"命令，弹出"在此签名图章"面板，如图 2-2-39 所示。单击"添加图章"菜单内的"数字图章"命令，弹出"数字图章"面板，如图 2-2-40 所示。

图 2-2-39　"在此签名图章"面板　　　　图 2-2-40　"数字图章"面板

（5）单击"添加图章"菜单内的"标准商业图章"命令，弹出"标准商业图章"面板，如图 2-2-41 左图和中图所示。选中"添加图章"菜单内的"显示图章名称"选项，该选项左边会显示一个对勾，则单击"添加图章"菜单内右边有箭头 👤 ▾的命令，会弹出某种类型图章的子菜单而不是面板，子菜单中的命令名称就是图章名称，如图 2-2-41 右图所示。

（6）单击"添加图章"菜单内的"自定义图章"→"创建自定义图章"命令，弹出"选择自定义图章的图像"对话框，如图 2-2-42 所示（还没定义图章）。单击"浏览"按钮，弹出"打开"对话框，选择一个图像或其他文件，此处选中图像文件。单击"打开"按钮，关闭"打开"对话框，回到"选择自定义图章的图像"对话框，如图 2-2-42 所示。

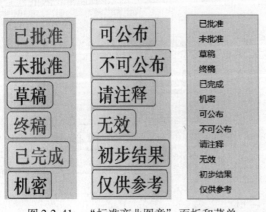

图 2-2-41　"标准商业图章"面板和菜单　　图 2-2-42　"选择自定义图章的图像"对话框

（7）单击"选择自定义图章的图像"对话框内的"确定"按钮，关闭该对话框，弹出"创建自定义图章"对话框，在"种类"下拉列表框中选择一种图章种类，例如"动态图章"；在"名称"文本框内输入图章的名称，例如"宝宝图像2"，如图2-2-43所示。然后，单击"确定"按钮，在文档空白处单击，即可插入一幅该图章图像，如图2-2-44所示。

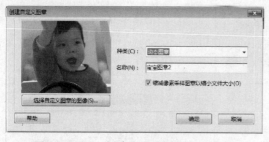

图 2-2-43　"创建自定义图章"对话框

图 2-2-44　自定义图章

（8）单击"添加图章"菜单内的"自定义图章"→"管理图章"命令，弹出"管理自定义图章"面板，如图2-2-45所示。在"自定义图章和种类"列表框中选中一个图章名称，可以在右边显示相应的图章图像；单击"创建"按钮，可以弹出图2-2-42所示的"选择自定义图章的图像"对话框，用来定义新的图章；单击"编辑"按钮，可以弹出图2-2-43所示的"创建自定义图章"对话框，用来编辑选中的图章；单击"删除"按钮，可以删除选中的图章。单击"确定"按钮，关闭该对话框。

（9）单击"添加图章"菜单内的"添加当前图章到收藏"命令，即可在"添加印章"菜单内添加当前图章图案或图章名称。单击"添加图章"菜单内的"从收藏删除当前图章"命令，即可将"添加印章"菜单内添加的图章删除。

（10）单击"添加图章"菜单内"显示图章调板"命令，弹出"图章"面板，在下拉列表框中选择一种图章，如果选中"动态图章"选项，则"图章"面板如图2-2-46所示。

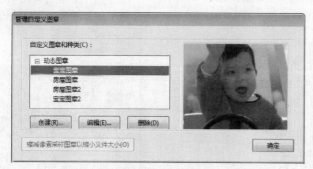

图 2-2-45　"管理自定义图章"对话框

图 2-2-46　"图章"面板

（11）在"图章"面板内右击一个图章图案，弹出"图章"菜单，单击其内的"添加图章到收藏"命令，可以将当前图章添加到"添加印章"菜单内；单击其内的"编辑身份"命令，弹出"身份设置"对话框，如图2-2-47所示，用来修改身份信息。如果是自定义图章，则"图章"菜单内会增加"删除"命令，单击该命令，可以删除右击的图章。

（12）切换到"注释"窗格，展开"图画标记"面板，如图2-2-48所示。将鼠标指针一道该面板内的工具按钮之上，会显示该工具的名称和使用方法。单击该面板内的工具按钮，再在文档内的空白处拖动，即可绘制相应的图形、输入文字及擦除图形等。

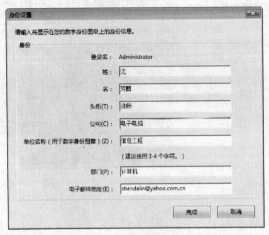

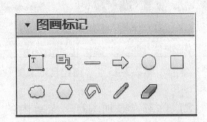

图2-2-47　"身份设置"对话框　　　　　　　　图2-2-48　"图画标记"面板

6. PDF 文档编辑

（1）单击"工具"标签，切换到"工具"窗格，展开"内容编辑"面板，如图2-2-49所示；展开"页面"面板，如图2-2-50所示；展开"交互对象"面板，如图2-2-51所示。另外，还可以展开"表单"和"动作向导"等面板。

利用"内容编辑"面板内的工具可以编辑PDF文档中的文字和图像，可以添加文字、图像、链接、书签、附加文件等元素。利用"页面"面板内的工具可以处理当前页面、插入页面、剪裁页面、编辑页面的背景、页眉和页脚等。利用"交互对象"面板内的工具可以在文档内插入交互按钮、视频、声音、SWF格式动画、3D动画等。

图2-2-49　"内容编辑"面板　　　图2-2-50　"页面"面板　　　图2-2-51　"交互对象"面板

（2）编辑文本和图像：单击"编辑文本和图像"按钮，在"内容编辑"窗格内的"格式"栏中选中"用边框标记文本和图像"复选框，可以看到 PDF 文档窗口内的文字段和图像四周均被矩形框包围；右击一段文字（例如，左上角的文字），会弹出一个"全部选定"按钮，单击该按钮，即可选中这段文字。此时的 PDF 文档窗口和"内容编辑"面板如图 2-2-52 所示。

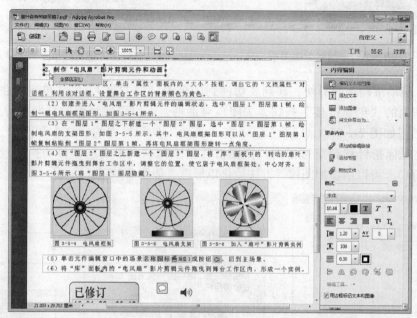

图 2-2-52　单击"编辑文本和图像"按钮后的文档和"内容编辑"面板

此时可以删除、修改、插入文字，可以利用"格式"栏内的工具更改文字的字体、颜色、大小、排列等参数；还可以调整图像的大小、位置，删除图像和更换图像等。

（3）添加文本：单击"添加文本"按钮，在文档内空白处单击，可以创建一个文本框，单击文本框内部，将光标定位在其中，可以输入文字，拖动文本框四周的控制柄，可以调整文本框的大小。

（4）添加图像：单击"添加图像"按钮，弹出"打开"对话框，利用该对话框打开一幅图像。此时鼠标指针会带一幅透明图像，选好位置后单击，即可插入该图像。添加图像的四周有一个矩形框和 8 个控制柄，拖动控制柄可以调整图像的大小，同时还会显示调整后图像的大小，如图 2-2-53 所示。

（5）PDF 文档转换为其他格式的文档：单击"将文件导出为"按钮，弹出"将文件导出为"菜单，如图 2-2-54 所示。单击其内的命令，可以弹出相应的"另存为"对话框，利用该对话框，可以将当前 PDF 文档转换为其他格式的文档并输出。

（6）添加或编辑链接：单击"添加或编辑链接"按钮，在文档空白处拖出一个矩形，弹出"创建链接"对话框，单击"颜色"按钮，弹出"颜色"面板，设置矩形框的颜色，其他设置如图 2-2-55 所示。单击"下一步"按钮，关闭"创建链接"对话框，弹出"创建跳至视图"对话框，如图 2-2-56 所示。

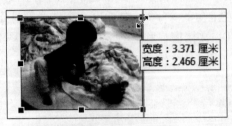

图 2-2-53　调整图像大小　　　　　　图 2-2-54　"将文件导出为"菜单

　　然后，拖动滚动条的滑块，移到要切换到的页面（例如第 1 页），单击"创建跳至视图"对话框内的"创建链接"按钮，关闭该对话框，即可设置当前的页面跳转到的页面。此时的矩形框如图 2-2-57（a）所示。单击"视图工具"栏内的"文本和图像选择工具"按钮 ，将鼠标指针移到矩形框内，鼠标指针呈手指状，单击后即可切换到设置的页面（例如第 1 页）。可以用添加图像等方法美化矩形框，如图 2-2-57（b）所示。

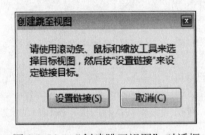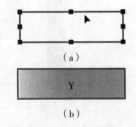

图 2-2-55　"创建链接"对话框　　图 2-2-56　"创建跳至视图"对话框　　图 2-2-57　矩形框

　　如果在"创建链接"对话框内选中"打开文件"单选按钮，再单击"下一步"按钮，关闭"创建链接"对话框，弹出"选择要打开的文件"对话框，利用该对话框可以选择一个文件（例如 PDF 文档）。以后单击"视图工具"栏内的"文本和图像选择工具"按钮 后，将鼠标指针移到矩形框内，鼠标指针呈手指状，单击后即可弹出"选择要打开的文件"对话框，并在其中选中相应的文件。

思考与练习

操作题

1. 使用 Word 软件将一个 Word 格式文档转换为 PDF 格式文档。

2. 使用 Word 软件将一个 Word 格式文档转换为 HTML 格式网页文件。

3. 使用 PDF 转换通软件将一个 PDF 格式文档转换为 Word 格式文档。

4. 使用 PDF 转换通软件将一个 PDF 格式文档的每一页转换为相应的一幅 JPG 格式图像文件。

5. 使用中文版 Solid Converter 软件将一个 PDF 格式文件中的所有图像保存为独立的图像文件。

6. 使用中文版 Solid Converter 软件将一个 PDF 格式文件转换为 PowerPoint 文件格式文件。

7. 使用 Adobe Acrobat 软件将一个 PDF 格式文件转换为 Word 格式文档。将一个 Word 格式文档转换为 PDF 格式文件。

8. 使用 Adobe Acrobat 软件在一个 PDF 格式文件内添加各种签名和各种注释。

9. 使用 Adobe Acrobat 软件在一个 PDF 格式文件内添加文字、图像、链接等。

第3章 录音、截图和录屏

本章主要介绍了录音、截图和录屏的方法。截图也称为截屏或抓图，就是将计算机屏幕中显示的部分图像截取出来，并将图像保存成图像文件，或者复制到剪贴板内，再粘贴到需要的地方。录屏就是将屏幕显示的动态画面录制下来，再保存成视频文件。录音、截屏和录屏的软件很多，本章介绍了目前比较流行的几款中文或汉化软件的使用方法。

3.1 录 音

3.1.1 Windows 录音软件录音

"录音机"软件是 Windows 附件中一个制作和编辑音频文件的工具。

1. Windows XP 录音软件录音

使用录音机软件，通过麦克风把声音录制下来，生成音频文件并保存在硬盘中。

（1）将麦克风接到计算机的声卡上，单击桌面中的"开始"按钮，弹出"开始"菜单，单击该菜单内的"程序"→"附件"→"娱乐"→"录音机"命令，弹出"声音-录音机"对话框，如图 3-1-1 左图所示。

（2）单击"声音–录音机"对话框中的"录音"按钮 ●，开始录音。此时，该对话框中的显示框内会显示出录制声音的波形，如图 3-1-1 右图所示。滑槽上边的滑块会自动随着录音的进行从左向右移动，"位置"显示框中会不断刷新显示录音的时间。

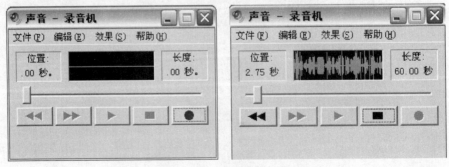

图 3-1-1　"声音-录音机"面板

（3）采用这种方法录制声音，最多可以录制 60 s。如果要录制更长一些时间的声音，可以在录音自动停止后，再单击"录音"按钮 ●，开始继续录音。

（4）录音完后，单击"停止"按钮 ■，结束录音。此时，播放头会自动移到滑槽的最右边，"录音"按钮 ● 变成有效状态。

（5）单击"播放"按钮 ►，可以播放刚录制的声音。单击"移至首部"按钮 ◄◄，可将播放头移到最左边；单击"移至尾部"按钮 ►►，可将播放头移到最右边。

（6）单击"文件"→"另存为"命令，弹出"另存为"对话框，可将录音保存为WAV 格式的音频文件。

2. Windows 7 录音软件录音

（1）单击桌面中的"开始"按钮，弹出"开始"菜单，单击该菜单内的"所有程序"→"附件"→"录音机"命令，弹出"录音机"面板，如图 3-1-2 左图所示。

（2）单击"录音机"面板内的"开始录制"按钮 ●，即可开始录制声音，此时"开始录制"按钮变为"停止录制"按钮，如图 3-1-2 右图所示。

图 3-1-2 "录音机"面板

（3）如果要停止录制音频，可以单击"停止录制"按钮 ■，停止录制，并弹出"另存为"对话框。在该对话框内，选择保存的文件夹，输入音频文件的名称（扩展名为".wmv"），单击"保存"按钮，即可将录制的声音以指定的名称保存。

（4）如果要继续录制音频，则单击"取消"按钮，关闭"另存为"对话框，回到"录音机"面板，此时的按钮成为"继续录制"按钮。单击"继续录制"按钮，可继续录音。

3.1.2 其他录音软件录音

1. "超级 MP3 录音机"软件录音

"超级 MP3 录音机"软件画面漂亮、操作简单、录音功能很强，它能够无限时录制声音，保存为 MP3 或 WAV 格式的文件。在录制 MP3 文件时完全采用实时编码，不使用任何临时文件，免去了后期格式转换的烦琐步骤。利用该软件可以通过话筒录制声音、网络广播、计算机中播放的影片对白和音乐等。该软件是 款中文国产软件，可以免费正常使用十几天，价格也很低。使用"超级 MP3 录音机"软件的录音方法简介如下。

（1）"超级 MP3 录音机"软件启动后，"超级 MP3 录音机"软件的窗口如图 3-1-3 所示。可以看到其内下边一排有 5 个控制按钮，按钮之上的左边是提示框，右边有 4 个小图标按钮，上边有一行带下画线的文字，单击这些文字会弹出相应菜单。其内左边有一个圆形音量调节旋钮，下边有"音量测试"超链接文字。

（2）单击"音量测试"超链接，该超链接会变为"测试结束"超链接文字，此时拖动圆形音量调节旋钮内的红色小点，可以调整录音音量大小，通过两边的音柱变换幅度可以看出音量大小；也可以通过两边的"音量大小"指针表指针摆动的幅度看出音量大小。单击"测试结束"超链接文字，该超链接会变为"音量测试"超链接文字，音量调整结束。

（3）单击"开始"按钮，开始录音，画面如图 3-1-4 所示。可以看到两边的音柱、"音量大小"指针表中的指针和音量大小数字都随着音量的大小变化而变化。在录音过程中自动生成的音频文件，提示框内会显示该音频文件保存的路径和文件名称。同时，"开始"按钮变为"停止"按钮；单击"停止"按钮，停止录音，"停止"按钮变为"开始"按钮。

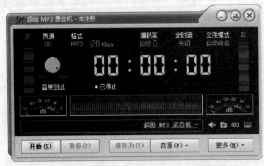

图 3-1-3　"超级 MP3 录音机"软件窗口　　　图 3-1-4　录音的软件窗口

（4）将鼠标指针移到带超链接文字之上，将鼠标指针移到提示框右边小图标按钮之上，都会显示相应的提示文字。单击提示框右边的"播放"按钮，即可弹出默认的播放器，同时播放录制的音频文件。关闭默认的播放器，即可停止播放。

（5）注册版的"保存"按钮有效，单击该按钮，弹出一个对话框，利用该对话框可以将录音以一个名称保存在选择的文件夹内。音频文件的格式可以是 MP3 或 WAV。

如果没有注册，"保存"按钮可能无效，可以单击"打开录音文件所在的目录"按钮，弹出录音文件所在的文件夹，将该录音的 MP3 格式文件更名后移到需要的文件夹内即可。

（6）单击提示框右边的"音频编辑器"按钮，即可弹出"音频编辑器"对话框，如图 3-1-5 所示。利用该对话框可以对所录制的或者打开的 MP3 与 WAV 音频文件进行播放和剪裁，去除不想要的部分（比如长时间的静音等）。

在音频波形区域内左边单击，可以设置选中区域的起始位置，再在音频波形区域内右边要截取的终止位置右击，可以设置选中区域的结束位置，如图 3-1-6 所示。其中，两条垂直线之间的波形是选中的音频波形。单击"删除选中部分"按钮，可以将选中部分的音频数据删除，单击"只保留选中部分"按钮，可以将选中部分以外的音频数据删除。

单击工具栏上的各个缩放按钮，可以缩放显示的音频波形。也可以单击窗口底部"完整视图"栏内选中的区域，在上边的"选中部分"内可查看选中区域内的音频波形。

完成音频剪裁工作后，单击"播放选中部分"按钮，可播放剪裁后的音频；单击"暂停播放"按钮，可暂停音频的播放；单击"停止播放"按钮，可停止音频的播放。单击"另存为"按钮，弹出"另存为"对话框，可将剪裁结果保存为 MP3 或 WAV 格式文件。单击"打开"按钮，弹出"打开"对话框，用来打开外部的 MP3 或 WAV 文件。

（7）在录音前，可以单击"声道"文字，弹出"声道"菜单，如图 3-1-7（a）所示，利用其内的菜单命令可以设置单声道录音或双声道录音；单击"格式"文字，弹出"格式"菜单，如图 3-1-7（b）所示，利用其内的菜单命令可以设置录音输出的音频文件格式；

单击"编码率"文字，弹出"编码率"菜单，如图 3-1-7（c）所示，利用其内的菜单命令可以设置录音输出的音频文件的音质等级；单击"文件模式"文字，弹出"文件模式"菜单，如图 3-1-7（d）所示，利用其内的命令可以设置录音输出的音频文件的参数。

图 3-1-5　"音频编辑器"对话框 1

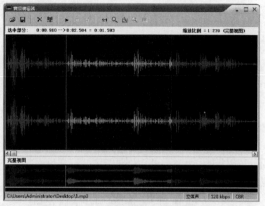

图 3-1-6　"音频编辑器"对话框 2

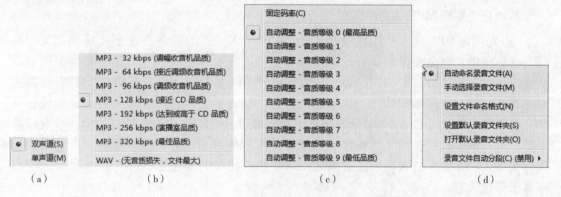

（a）　　　　　　　（b）　　　　　　　（c）　　　　　　　（d）

图 3-1-7　"声道""格式""编码率"和"文件模式"菜单

（8）单击"定时器"文字，弹出"定时器"菜单，单击其内的"设置定时器"命令，弹出"设置定时器"对话框，如图 3-1-8 所示。利用该对话框可以设置定时开始录音时间，定时停止录音时间。然后，单击"确定"按钮。

（9）单击"超级 MP3 录音机"软件窗口内提示框右边的"ID3 标签编辑器"按钮**ID3**，弹出"ID3 标签编辑器"对话框，如图 3-1-9 所示。

ID3 标签是 MP3 音乐文件的信息标签，包括歌曲标题、演唱者、专辑、流派等，目前大多数音乐播放的软件和硬件播放器都能读取 MP3 文件的 ID3 标签信息，显示歌曲名称、所属专辑名称及演唱者等信息。

（10）单击"超级 MP3 录音机"软件窗口内右下角的"更多"按钮，弹出它的菜单，单击该菜单内的"帮助主题"命令，弹出"超级 MP3 录音机帮助"网页，在该网页内可以获得一些软件使用方法的提示。

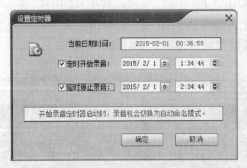

图 3-1-8 "设置定时器"对话框

图 3-1-9 "ID3 标签编辑器"对话框

（11）单击"超级 MP3 录音机"软件窗口内右上角的按钮，可以弹出"超级 MP3 录音机"软件的简易窗，如图 3-1-10 所示。利用该软件窗口可以很方便地进行录音，用户通过实验可以很容易地掌握它的使用方法。单击按钮，可以关闭该窗口，回到"超级 MP3 录音机"软件窗口。

图 3-1-10 "超级 MP3 录音机"软件简易窗

2. "蓝光影音 MP3 录音机"软件录音

"蓝光影音 MP3 录音机"软件原名是"MP3 全能王"，它是一款小巧精致、实用性强、操作简单、完全免费的录音和音频编辑软件。它可以进行录音、音频简单编辑、音频混音、对音频进行各种切割，合并和音频格式转换等，并制作为 MP3 输出。它是面向普通计算机用户的傻瓜型软件。该软件是网页设计者、博客（播客）用户、音乐爱好者和音频 DIY 一族贴心的 MP3 编辑器。它用于录音时，可以自己选择录音质量，录音质量下降后可以使生成的音频文件的字节数减少。本软件对录音时间没有限制，录音后可以保存为 WAV 和 MP3 格式。未注册版无任何功能及使用时间限制，仅在存盘时有一个提示注册信息。

利用该软件进行录音的方法简介如下。

（1）录音的注意事项：在录音前应该接好话筒，在录音时应该注意以下几点。

①录音时，录音环境一定要安静，避免录进噪音。

②嘴离麦克风的间距要适当，太近，会录下喷气声；太远会使录制的声音过小。

③麦克风与音响之间应保持一定距离，以免产生失真或啸叫声。

④录制的声音格式是 WAV 格式，可以使用其他软件进行声音文件格式的转换。

（2）启动"蓝光影音 MP3 录音机"软件，该软件的窗口如图 3-1-11 所示（还没有进行录音）。可以看到，该软件的窗口由标题栏、菜单栏、录音设置和控制栏、"录音音频文件参数"列表框、工具栏、录音进度波形栏和状态栏。

（3）在"录音源音量"栏内拖动滑块，可以调整录音音量的大小；在"扬声器音量"栏内拖动滑块，可以调整录音播放音量的大小。

（4）单击"录音"按钮（即图 3-1-11 中的"暂停录音"按钮），开始进行录音，"录音"按钮变为"暂停录音"按钮，工具栏内大部分按钮会变为无效。

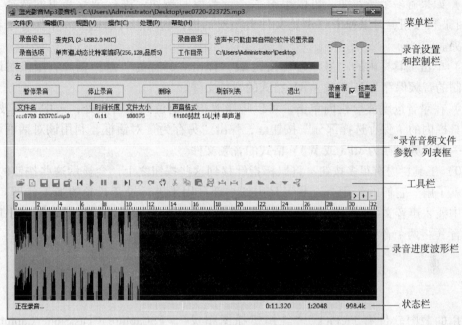

菜单栏

录音设置
和控制栏

"录音音频文件
参数"列表框

工具栏

录音进度波形栏

状态栏

图 3-1-11　"蓝光影音 Mp3 录音机"软件窗口

（5）录音中可以单击"暂停录音"按钮，使录音暂停；录音完后，单击"停止录音"按钮，可以停止录音。录制的声音自动保存在自动生成的 MP3 音频文件中。音频文件的录音时间、文件大小和声音格式都可以在"录音音频文件参数"列表框内显示出来。

（6）单击"录音设备"按钮，弹出"声音"对话框的"声音"选项卡，如图 3-1-12 所示，利用它可以设置声音方案等。切换到其他选项卡，还可以进行有关声音设备的设置。单击"录音选项"按钮，弹出"录音选项"对话框，如图 3-1-13 所示，利用它可以设置录音文件格式等。

图 3-1-12　"声音"对话框

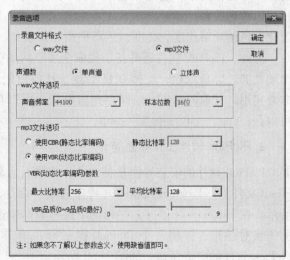

图 3-1-13　"录音选项"对话框

（7）如果有多个录音源，可以单击"录音音源"按钮，进行录音音源的选择。单击"工作目录"按钮，可以弹出"浏览文件夹"对话框，利用它可以选择一个保存录音文件的文件夹。

（8）单击工具栏内的"另存为"按钮 🖫，弹出"另存为"对话框，利用该对话框可以将录制的音频保存为 MP3 或 WAV 格式的音频文件。

（9）在录音进度波形栏内单击，可以将播放指针定位到单击点处，选中一段波形后，单击工具栏内的"保存选择部分"按钮🖫，弹出"另存为"对话框，利用该对话框可以将选中的一段音频保存为 MP3 或 WAV 格式的音频文件。

（10）工具栏内有很多按钮，将鼠标指针移到这些按钮之上，会显示这些按钮的名称，从而也就了解了它们的作用。这些工具中的一部分用来进行录音音频的加工处理，例如，在音频中插入声音文件、插入空白、消除一段音频、逐渐增大声波幅度、逐渐减小声波幅度、混音（将两个音频文件进行混合）等。

3.2　截　　图

常用的截图软件有 PicPick、"红蜻蜓抓图精灵"、FSCapture（FastStone Capture）和 SnagIt 软件等。前三款软件都是免费软件，FSCapture 和 SnagIt 软件还有录屏功能，它们都有截图编辑器。下面介绍 PicPick、"红蜻蜓抓图精灵"和 SnagIt 三款软件的截图方法。

3.2.1　中文 PicPick 软件截图

1. PicPick 软件的特点

PicPick 软件是一款免费又好用的屏幕截图软件，它可以截取全屏幕或屏幕部分画面，而且操作也很简单，它还具备最常用到的基本图像处理功能，可以绘制各种形状的图形、指示箭头、线条，还可以输入文本和添加标注，以及编辑绘图和图像（包括图像的模糊、锐化、色调、对比度、亮度、色彩平衡、像素化、旋转和翻转调整，及添加边框等）。

另外，PicPick 软件还具备了截取全屏、活动窗口、指定区域、固定区域、手绘区域和滚动截屏，屏幕取色，支持双显示器，具备白板、屏幕标尺、直角或极坐标显示与测量，非常实用。截取的图像可以保存到剪贴板，可以自动或手动命名来保存截图文件，扩展名可以是，png、. gif、. jpg 或 . bmp。

2. PicPick 软件工作界面简介

PicPick 软件的安装界面是英文的，安装后启动的 PicPick 软件的窗口也是英文的。单击 File（文件）→Program Options（程序选项）命令，弹出 Program Options 对话框，如图 3-2-1 所示。在 Language（语言）栏内的下拉列表框中选择"简体中文"选项，再单击 OK 按钮，关闭该对话框，弹出一个 PicPick 提示框，单击"否"按钮，即可弹出简体中文界面的 PicPick 软件的中文窗口，如图 3-2-2 所示。

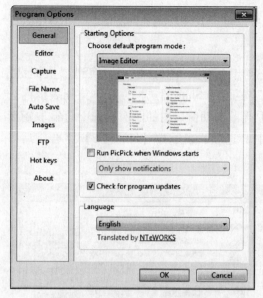

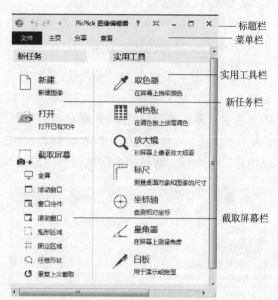

图 3-2-1　Program Options 对话框　　　　图 3-2-2　PicPick 软件的中文窗口

如果转换为简体中文界面不成功，可以在"Language"（语言）栏内的下拉列表框中选择"正体中文"选项，转换为"正体中文"界面，再转换为简体中文界面。

单击"文件"→"程序选项"命令，弹出"选项"对话框的"常规"选项卡，如图 3-2-3 所示，利用该选项卡可以进行 PicPick 软件的启动项设置和语言设置。单击左边栏内的"编辑器"选项，切换到"编辑器"选项卡，如图 3-2-4 所示。

图 3-2-3　"常规"选项卡　　　　　　　图 3-2-4　"编辑器"选项卡

切换到"截取"选项卡，如图 3-2-5 所示，用来设置截图后图像的输出位置，有关截取图像的设置，自动滚动截取设置和放大镜窗口设置。切换到"快捷键"选项卡，如

图3-2-6所示，用来设置截图的快捷键。

单击左边其他选项，切换到其他选项卡，还可以设置其他的相关内容。

3. PicPick 软件的截图方法

（1）单击"文件"→"程序选项"命令，弹出"选项"对话框，切换到"快捷键"选项卡，如图3-2-6所示。选中"截取活动窗口"栏内的 Shift 复选框，在下拉列表框内选中 S 选项，表示按【Shift + S】组合键后可以截取当前活动窗口内的图像；选中"截取矩形区域"栏内的 Shift 复选框，在下拉列表框内选中 P 选项，表示按【Shift + P】组合键后可以拖出一个矩形，将该矩形区域内的图像截取。

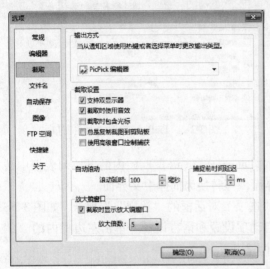

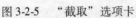

图 3-2-5　"截取"选项卡

图 3-2-6　"快捷键"选项卡

（2）切换到"编辑器"选项卡，选中".jpg"复选框，如图3-2-4所示。选中"纯色"单选按钮，单击色块，弹出"调色板"对话框，如图3-2-7所示。单击其内的白色色块，设置背景色为白色。单击"确定"按钮，关闭该对话框，完成背景颜色的设置。

然后，单击"选项"对话框内的"应用"按钮，完成设置。

（3）切换到"截取"选项卡，如图3-2-5所示。选中"截取设置"栏内的"截取时包含光标"复选框。切换到"文件名"选项卡，如图3-2-8所示。选中"JPEG图像文件（.jpg）"单选按钮，表示输出的图像文件格式为 JPEG 格式。

（4）单击"确定"按钮，关闭该对话框，完成 PicPick 软件截图的参数的设置。

（5）打开要截图的软件窗口或图像，此处启动"美图化妆秀"软件，它的工作窗口如图3-2-9所示。按【Shift + S】组合键，将鼠标指针移到"美图化妆秀"软件窗口的外框之上，当有一个矩形将整个软件窗口都包围时单击，即可将软件窗口图像截取出来，同时还弹出"PicPick 图像编辑器"窗口，其内已经导入截取出来的"美图化妆秀"软件窗口图像。

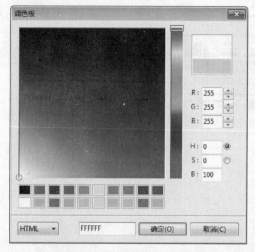

图 3-2-7　"调色板"对话框

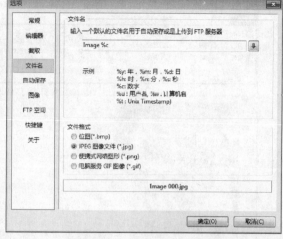

图 3-2-8　"文件名"选项卡

另外，可以按【Shift + P】组合键，再将鼠标指针移到要截取图像的左上角，按住鼠标左键并向要截取图像的右下角拖动，拖出一个矩形将要截取的图像包围起来，如图 3-2-10 所示。释放鼠标左键后，即可将矩形包围的图像截取出来。

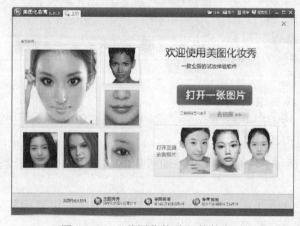

图 3-2-9　"美图化妆秀"软件窗口

图 3-2-10　矩形区域截取的图像

（6）截取了图 3-2-10 所示的图像之后，弹出的"PicPick 图像编辑器"窗口如图 3-2-11 所示（还没有输入文字和绘制矩形图形）。可以看到，功能工具栏内工具用来绘制图形、设置图像效果、调整图像大小和旋转角度等，还提供了调整图像显示大小的工具。

（7）将鼠标指针移到截取图像右边中间的方形控制柄处，当鼠标指针呈水平指针状时，水平拖动，可以将图像右边的白色背景图像调大。单击"文本框"按钮，在图像右边的白色背景之上拖出一个文本框，弹出一个文本框工具面板。

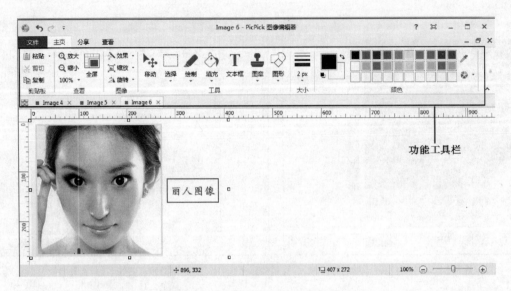

图 3-2-11 "PicPick 图像编辑器"窗口

在文本框工具面板内的文本框中输入"丽人图像"文字，在"字体"列表框中选择"楷体"选项，在字体大小下拉列表框中选择 16，单击"加粗"按钮 **B**，单击"居中"按钮，如图 3-2-12 所示。单击右边的色块 ■，弹出"调色板"对话框，单击其内的红色色块，设置文字颜色为红色。然后，单击"确定"按钮，关闭该对话框。

（8）在功能工具栏内，单击"工具"组内的"图形"按钮，弹出它的"图形"面板，如图 3-2-13 所示。选中其内的一个图案，再在画面内拖动，即

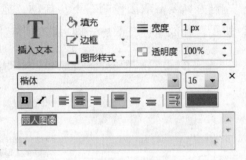

图 3-2-12 输入文字

可按照前面的设置绘制出相应的图形。例如，选中"图形"面板内的"矩形"图案，设置绘制矩形图形。

单击"大小"组内的按钮，弹出它的面板，单击该面板内的 2px 图案，设置线框粗 2px；单击红色色块，设置线框颜色为红色。然后，在文字四周拖出一个红色矩形。

（9）在功能工具栏内单击"图像"组内的"效果"按钮，弹出它的"效果"菜单，如图 3-2-14 左图所示。单击其内的命令，可进行相应的操作，会弹出相应的对话框，用来进行图像亮度、对比度、色彩等调整，调整完后单击"确定"按钮，关闭该对话框。

（10）在功能工具栏内，单击"工具"组内的"图章"按钮，弹出它的"图章"面板，如图 3-2-14 右图所示。单击选中其内的图案，再在画面内单击，即可将选中的图章图案添加到单击处，然后可以调整图章图形的大小和颜色等。

在功能工具栏内还有很多工具，它们的操作方法和作用不再一一介绍，用户可自行进行操作实验，从而逐步掌握所有工具的使用方法。

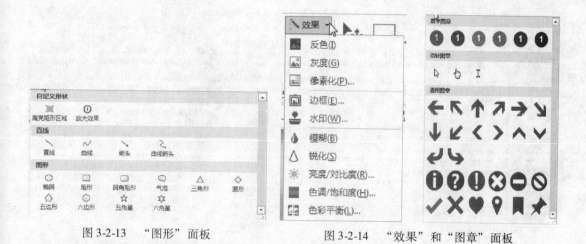

图 3-2-13 "图形"面板   图 3-2-14 "效果"和"图章"面板

3.2.2 "红蜻蜓抓图精灵 2015"软件截屏

1. 软件的主要功能

"红蜻蜓抓图精灵"软件是一款专业级完全免费的截图软件，使用率较高，目前它的最新版本是"红蜻蜓抓图精灵 2015 v2.25 build 1502"，可以在"红蜻蜓抓图精灵"网站内下载，网址为"http://www.rdfsnap.com"。该软件主要有以下特点。

（1）操作系统：可以使用于 Windows XP/ 7/8 等操作系统。

（2）多种捕捉方式：分别是整个屏幕、活动窗口、选定区域、固定区域、选定控件、选定菜单、选定网页。

（3）截图输出方式：具有多样性，能输出到剪贴板、文件、画图和打印机等。

（4）图像编辑：在捕捉图像后会自动启动"捕捉预览"窗口，用来对图像进行编辑。例如，画线、画箭头，添加文本、添加印章，画矩形、椭圆形或圆角矩形，为图像描边等。

（5）屏幕放大镜：在区域捕捉模式下能够显示屏幕放大镜，便于精确地进行图像捕捉。

（6）增强多显示器屏幕捕捉功能：在屏幕选择菜单中新增加"全部显示器组成的一个屏幕"选项，可以实现将所有显示器的屏幕捕捉成一幅截图。

在安装该软件后会自动调出它的网站，其内给出它的全部特点内容。

2. 软件窗口

（1）安装"红蜻蜓抓图精灵 2015"软件后，双击"红蜻蜓抓图精灵"快捷方式图标，启动"红蜻蜓抓图精灵 2015"软件窗口，如图 3-2-15 所示。下边的按钮用来切换器上边栏的内容，例如，单击"常规"按钮，切换到"常规"栏，如图 3-2-16 所示，选择不同的复选框，可以进行软件相应的默认参数设置。例如，选中"捕捉图像后，显示预览窗口"复选框后，可以在捕捉图像后自动启动"捕捉预览"窗口。

单击菜单栏内的"选项"命令，弹出"选项"菜单，单击其内的命令，也可以切换右边栏内容。

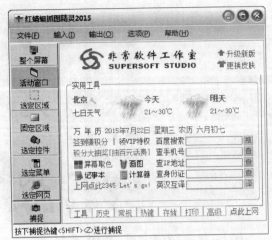

图 3-2-15　"红蜻蜓抓图精灵 2015"软件窗口　　　图 3-2-16　软件窗口"常规"栏

（3）在图 3-2-15 所示的"实用工具"栏内提供了很多使用工具，单击其内的"屏幕取色""画图""记事本"和"计算器"按钮，可以弹出相应的 Windows 工具；在文本框内输入文字，单击其右边的"搜"按钮，可以弹出相应的窗口，完成相应的操作。

（4）工作区内左边一列按钮中上边的 8 个按钮用来确定屏幕捕捉的对象，单击其中的一个按钮，即可设置相应的屏幕捕捉的对象。单击"选定网页"按钮，则弹出"2345.com 网址导航"网站主页。单击"捕捉"按钮，即可开始捕捉指定的屏幕对象。

（5）单击菜单栏内的"输入"命令，弹出"输入"菜单，单击其内的命令，也可以完成确定屏幕捕捉对象的设置。单击该菜单内的"包含光标"命令，该命令右边会显示一个对勾，表示截图时会将鼠标指针图像也截取出来。

（6）单击菜单栏内的"输出"命令，弹出"输出"菜单，如图 3-2-17 所示。单击其内上边一栏内的命令，可以设置截图输出的地方；单击"预览窗口"命令，则表示会将截图输出到"捕捉预览"窗口内。

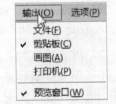

（7）单击菜单栏内的"文件"命令，弹出"文件"菜单。单击其内的"打开图像"命令，弹出"打开图像"对话框，默认的文件夹就是保存上一次截图所在的文件夹。单击"文件"

图 3-2-17　"输出"菜单

→"打开捕捉图像目录"命令，弹出"资源管理器"窗口，默认的目录是保存上一次截图所在的目录。单击"文件"→"最小化到托盘"命令，可以将"红蜻蜓抓图精灵"软件移到 Windows 7 桌面下边状态栏内的通知区域中。

（8）单击"文件"→"捕捉图像"命令或按【Ctrl + Shift + C】组合键，或者单击"红蜻蜓抓图精灵"软件工作界面内左下角的"捕捉"按钮，都可以开始捕捉图像。

（9）单击"帮助"→"帮助信息"命令，弹出"红蜻蜓抓图精灵 2015 帮助"面板，利用该面板可以获得相应的帮助信息。

3. 软件截图方法

下面以设置"选定区域"输入方式和"文件"输出方式情况下进行屏幕截图为例，介绍具体的操作方法。设置其他输入方式和输出方式情况下进行屏幕截图的方法和此处介绍的方法基本一样，可以参看相应的帮助信息。

（1）确定要捕捉的画面在桌面上显示。例如，要捕捉"克克 MP3 录音软件"软件的窗口画面，可以启动"克克 MP3 录音软件"软件。

（2）单击"输出"→"文件"命令，如图 3-2-17 所示；单击"输入"→"选定区域"命令，也可以单击软件工作界面内左边的"选定区域"按钮。

（3）单击"红蜻蜓抓图精灵"软件工作界面内左下角的"捕捉"按钮或按【Ctrl + Shift + C】组合键（要求捕捉热键设置为 Ctrl + Shift + C），可以看到鼠标指针呈十字线状，将鼠标指针的交点移到要截取图像的左上角，例如，"克克 MP3 录音软件"软件的窗口画面的左上角。

（4）再将鼠标指针移到要截取图像的右下角单击，例如，在"克克 MP3 录音软件"软件的窗口画面的右下角单击，弹出"捕捉预览"窗口，显示出截取图像，如图 3-2-18 所示。

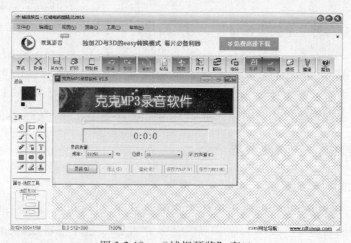

图 3-2-18　"捕捉预览"窗口

（5）单击上边工具栏内的"编辑"按钮，调出"编辑"菜单，如图 3-2-19 所示。单击其内的"使用 Photoshop. exe 编辑"命令，弹出 Photoshop 窗口，并在该窗口内显示出截取的图像，利用 Photoshop 软件加工该图像，再保存图像。

（6）单击"编辑"→"设定外接图片编辑器"命令，弹出"设定外接图片编辑器"对话框，如图 3-2-20 所示。单击"浏览"按钮，利用该对话框可以设置截取图像保存的目录，设置外界图像处理软件可执行程序的路径和文件名称，如图 3-2-20 所示。

单击"设定外接图片编辑器"对话框的"确定"按钮，关闭该对话框，在"编辑"菜单第 1 栏内的下边会添加设置的外接图片编辑软件的名称，单击该名称即可调出相应软件。

（7）也可以使用左边的"颜色"和"工具"栏内的工具来绘制、修改截取的图像，使用左下角"属性：选区工具"栏内的工具可以在图像中创建不同大小和形状的选区，此时可以激活上边工具栏内的一些工具按钮，用来处理选区中的图像。

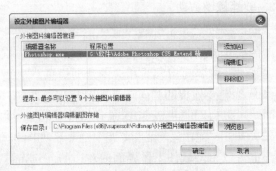

图 3-2-19 "编辑"菜单 图 3-2-20 "设定外接图片编辑器"对话框

（8）单击"捕捉预览"窗口内左上角的"完成"按钮，弹出"保存图像"对话框，默认前面设置的目录，利用该对话框可以将截取图像保存成图像文件。

3.3 录 屏

录屏就是录制屏幕显示的操作过程。为了制作数字媒体课件和微课，经常需要将使用软件的操作过程录制下来，生成一个 AVI 等格式的视频文件、SWF 格式的动画文件，以备在制作数字媒体课件和微课时使用。另外，也可以生成一个 EXE 格式的可执行视频文件，直接执行该文件来演示操作过程。还可以将一个视频文件的播放过程录制下来，生成视频文件，以备以后观看。常用的录屏软件有"录屏大师"、SnagIt 和"Camtasia Studi"等。

3.3.1 "录屏大师"软件录屏

1. "录屏大师"软件特点

录屏大师是一款完全免费的国产简体中文绿色录屏软件，它不需要安装和注册就可以使用。目前它的最新版本是录屏大师 v3.1。录屏大师 v3.1 的主要特点简介如下。

（1）操作非常简单，容易使用，可以按照向导提示进行操作，操作步骤很少。

（2）录屏大师 v3.1 软件很小，压缩文件包不到 800 KB。

（3）可以记录计算机桌面上的一切操作，再保存成 exe 视频文件。

（4）没有任何限制，输出的视频画面质量较高，播放流畅。

（5）有高彩、低彩和灰度 3 种视频质量模式选择，相对这 3 种视频质量所生成的视频文件大小也是不一样的，彩色模式生成的视频文件最大，灰度模式下文件最小。

（6）录屏大师 v3.1 软件可以在 Windows XP/2000/7 等 Windows 操作系统下工作。

2. 录屏方法

（1）"录屏大师 v3.1"软件在 Windows XP 或 Windows 7 操作系统下都可以正常安装。如果计算机的操作系统是 Windows 8，则无法直接安装，可以右击"录屏大师.exe"可执行文件的图标，弹出它的快捷菜单，如图 3-3-1 所示。单击该菜单内的"以管理员身份运行"命令，即可以管理员权限运行"录屏大师"软件的安装包，完成软件的安装。

（2）双击"录屏大师"软件的快捷方式图标，弹出"录屏大师 v3.1 宽屏版"对话框，简称"录屏大师 v3.1"对话框，如图 3-3-2 所示。其内显示框中是计算机桌面的画面。

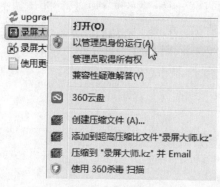

图 3-3-1　快捷菜单　　　　　　　　图 3-3-2　"录屏大师 v3.1"软件对话框 1

如果改变了桌面内容（使要录屏的软件或视频等画面在桌面中间显示），则可以单击"刷新画面"按钮，使"录屏大师"对话框中显示框内的画面随之改变。

（3）在"录屏大师 v3.1"对话框内用鼠标拖出一个矩形，将要录屏的范围选定。单击"下一步"按钮，切换到"录屏大师 v3.1"对话框，如图 3-3-3 所示。利用该对话框可以设置录屏获得的视频画面的品质质量，设置视频的帧速率，确定是否同步录制声音。

（4）单击"下一步"按钮，切换到下一个"录屏大师 v3.1"对话框，如图 3-3-4 所示。提示按【F10】键可以停止录屏。单击"开始录制"按钮，即可开始录屏。

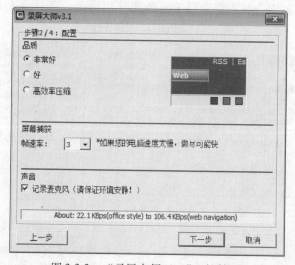

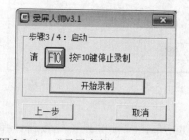

图 3-3-3　"录屏大师 v3.1"对话框 2　　　　图 3-3-4　"录屏大师 v3.1"对话框 3

（5）录制完毕后，按【F10】键，停止录屏，弹出"录屏大师 v3.1"对话框，如图 3-3-5 所示（还没有设置）。其内显示录制视频的总时间、大小帧数和播放速度。在"视频标题"文本框内输入文字，例如"我的第 1 个录屏"；在"视频描述"文本框内输入视频描述文字，例如"录制的是精灵 PDF 阅读器。"。

（6）单击该对话框内的"浏览"按钮，弹出"另存为"对话框，选择保存录制的视频文件的文件夹，例如选择"E：\ 铁道高职高专 2014 \ 数字媒体 \ 实例 \ 第 4 章 \"；在"文件名"文本框内输入录制的视频文件的文件名称，例如"录屏 1．exe"，默认的扩展名为"．exe"。此时的"另存为"对话框如图 3-3-6 所示。单击"保存"按钮，将录制的视频以给定的名称"录屏 1．exe"保存在指定的文件夹内，同时关闭"另存为"对话框。

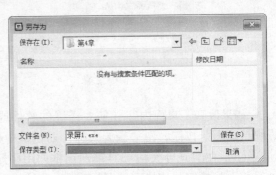

图 3-3-5　"录屏大师 v3.1"对话框 4　　　　图 3-3-6　"另存为"对话框

（7）单击"播放设置"按钮，弹出"播放设置"对话框，如图 3-3-7 所示，在该对话框内可以设置是否按照 1:1 比例播放视频等，单击"确定"按钮，完成设置，关闭该对话框。单击"为什么保存为 exe？"按钮，弹出"为什么要选 exe 格式"对话框，如图 3-3-8 所示，在该对话框内显示出本软件的特点。单击"确定"按钮，关闭该对话框。

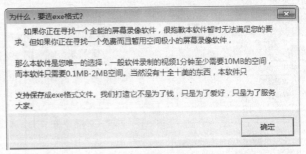

图 3-3-7　"播放设置"对话框　　　　图 3-3-8　"为什么要选 exe 格式"对话框

（8）单击"预览视频"按钮，弹出"录屏大师播放器"面板，其内播放录制的视频。单击"关闭"按钮，关闭该面板。单击"录屏大师"对话框内的"保存视频"按钮，可将视频保存，同时关闭"录屏大师"对话框。

（9）双击保存的扩展名为 .EXE 的视频可执行文件，会弹出"我的第 1 个录屏"面板，其中的标题栏文字为"我的第 1 个录屏"，如图 3-3-9 所示。

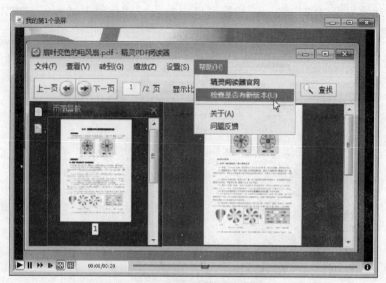

图 3-3-9　"我的第 1 个录屏"面板

"我的第 1 个录屏"面板实际是"录屏大师播放器"面板，其内左下边的一组按钮从左到右依次是"播放"▶、"暂停"Ⅱ、"快速播放""慢速播放"▶▶、"任意大小"图和"原大小"回。按钮右边显示已经播放视频的时间和视频总时间 00:00/01:18，右边的滑块□指示出播放的进度，单击滑槽某点，可将滑块移到单击点处调整视频播放的位置。

3.3.2　ZD Soft Screen Recorder 软件录屏

1. 软件特点

ZD Soft Screen Recorder 软件是一款功能强大、高性能的录屏软件，它能录制计算机屏幕全屏或指定区域内的活动画面，可以实时同步录制音频（使用 LAME 编码）；可将录屏结果以 AVI 或 WMV 视频格式保存，还可以创建 EXE 格式录屏文件和 SRV 格式文件。

ZD Soft Screen Recorder 软件面明朗、操作简便、迅速上手、可调整视频分辨率和帧速率、实时视频压缩、支持无限时录制长度、一键捕捉截图、一键暂停/恢复录制、计时器自动启动/停止录音，而且占用资源小，一般的计算机都可以轻松录制出流畅的屏幕录像。

ZD Soft Screen Recorder 软件可以录制游戏的操作过程，能够捕获 OpenGL 中的 DirectDraw，Direct3D 8/9/10/11 的渲染屏幕内容，捕捉多个音频源（如扬声器和麦克风）在同一时间的声音，能捕获多显示器屏幕，能显示 PC 上的游戏画面 FPS 数。其中 AVI 可以调用 XviD/DivX/FFDShow/MSMpeg4v1/MSMpeg4v2/MSMpeg4v3/x264 等系统已安装的任意编解码器，而WMV 格式需要自行安装 WMV9 的 VCM 包。

2. 录屏方法

（1）双击汉化版 ZD Soft Screen Recorder 软件的快捷方式图标后，启动 ZD Soft Screen Recorder 软件，弹出 ZD Soft Screen Recorder 软件的工具圆盘，如图 3-3-10 所示。

通常在弹出 ZD Soft Screen Recorder 软件的工具圆盘的同时，在屏幕上显示一个矩形捕捉窗口，如图 3-3-11 所示。拖动窗口的边框，可以调整窗口的大小，拖动窗口内上边的工具栏，可以移动捕捉窗口的位置。该捕捉窗口内的区域就是录屏的范围。单击工具圆盘内的"显示/隐藏窗口"按钮，可以在显示和隐藏捕捉窗口间切换。

图 3-3-10　工具圆盘

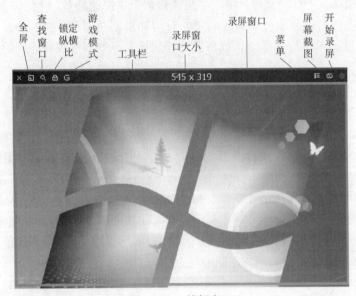

图 3-3-11　捕捉窗口

（2）单击工具圆盘内的"视频属性设置"按钮，弹出"视频"菜单，将鼠标指针移到"分辨率"命令之上，显示它的子菜单，如图 3-3-12（a）所示；将鼠标指针移到"帧速率"命令之上，显示它的子菜单，如图 3-3-12（b）所示；将鼠标指针移到"质量"命令之上，显示它的子菜单，如图 3-3-12（c）所示；将鼠标指针移到"格式"命令之上，显示它的子菜单，如图 3-3-12（d）所示。单击这些子菜单，可以选中该命令选项，也就设置了相关的视频属性。单击"帧速率"子菜单内的"…"，可以调出"输入值"对话框，在其内的文本框中输入一个数值，单击"确定"按钮，即可设置相应的帧速率。

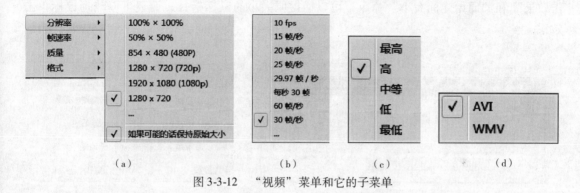

图 3-3-12　"视频"菜单和它的子菜单

（3）单击工具圆盘内的"设置"按钮，弹出"设置"菜单，如图 3-3-13 左图所示，用来设置各种录屏和截图的属性。例如，单击"设置"→"文件"命令，弹出"文件"菜单，如图 3-3-13 右图所示。

单击"文件"→"浏览"命令，可以弹出保存该软件录屏后生成的视频文件所在的文件夹窗口。单击"文件"→"更改"命令，可以弹出"另存为"对话框，利用该对话框可以更改保存录屏后生成的视频文件所在的文件夹，以及录屏生成的文件的文件名称。

（4）单击"设置"→"热键"命令，弹出"热键"子菜单，如图 3-3-14 所示，可以看到一些默认的快捷键。如果要更换某一项热键，可以单击"热键"菜单内相应的命令，弹出"热键"对话框，利用该对话框可以更改热键。例如，单击"热键"→"启动/停止"命令，弹出的"热键"对话框如图 3-3-15 所示，利用该对话框可以设置"启动/停止"的热键。

图 3-3-13　"设置"菜单

图 3-3-14　"热键"子菜单

（5）单击"设置"→"视频"命令，弹出"视频"子菜单，如图 3-3-12 所示。单击"设置"→"音频"命令，弹出"音频"子菜单，如图 3-3-16 左图所示，用来设置捕捉的音频设备，例如单击"捕捉默认录音设备"命令，可以捕捉默认的话筒获得的声音。单击"设置"→"光标"命令，弹出"光标"菜单，如图 3-3-16 右图所示，例如单击"左键单击效果"和"原始光标大小"命令，可以捕捉原大小的鼠标指针，而且可以捕捉鼠标单击效果。

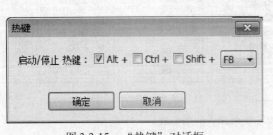

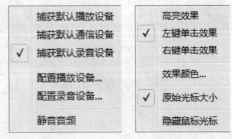

图 3-3-15　"热键"对话框　　　　图 3-3-16　"音频"和"光标"子菜单

（6）单击"设置"→"标志"命令，弹出"标志"子菜单，如图 3-3-17 所示，用来设置捕捉画面内辅助显示的内容。单击"设置"→"屏幕截图"命令，弹出"屏幕截图"子菜单，如图 3-3-18 所示。

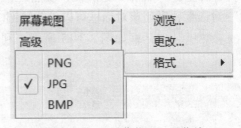

图 3-3-17　"标志"子菜单　　　　图 3-3-18　"屏幕截图"子菜单

单击"屏幕截图"→"浏览"命令，可以弹出保存该软件截图后生成的图像文件所在的文件夹窗口。单击该菜单内的"更改"命令，可以弹出"另存为"对话框，利用该对话框可以更改保存截图文件所在的文件夹，以及截图生成的图像文件的文件名称。单击"屏幕截图"→"格式"命令，可以弹出"格式"子菜单，用来设置图像格式。

（7）调整窗口刚好将要录屏或截图的区域包含后，单击工具圆盘内中间的红色"录屏/停止"按钮，即可开始录屏。录制完后，单击该按钮（按钮变为 ▣），即可终止录屏。

（8）单击"打开"按钮，可以弹出保存录屏视频文件的文件夹窗口，如图 3-3-19 所示。双击其内的录屏视频文件（Rec001. avi）图标，即可打开默认的视频播放器，并播放录屏视频文件（Rec001. avi）。

（9）在上述录屏过程中，如果单击"截图"按钮 ▣，可以将此时窗口内的画面截出一幅图像，并以图像文件形式保存在默认或指定的文件夹内。单击"退出"按钮，可以关闭工具圆盘和捕捉窗口，退出 ZD Soft Screen Recorder 软件。

（10）捕捉窗口内上边的工具栏内有 8 个按钮，中间显示捕捉窗口大小，将鼠标指针移到按钮之上，会在工具栏中间显示窗口大小的位置显示按钮的名称，各按钮的名称如图 3-3-11 所示。单击"菜单"按钮，可以弹出"窗口"菜单，如图 3-3-20 所示。将鼠标指针移到捕捉窗口四边框线之上或工具栏之上右击，会弹出它的快捷菜单，如图 3-3-21 所示。

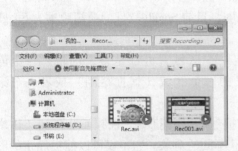

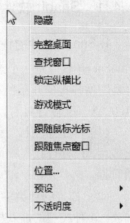

图 3-3-19　保存录屏视频文件的文件夹窗口　　　图 3-3-20　"窗口"菜单　　图 3-3-21　快捷菜单

（11）这两个菜单内的命令基本都和捕捉窗口有关。例如，单击"位置"按钮，会弹出"位置"对话框，如图 3-3-22 所示。在该对话框内的 4 个文本框中可以精确输入捕捉窗口的坐标位置及宽度与高度，单击"确定"按钮，即可调整捕捉窗口的大小和位置。

（12）单击工具圆盘内的"定时"按钮，弹出"定时"菜单，如图 3-3-23 所示。单击"在时间开始"命令，弹出"在时间开始"对话框，选中其内的复选框，在数字框内设置开始录屏或截图的时间，如图 3-3-24 所示，单击"确定"按钮。单击"在时间停止"命令，弹出"在时间停止"对话框，选中其内的复选框，在数字框内设置开始录屏或截图的时间，单击"确定"按钮。如果单击"长时间停止"命令，则弹出"长时间停止"对话框，用来设置较长的停止时间。

设置后，到了设置的开始时间即可进行录屏或截图，到了停止时间即可停止录屏。

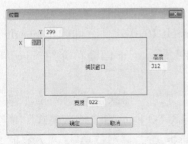

图 3-3-22　"位置"对话框　　　图 3-3-23　"定时"菜单　　图 3-3-24　"在时间开始"对话框

3.4　汉化 SnagIt 软件的使用

本节介绍汉化的 SnagIt 10.0 软件的基本使用方法，介绍的这些基本使用方法大部分都适用于汉化 SnagIt 9.0 和汉化 SnagIt 11.0 软件的使用。

3.4.1　SnagIt 软件的特点和截图

1. SnagIt 软件的特点

SnagIt 软件是一个杰出的屏幕图像捕捉（截取屏幕图像）和录屏软件，可以满足用户屏幕图像捕捉的几乎所有要求，轻松进行截屏和录屏。目前 SnagIt 软件的最高版本为 SnagIt 11.0。Snagit 软件具有以下几个特点。

（1）捕捉范围灵活：截图和录屏都可以设定一个区域，可以是整个屏幕、一个静止或活动的窗口、一个菜单等对象、用户自定义的一个区域（捕捉范围）或者一个滚动页面。

（2）捕捉的种类多：SnagIt 软件具有"图像捕捉""文字捕获""视频捕获"和"网络捕获"4 种类型的捕获模式，在不同模式下可以捕获不同的对象。它不仅可以捕捉静止的图像，而且还可以获得动态的图像和声音，还可以在选中的范围内只获取文本。另外，SnagIt 软件还可以录屏，将屏幕中显示的操作过程录制成视频。

（3）输出的类型多：截取的图像可以选择自动将其送至 SnagIt 打印机或 Windows 剪贴板中，可以直接用 E-mail 发送。也可以文件的形式输出，可以将截取的图像保存为各种格式的图像文件，将录屏保存为 AVI 格式的视频文件。另外还可以编辑成册。

（4）图像处理：该软件还附带了一个图像编辑器和一个管理工具。截取的图像可以在图像编辑器内进行修剪、颜色简单处理、放大或缩小、添加文字和图案等简单的编辑，加工制作成漂亮和有特性的图像。网上还提供了许多可供使用的各种图案，可以下载使用。

（5）新版 SnagIt 软件还能嵌入 Word、PowerPoint 和 IE 浏览器等中。

（6）可以自动扫描指定网址内所有图片并把它下载下来，支持几乎所有常见的图片格式，还可以将整个网页保存为 Flash 或 PDF 格式方便阅览。

2. SnagIt 软件工作环境简介

双击汉化 SnagIt 10.0 软件的快捷键图标，弹出汉化 SnagIt 10.0 软件，即弹出 SnagIt 10.0 软件的工作界面（简称"SnagIt 工作界面"），如图 3-4-1 所示。下面简单介绍 SnagIt 工作界面的功能和特点。

（1）单击该工作界面内右下角的"捕获模式"按钮，弹出"捕获模式"菜单，如图 3-4-2 所示。单击"捕获"→"模式"命令，弹出类似如图 3-4-2 所示的"捕获模式"菜单。单击该菜单内的"图像捕捉"命令，可以切换到图像捕捉模式状态；单击"文本捕获"命令，可以切换到文本捕获状态；单击"视频捕获"命令，可以切换到视频捕获状态；单击"Web 捕获"命令，可以切换到网络捕获状态。

图 3-4-1 汉化 SnagIt10.0 工作界面

（2）在 SnagIt 工作界面内右边的"预设方案"栏的列表框中有一栏或更多的栏，用来保存默认的几种捕捉方案和新设置的捕捉方案。拖动列表框右边的滑块，可以显示不同栏内的各种捕捉方案按钮。在"方案"栏内，将鼠标指针移到按钮之上，会显示一个文字显示框，其内显示该按钮对应的捕捉方案的名称、捕捉模式、输入和输出设置，以及是否包含鼠标指针等。单击各捕捉方案按钮，可以采用相应的捕捉方案设置。

（3）在"预设方案"栏的工具栏中，单击"方案列表视图"按钮 ，会使"方案"栏内以列表方式显示各捕捉方案，如图 3-4-3 所示。单击其内的按钮 ，可以收缩该栏内的捕捉方案选项；单击其内的按钮 ，可以展开该栏内的捕捉方案选项。

图 3-4-2 "捕获模式"菜单　　　图 3-4-3 "输入"菜单

在"方案"栏的工具栏中，单击"方案缩略图视图"按钮 ，会使"方案"栏内以缩略图方式显示各捕捉方案。

（4）在"相关任务"栏内提供了快速轻松访问的 5 个按钮，单击"图像转换"按钮，可以弹出 SnagIt 自带的图像编辑器；单击"打开单击快补"按钮，可以弹出 SnagIt 自带的"OneClick"（一个单击）面板，如图 3-4-4 所示。单击该面板内的一个选项，可以采用这种方案的设置。"OneClick"面板会自动从画面的左边或上边移出画面；单击"安装 SnagIt 打印机"按钮，可用来安装 SnagIt 的打印机；单击"管理方案"按钮，可以弹出"管理方案"对话框，可以显示各方案的属性、导入和导出方案。

（5）单击"OneClick"面板内的按钮⊗，可以折叠概览的选项；单击按钮⊗，可以展开概览内的选项。单击"我想要"栏内的按钮⊗，可以展开"我想要"栏，如图 3-4-5 所示；单击"我想要"栏内的按钮⊗，可以收缩"我想要"栏。

图 3-4-4　"OneClick"面板 1

图 3-4-5　"OneClick"面板 2

右击"OneClick"面板内，弹出它的快捷菜单，如图 3-4-6 所示。单击该菜单内前 3 个命令，可以在"OneClick"面板内显示各方案的相关信息，如图 3-4-7 所示。

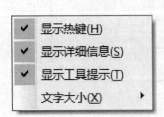

图 3-4-6　快捷菜单

图 3-4-7　显示各方案相关信息的"OneClick"面板

（6）快速启动栏内提供了"SnagIt 编辑器"和"管理图像"按钮，单击"SnagIt 编辑器"按钮，可以弹出 SnagIt 的图像编辑器，如图 3-4-8 所示。

图 3-4-8　SnagIt 的图像编辑器

另外，单击图 3-4-8 所示汉化 SnagIt10.0 工作界面内快速启动栏中的"管理图像"按钮，也可以弹出 SnagIt 图像编辑器，只是"搜索"面板内自动切换到"文件夹"选项卡。

（7）单击工具栏内的"更改视图"按钮，收缩 SnagIt 工作界面，如图 3-4-9 所示。收缩 SnagIt 工作界面将主要工具放在工具栏内，将所有的命令放在菜单栏的 7 个主菜单中，使收缩的 SnagIt 工作界面具有所有 SnagIt 的功能。收缩的 SnagIt 工作界面占用的空间相对小很多。再单击收缩的 SnagIt 工作界面内的"更改视图"按钮，可以展开 SnagIt 工作界面，回到原状态，如图 3-4-8 所示。

图 3-4-9　收缩的 SnagIt 工作界面

在收缩的 SnagIt 工作界面内，将鼠标指针移到工具栏内的工具按钮之上，会在下边的状态栏内显示相应的提示信息；将鼠标指针移到主菜单内的命令之上，也会在下边的状态栏内显示相应的提示信息。

（8）单击"工具"→"程序参数设置"命令，弹出"程序参数设置"对话框的"热键"选项卡，如图 3-4-10 所示。利用该对话框"热键"选项卡可以进行 3 种热键的设置，主要是设置"全局捕获"热键，默认是【Print Screen】键。在"按键"下拉列表框内可以选择一个按键名称，设置热键；也可再选中一个或多个复选框，组成一个复合组合键作为热键。

在 SnagIt 工作界面内右边的"方案"栏的列表框中，单击"预设方案"栏内的"多合一"按钮，如果在"程序参数设置"对话框的"热键"选项卡内，设置"全局捕获"热键为【F2】键，表示按【F2】键可以按照"多合一"方案设置进行捕获。此时 SnagIt 工作界面内下边会显示"按下 F2 进行捕获"文字。默认情况下，此时 SnagIt 工作界面内下边会显示"按下 Print Screen 进行捕获"文字，表示按【Print Screen】键即可开始捕捉。

（9）单击该对话框内的"程序选项"标签，切换到"程序选项"选项卡，如图 3-4-11 所示。利用该选项卡可以进行 SnagIt 软件的很多重要设置，例如不选中"在捕捉前隐藏 SnagIt"复选框（默认是选中该复选框），则可以在进行截图或录屏前会自动隐藏 SnagIt 工作界面。

图 3-4-10　"程序参数设置"对话框

图 3-4-11　"程序选项"选项卡

单击"确定"按钮，关闭"程序参数设置"对话框，完成设置。

3. 截取图像的方法

下面介绍使用 SnagIt 软件截取"格式工厂"软件工作界面图像的具体操作方法。

（1）启动"格式工厂"软件，弹出"格式工厂"软件工作界面。

（2）单击"视图"→"工具栏"命令，显示工具栏。单击其内的"更改视图"按钮，收缩 SnagIt 工作界面，如图 3-4-9 所示。

（3）在工具栏内，单击"图像捕捉"按钮，设置采用截图模式。默认按下"在编辑器中预览"按钮，表示截图后的图像会在 SnagIt 软件自带的图像编辑器内显示。

（4）单击菜单栏内的"输入"命令，弹出"输入"菜单，如图 3-4-12 左图所示，分别单击"窗口"和"包含光标"命令。单击菜单栏内的"输出"命令，弹出"输出"菜单，如图 3-4-12 右图所示，单击"剪贴板"命令，默认选中"在编辑器中预览"命令。

（5）单击"工具"→"程序参数设置"命令，弹出"程序参数设置"对话框的"热键"选项卡，在"全局捕获"栏内取消选中所有复选框，在下拉列表框中选中"F2"选项，表示按【F2】键，即可开始截图。然后，单击"确定"按钮。

（6）按【F2】键或单击 SnagIt 工作界面内的"立即捕捉"按钮，将鼠标指针移到"格式工厂"软件工作界面上边缘处，当棕色矩形框将整个"格式工厂"软件工作界面围住时（见图 3-4-13）单击，即可弹出 SnagIt 软件自带的图像编辑，同时显示截取的图像。

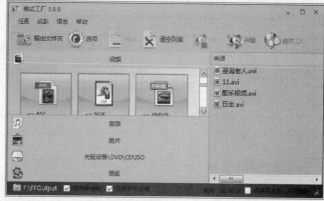

图 3-4-12　"输入"和"输出"菜单　　　　图 3-4-13　"格式工厂"软件工作界面

（7）也可以按【F2】键，鼠标指针呈十字线状，从"格式工厂"软件工作界面左上角拖到工作界面的右下角，选中整个"格式工厂"软件工作界面，即可弹出 SnagIt 软件自带的图像编辑器，同时显示截取的"格式工厂"软件工作界面图像，如图 3-4-14 所示。

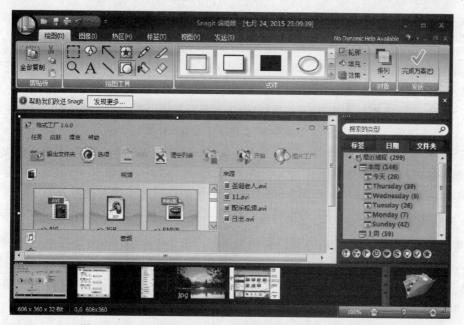

图 3-4-14　SnagIt 软件自带的图像编辑器内显示截取的图像

（8）利用 SnagIt 软件自带的图像编辑器对截取的"格式工厂"软件工作界面图像进行加工处理，添加文字和线条。切换到"绘图"选项卡，单击"剪贴板"组内的"全部复制"按钮，将图像复制到剪贴板内。切换到其他软件，例如 Word 软件，按【Ctrl + V】组合键，即可将剪贴板内的图像粘贴到光标处。另外，单击 SnagIt 工作界面左上角的按钮，弹出它的菜单，单击该菜单内的"另存为"命令弹出对话框，选中要保存的文件夹，在"保存类型"文件夹中选中"JPG-JPEG 图像（＊.jpg）"选项，在"文件名"文本框中输入文件名（例如，"界面 1.jpg"），如图 3-4-15 所示。然后，单击"保存"按钮。

图 3-4-15　"另存为"对话框

3.4.2　SnagIt 软件图像编辑器

SnagIt 软件自带的图像编辑器可用来给截图或打开的外部图像进行简单的加工处理。单击"快速启动"栏内的"SnagIt 编辑器"按钮，可以弹出 SnagIt 的图像编辑器。另外，单击汉化 SnagIt10.0 工作界面内快速启动栏中的"管理图像"按钮，也可弹出 SnagIt 图像编辑器，只是"搜索"面板内自动切换到"文件夹"选项卡。

在 SnagIt 软件图像编辑器内，选中"预备"列表框中的图像，在"截图"（也叫"画布"）列表框内显示出选中的图像，如图 3-4-16 所示。将鼠标指针移到功能栏内工具按钮之上，会显示该按钮的名称和作用。SnagIt 软件图像编辑器的使用方法简介如下。

1."搜索"面板

"搜索"面板用来搜索保存在计算机中的图像，历史上利用 SnagIt 软件进行的截图，以及有各种标签的截图等图像。"搜索"面板的使用方法简介如下。

（1）"搜索"面板位于 SnagIt 软件工作环境内的右边，它有"标签""日期"和"文件夹" 3 个选项卡，还有一个搜索文本框等，如图 3-4-16 所示。

（2）单击"日期"标签，切换到"日期"选项卡，如图 3-4-16 所示。单击按钮，可以展开其内的月、星期或日期；单击按钮，可以收缩展开的月、星期或日期。选中其内的月、星期或日期选项，即可在左边显示该日期内所有截图获得的图像缩略图，即截图小样。例如，选中"搜索"面板内"日期"选项卡中的"本周"选项，即可在左边"截图"列表框中显示一周内的截图小样，如图 3-4-17 所示。

图 3-4-16 "搜索"面板

图 3-4-17 显示的截图小样

（3）将鼠标指针移到"搜索面板"按钮，可显示该按钮的名称，单击该按钮可展开"搜索"面板，同时按钮变为；单击按钮，可收起"搜索"面板，同时按钮变为。

（4）按住【Ctrl】键，选中"截图"列表框中不连续的截图小样；或者按住【Shift】键，单击连续图像小样的起始和终止图像，选中这些连续的图像小样，右击，弹出它的快捷菜单，单击其内的"打开"命令，即可将选中图像复制到下边的"预备"列表框内。

（5）双击"截图"列表框中的截图小样，可以将该截图添加到"预备"列表框中，同时"截图"列表框中只剩下该截图。以后，在"预备"列表框内选中要一个截图小样，即可在"截图"列表框内显示选中的截图图像。

2. "绘图"选项卡

单击"绘图"标签，切换到"绘图"选项卡，如图 3-4-18 所示。其中主要有 4 个组，各组内工具的作用简介如下。

图 3-4-18 　"绘图"选项卡

（1）"剪贴板"组：其内有 4 个工具，它们的左右简介如下。

① "全部复制"按钮：将"截图"列表框内的所有图像复制到剪贴板内。

② "剪切"按钮 ：将选区内的图像剪切到剪贴板内。使用"选取"工具 在图像之上拖动，可以创建一个选区。

③ "复制"按钮：将选区内的图像复制到剪贴板内。

④ "粘贴"按钮：将剪贴板内的图像或文字等粘贴到"截图"列表框内左上角。

（2）"放大/缩小"工具按钮：单击"绘图工具"组内的"放大/缩小"按钮 ，此时鼠标指针呈 状，单击"截图"列表框内的画布，可以放大画布；按住【Alt】键后鼠标指针呈 状，单击"截图"列表框内的画布，可以缩小画布；再按【Alt】键后鼠标指针又呈 状。

（3）"选取"按钮 ：单击该按钮，将鼠标指针移到"截图"列表框内的画布之上，鼠标指针呈 状。此时，"式样"列表框内会显示相应的选区样式，单击其内的一个图案，即可设置此种选区。然后，在"截图"列表框内的画布之上拖动（对于左边 3 个选区），对于多边形选区可单击多边形选区的各顶点，再双击，即可创建相应的选区。

将鼠标指针移到图像右边缘中间方形控制柄处，当鼠标指针呈双箭头状时水平向右拖动；将鼠标指针移到图像左边缘中间方形控制柄处，当鼠标指针呈双箭头状时水平向左拖动。拖动的结果使截图向两边增加，增宽部分为棋盘格，表示截图背景透明。

（4）"填充"按钮 ：单击该按钮，"样式"组内的列表框中会显示各种颜色样式，同时该组内的"填充"按钮变为有效。单击"样式"组内的一个图样，即可设置填充颜色为该图样的颜色。例如，单击"样式"组内的"白色"图样，设置填充颜色为白色，此时单击棋盘格图像，即可使透明的背景填充为白色。

单击"样式"组内的"填充"按钮，可弹出"调色板"面板，如图 3-4-19 所示。单击其内的色块，可以设置填充色。

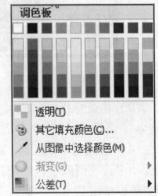

图 3-4-19 　"调色板"面板

单击"调色板"面板内的"透明"命令，可以设置填充为透明；单击"其他填充颜色"命令，可弹出"颜色"对话框，它有两个选项卡，如图 3-4-20 所示，不同的选项卡采用不同的方式来设置其他颜色为填充色。

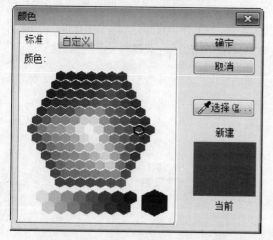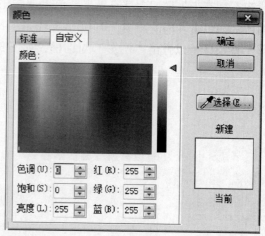

图 3-4-20 "颜色"对话框

单击"从图像中选择颜色"命令与单击"颜色"对话框内的"选择"按钮后的作用一样，鼠标指针会变为吸管状，单击图像内可设置单击点颜色为填充色。

（5）"文本"按钮 A：单击该按钮，在右边的空白处拖动，创建一个矩形的文本框，同时弹出文字设置的字体框，如图 3-4-21 所示。利用该字体框设置输入文字的字体、字大小、是否加粗、排列、颜色、是否要阴影和选择一种样式等。单击"式样"组内列表框右下角的"其他"按钮，展开"式样"列表框，如图 3-4-22 所示，选择一种样式，即可设置文字采用该样式设置好的字体、颜色等文字属性。设置文字属性后可以输入文字。

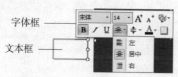

图 3-4-21 文本框和字体框

图 3-4-22 "式样"列表框

可以在创建文本框和输入文字后，单击"绘图工具"组内的"选取"按钮，选中文本框和其内的文字，再单击"剪贴板"组内的"复制"按钮，将选中的对象复制到剪贴板内；再多次单击"剪贴板"组内的"粘贴"按钮，复制多个"标题栏"文字和它的文本框；再将复制的文字移到不同的位置。选中一个复制的"标题栏"文字，将选中的文字改为相应的其他文字。按照这种方法，将其他文字进行相应的修改。

（6）"直线"按钮：单击该按钮，"式样"组列表框内提供了各种直线样式，选择一种样式，再在相应的位置拖动，可以绘制一条线。如果按住【Shift】键的同时在相应的位置水平拖动，可以绘制一条水平直线；在相应的位置垂直拖动，可以绘制一条垂直直线；沿着 45°整数倍的角度拖动，可以绘制直线。

　　单击"式样"组内的"轮廓"按钮，会弹出"调色板"面板，如图 3-4-23 所示。单击该面板内的色块或命令，可以设置线条的颜色、线的宽度和线的形状等。单击"式样"组内的"效果"按钮，弹出"效果"菜单，如图 3-4-24 所示。该菜单内的两个选项用来确定线图形是否为矢量图和是否平滑。单击"阴影"按钮，弹出"阴影"面板，如图 3-4-25 左图所示，单击其内的图案，可以设置线条的阴影效果。单击"阴影"面板内的"其他阴影"按钮，可以弹出"阴影"对话框，如图 3-4-25 右图所示，用来调整阴影的属性。

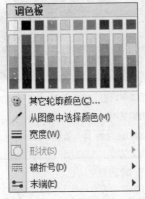

图 3-4-23 　"调色板"面板　　　　图 3-4-24 　"效果"菜单

图 3-4-25 　"阴影"面板和"阴影"对话框

　　单击"透明"按钮，调出"透明"面板，如图 3-4-26 所示，单击其内的图案，可以设置线条的透明效果。单击"自定义透明度"按钮，弹出"透明"对话框，如图 3-4-27 所示，拖动其内的滑块或在数字框内输入数值，都可以自由地调整透明度数值。

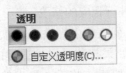

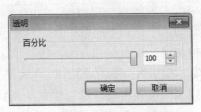

图 3-4-26 　"透明"面板　　　　图 3-4-27 　"透明"对话框

（7）"箭头"按钮：单击该按钮，"式样"组列表框内提供各种箭头线样式，选中一种样式，再在相应的位置拖动，可以绘制一条带箭头的线，绘制直线箭头的方法和使用"直线"绘制直线的方法一样。

（8）"形状"按钮：单击该按钮，"式样"组列表框内提供各种形状样式，选中一种样式，再在相应的位置拖动，可以绘制相应的一幅形状图形。

（9）"图章"按钮：单击该按钮，"式样"组列表框内提供各种图章样式，选中一种样式，再在相应的位置单击，可以在单击处添加一个图章图像。

（10）"插图"按钮：单击该按钮，"式样"组列表框内提供各种插图样式，选中一种样式，再在相应的位置拖动，可以绘制相应的一幅图形文本框或箭头图形，在图形文本框中可以输入文字。

（11）"画笔"按钮：单击该按钮，"式样"组列表框内提供各种插图样式，选中一种样式，再在相应的位置拖动，可以绘制相应的一幅线条图形。

（12）"高亮区域"按钮：单击该按钮，"式样"组列表框内提供各种高亮样式，再在相应的位置拖动，可以绘制相应颜色的一幅透明矩形图形或线条图形。

（13）"擦除"按钮：单击该按钮，"式样"组列表框内提供各种插图样式，选中一种样式，再在图像上拖动，可以擦除鼠标指针经过处的图像或图形。

（14）"对象"组：按住【Shift】键的同时单击"截图"列表框内的多个图形对象，单击"对象"组内的"排列"按钮，弹出"排列"菜单，如图 3-4-28 所示，利用该菜单内上边 4 个命令的子菜单命令可进行相关的排列操作。单击"平化"命令，可将所有对象合并为一个对象。

图 3-4-28　"排列"菜单及其子菜单

3．"图像"选项卡

切换到"图像"选项卡，如图 3-4-29 所示。其内各工具的作用简介如下。

图 3-4-29　"图像"选项卡

（1）"画布"组：其内有 6 个工具，这些工具的作用简介如下。

①"裁剪"工具：在"截图"列表框内的图像之上创建一个选区，单击"裁剪"按钮，即可将选区内的图像裁剪出来。

②"旋转"工具：单击"旋转"按钮，弹出"旋转"菜单，如图3-4-30所示，利用该菜单内的命令可以进行各种方式旋转图像。

③"剪除"工具：单击"剪除"按钮，弹出"剪除"面板，如图3-4-31所示，单击其内的一个图案（例如第2行第1个），将鼠标指针移到图像中间，鼠标指针处有一条水平虚线，表示裁剪位置，如图3-4-32左图所示，单击后效果如图3-4-32右图所示。

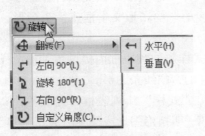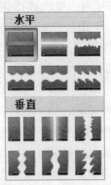

图3-4-30　"旋转"菜单　　　　　图3-4-31　"剪除"面板

图3-4-32　图像剪除过程和剪除效果

④"调整大小"工具：单击该按钮，弹出"调整大小"菜单，如图3-4-33所示。单击该菜单内的"调整图像大小"命令，弹出"调整图像大小"对话框，如图3-4-34所示，用来调整"截图"列表框内图像的大小。单击该菜单内的"调整画布大小"命令，弹出"调整画布大小"对话框，

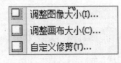

图3-4-33　"调整大小"菜单

如图3-4-35所示，用来调整"截图"列表框内画布大小。单击该菜单内的"自定义修剪"命令，弹出"自定义修剪"对话框，如图3-4-36所示，用来进行修建设置。

⑤"修剪"工具：单击"修剪"按钮，可以删除画布内的空白背景（无图像的背景）。

⑥"画布颜色"工具：单击"画布颜色"按钮，弹出"调色板"面板，用来设置画布的背景颜色。

（2）"图像式样"组：其内有1个列表框和3个按钮，它们的作用简介如下。

①"图像式样"列表框：其内提供了各种图像加工后的小样图案，单击其中的一个图

案，即可将"截图"列表框内的画布加工成相应的样子。

图 3-4-34 "调整图像大小"对话框   图 3-4-35 "调整画布大小"对话框

②"边框"工具：单击"边框"按钮，弹出"调色板"面板，用来设置图像边框的颜色和边框宽度。

③"效果"工具：单击"效果"按钮，弹出"效果"菜单，如图 3-4-37 所示。单击"效果"菜单内的"阴影"命令，弹出"阴影"面板，单击其内的图案，即可给图像添加相应的阴影。单击其内的"其他阴影"命令，弹出"阴影边缘"对话框，如图 3-4-38 所示，用来调整阴影深度、颜色、位置和轮廓等属性。

图 3-4-36 "自定义修剪"对话框   图 3-4-37 "效果"菜单

单击"效果"菜单内的"页面卷曲"命令，弹出"页面卷曲"面板，如图 3-4-39 所示，单击其内的图案，即可给图像添加相应的页面卷曲效果。单击其内的"页面卷曲选项"命令，弹出"页面卷曲"对话框，如图 3-4-40 所示，用来调整页面卷曲的大小和位置等属性。

图 3-4-38 "阴影边缘"对话框　　图 3-4-39 "页面卷曲"面板　　图 3-4-40 "页面卷曲"对话框

单击"效果"→"透视"命令,弹出"透视"面板,如图 3-4-41 所示,单击其内的图案,即可给图像添加相应的透视效果。单击其内的"透视/切变选项"命令,弹出"透视和切变"对话框,如图 3-4-42 所示,用来调整图像透视、切边水平和垂直量大小等属性。

单击"效果"→"切变"命令,弹出"切变"面板,如图 3-4-43 所示,单击其内的图案,即可给图像添加相应的透视效果。单击其内的"透视/切变选项"命令,也可弹出"透视和切变"对话框。

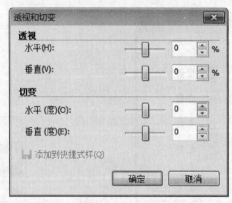

图 3-4-41 "透视"面板　　图 3-4-42 "透视和切变"对话框　　图 3-4-43 "切变"面板

④ "边缘"工具:单击"边缘"按钮,弹出"边缘"菜单,其内列出 7 个命令,单击不同的命令,可以将画布边缘加工成相应的效果,同时弹出一个面板,供用户调整。

(3) "修改"组:其内有 6 个按钮,它们的作用简介如下。

① "模糊"工具:单击"模糊"按钮,弹出"模糊"菜单,如图 3-4-44 所示,单击其内的选项,可以设置模糊的百分比。单击"自定义模糊"命令,可以弹出"模糊"对话框,拖动其内的滑块或直接改变数值框内的数值,用来调整模糊的程度。

②"灰度"工具：单击"灰度"按钮，可以将当前彩色图像改为灰度图像。

③"水印"工具：单击"水印"按钮，调出"水印"面板，如看图 3-4-45 左图所示，选中其内的"衬托"单选钮和"启用水印"复选框，单击按钮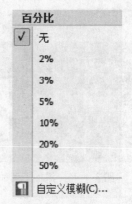，弹出"打开"对话框，利用该对话框打开一幅作为水印的图像。单击"高级设置"按钮字，弹出如图 3-4-45 中图所示的对话框，同时在画布内导入水印图像，利用该对话框可以调整画布内水印图像的浮雕效果、位置和大小。

如果在图 3-4-45 左图所示"水印"对话框内选中"覆盖"单选按钮，则单击"高级设置"按钮，弹出如图 3-4-45 右图所示的对话框，同时在画布内导入水印图像，利用该对话框可以调整画布内的水印图像的透明颜色、位置和大小。

图 3-4-44　"模糊"菜单

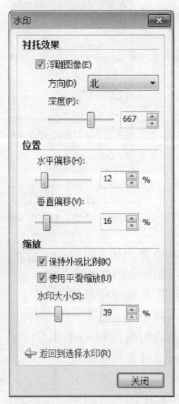

图 3-4-45　"水印"对话框

在图像内导入的"衬托"式水印图像，如图 3-4-46 内右下角的白色背景的建筑图像；在图像内导入的"覆盖"式水印图像如图 3-4-46 内右上角的透明背景的建筑图像。

④"颜色效果"工具：单击"颜色效果"按钮，弹出"颜色效果"菜单，如看图 3-4-47 所示，利用该菜单内的命令，可以给当前图像调整颜色效果。例如，单击"颜色修正"命

图 3-4-46　添加了两种类型的水印

令，弹出"颜色修正"对话框，如图 3-4-48 所示。利用该对话框可以调整当前图像的亮度、对比度、色调、饱和度和灰度。

⑤"滤镜"工具：单击"滤镜"按钮，弹出"滤镜"菜单，如看图 3-4-49 所示，利用该菜单内的命令，可以给当前图像调整各种特殊效果。例如，单击"移除噪点"命令，弹出"移除噪点"子菜单，如图 3-4-50 左图所示。

单击该菜单内第 1 栏中的选项，可以选择不同采样大小的移除噪点效果。例如，选中"7"选项后的图像效果如图 3-4-50 右图所示。单击该菜单内的"自定义"命令，可弹出"移除噪点"面板，用来自由调整采样大小。

图 3-4-47　"颜色效果"菜单

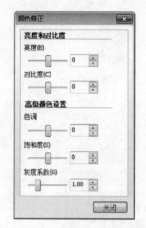

图 3-4-48　"颜色修正"对话框

图 3-4-49　"滤镜"菜单

单击"滤镜"菜单内命令右边有图标▶的命令，都可以弹出和图 3-4-50 左图所示相似的菜单，该菜单的特点和"移除噪点"菜单的特点基本一样，只是图像加工效果不一样。

单击"滤镜"菜单内命令右边没有图标▶的命令，大部分可以弹出一个面板，用来调整相应的滤镜参数。例如，单击"滤镜"→"浮雕"命令，弹出"浮雕"面板，如图 3-4-51 所示。利用该面板可以调整图像浮雕深度的大小和设置浮雕方向。

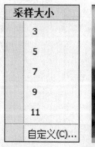
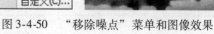

图 3-4-50　"移除噪点"菜单和图像效果

⑥"聚光和放大"工具：单击"聚光和放大"按钮，弹出"聚光和放大"面板，按照图 3-4-52 所示进行调整后，可以获得图 3-4-53 所示的效果。

图 3-4-51 "浮雕"对话框　图 3-4-52 "聚光和放大"对话框　图 3-4-53 聚光和放大效果

4. "标签"和"视图"选项卡

SnagIt 的图像编辑器功能工具栏内 6 个选项卡，除介绍过的"绘图"和"图像"选项卡外，与截图编辑有较直接关系的选项卡还有"标签"和"视图"选项卡，简介如下。

（1）"标签"选项卡：单击"标签"标签，切换到"标签"选项卡，如图 3-4-54 所示。其中主要有 3 个组，用于对"预备"列表框内的截图添加标签。各组内工具的作用简介如下。

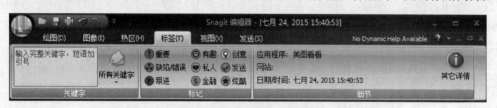

图 3-4-54 "标签"选项卡

①"关键字"组：该组内左边是一个文本框，右边是"所有关键字"按钮。单击"预备"列表框内的一个截图，可以在文本框内单击，再给当前截图图像添加标签的关键文字，例如输入"沈大林"。单击"所有关键字"按钮，可以调出它的面板，其内列出曾给当前截图命名的关键字，左边有标志☑的是选中的关键字，如图 3-4-55 所示。

②"标记"组：单击该组内的一个标记图标，即可在"预备"列表框内当前截图小样图案内右下角添加该标记，如图 3-4-56 所示。

③"细节"组：该组内显示当前图像的有关信息，单击"其他详情"按钮，可以弹出"细节"面板，其内显示更多的当前图像的有关信息。单击"确定"按钮，关闭该对话框。

图 3-4-55 "关键字"组　　　　　　图 3-4-56 添加标记

（2）"视图"选项卡：单击"视图"标签，切换到"视图"选项卡，如图3-4-57所示。其中主要有3个组，各组内工具的作用简介如下。

图 3-4-57　"视图"选项卡

①"显示/隐藏"组：选中"网格线"复选框，在当前图像放大为600%或以上时，才能看到图像上的网格。按【Ctrl + G】组合键，可以在显示和隐藏网格之间切换。选中"搜索面板"复选框，可以在软件工作界面右边显示"搜索"面板。在"搜索"面板"日期"选项卡内选中一个日期选项，单击"捕捉库"按钮，可以在"截图"列表框内显示该日期内的所有截图，即显示当前日期的捕捉库。

②"缩放"组：在"截图"列表框内的图像大于"截图"列表框的显示框时，单击"移动"按钮，将鼠标指针移到图像内，鼠标指针呈手抓状，可以拖动移动画面。单击"缩放"按钮，弹出"缩放"菜单，其内列出各种百分比数，单击不同的百分比选项，可以按照该百分比数调整当前画布的大小。单击"100%"按钮，可以将当前画布调整为原大小。

③"窗口"组：在"截图"列表框内显示多个截图图像时，单击"层叠"按钮，可以使这些截图呈层叠状排列；单击"全部重排"按钮，可以在"截图"列表框左上角内显示缩小的捕捉库，其他位置排列显示其他一些截图图像，如图3-4-58所示。

图 3-4-58　全部重排效果

双击捕捉库内的截图图像选项，可以弹出一个窗口，其内显示该截图图像。

单击"切换窗口"按钮，可以弹出"搜索"面板内"日期"选项卡，选中其中的一个日期选项，即可在"截图"列表框内显示该日期范围内的所有截图。

3.4.3 "方案设置"栏和录屏

1．"方案设置"栏和"输入"与"输出"菜单

方案设置可以利用"方案设置"栏和"输入"与"输出"菜单来完成。在"视频捕捉"模式和"图像捕捉"模式下，设置的方法基本一样，其不同点简介如下。

（1）两种"方案设置"栏对比：单击"捕捉"→"模式"→"图像捕捉"命令，选择了"图像捕捉"模式以后，"方案设置"栏如图 3-4-59 所示。单击"捕捉"→"模式"→"视频捕捉"命令，选择了"视频捕捉"模式以后，"方案设置"栏如图 3-4-60 所示。在"方案设置"栏内，将鼠标指针移到按钮之上，会显示按钮的名称。

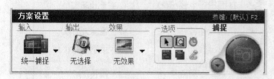 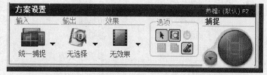

图 3-4-59　"图像捕捉"模式"方案设置"栏　　　　图 3-4-60　"视频捕获"模式"方案设置"栏

在"视频捕捉"模式的"方案设置"栏内，"选项"栏中第 2 行第 1、2 个按钮变为无效，第 3 个"录制音频"按钮变为有效，单击该按钮后，可以在录屏的同时进行录音。

（2）两种"效果"菜单对比：在选择了"视频捕获"模式后，单击"方案设置"栏内的"效果"按钮，弹出"效果"菜单，其内只有一个"标题"命令。在选择了"视频捕获"模式后，单击"方案设置"栏内"效果"按钮，调出"效果"菜单，如图 3-4-61 所示。

利用该菜单命令可以设置截图的效果。例如，单击"效果"→"边框"命令，弹出"边框"对话框，如图 3-4-62 所示。

 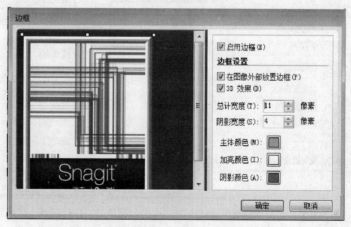

图 3-4-61　"效果"菜单　　　　　　　　图 3-4-62　"边框"对话框

在该对话框内默认选中"启用边框"等3个复选框,调整边框的2种宽度和3种颜色,同时可以在左边的显示框内看到调整数据后边框的效果。单击"确定"按钮,完成边框设置,以后截图会自动添加设置的边框。

(3)"输入"菜单对比:在选择了"图像捕捉"模式后,单击"捕捉"→"输入"命令,建出"输入"菜单,如图3-4-63所示。在选择了"视频捕获"模式后,单击"捕捉"→"输入"命令,弹出"输入"菜单,如图3-4-64所示。对比两种模式下的"输入"菜单,可以看出他们的相同点和不同点。

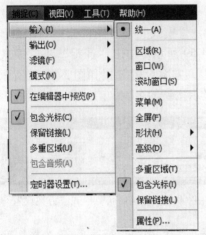 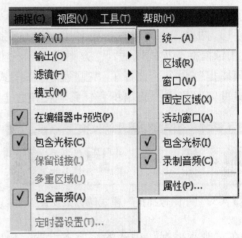

图3-4-63 "图像捕捉"模式下的"输入"菜单　　图3-4-64 "视频捕获"模式下的"输入"菜单

(4)"输出"菜单对比:在选择了"图像捕捉"模式后,单击"捕捉"→"输出"命令,弹出"输出"菜单,如图3-4-65所示。在选择了"视频捕获"模式后,单击"捕捉"→"输出"命令,弹出"输出"菜单,如图3-4-66所示。对不两种模式下的"输出"菜单,可以看出他们的相同点和不同点。

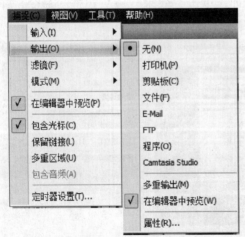 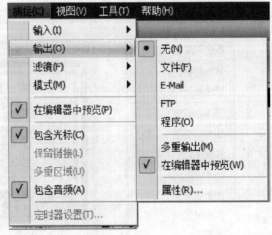

图3-4-65 "图像捕捉"模式下的"输出"菜单　　图3-4-66 "视频捕获"模式下的"输出"菜单

在"图像捕捉"和"视频捕捉"模式下,单击"输入"→"属性"命令,可以弹出不同的"输入属性"对话框，利用该对话框可以进行更详细的输入属性设置。单击"输出"→"属性"命令，可以输出不同的"输出属性"对话框，利用该对话框可以进行更详细的输出属性设置。

在"方案设置"栏内单击"输入"按钮，弹出的"输入"菜单，类似图 3-4-63 或图 3-4-64 所示；单击"输出"按钮，弹出"输出"菜单，也类似图 3-4-65 或图 3-4-66 所示。

2. 录屏方法

（1）调出要录屏的画面，例如，"克克 MP3 录音软件"软件窗口。

（2）调出中文 SnagIt10.0 软件，单击"捕捉"→"模式"→"视频捕捉"命令，如果原来设置的不是"视频捕捉"模式，则会弹出"切换捕捉"提示框，单击"确定"按钮，完成"视频捕捉"模式的设置。

（3）在 SnagIt 工作界面内右边"预设方案"栏内，选中"录屏"栏内的"区域 2"方案，将鼠标指针移到该图案之上，会显示他的方案设置情况，该方案设置的模式为"视频捕捉"，输入属性设置为"区域"、包含鼠标指针和录制声音，输出属性设置为文件、输出文件格式为 AVI 和自动配置，热键为【F2】。

（4）如果要增加其他热键，可单击"程序"→"程序参数设置"命令，弹出"程序参数设置"对话框，切换到"程序选项"选项卡，不选中"在捕捉前隐藏 SnagIt"复选框；切换到"热键"选项卡，在"全局捕捉"栏内不选中三个复选框，在列表框内选中 F2，单击"确定"按钮，关闭"程序参数设置"对话框，完成热键【F2】的设置。

（5）单击"捕获"按钮、按【F2】键或按【Ctrl + Shift + P】组合键，鼠标指针呈交叉的十字线状，选中"克克 MP3 录音软件"窗口区域，此时弹出"Snagit 标题"对话框，如图 3-4-67 所示。在该对话框内的文本框中输入"录屏 1"，再单击"确定"按钮，关闭该对话框，同时弹出"Snagit 视频捕捉"对话框，如图 3-4-68 所示。

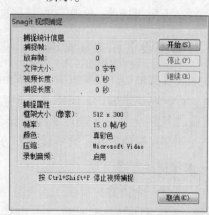

図 3-4-67　"Snagit 标题"对话框　　　　图 3-4-68　"Snagit 视频捕捉"对话框

（6）在"Snagit 视频捕捉"对话框内，在"捕捉统计信息"栏内显示"捕捉帧""文件大小""视频长度"等信息数据，此时还都为 0；在"捕捉属性"栏内显示"框架大小（像素）"的值、帧频、录制音频是否启动等信息；在下边显示框内提示按【Ctrl + Shift + P】

组合键，可停止视频的捕捉。

（7）单击"Snagit 视频捕捉"对话框内的"开始"按钮，即可开始录制选定范围内的动态画面，包括鼠标指针的移动等。录制完后，按【Ctrl + Shift + P】组合键，停止视频的捕捉。同时弹出"Snagit 视频捕捉"对话框，如图 3-4-69 所示。单击"停止"按钮，关闭该对话框，同时弹出"Snagit 编辑器"窗口"视频"工具的"控制"选项卡，并在其内打开录制的视频，如图 3-4-70 所示。

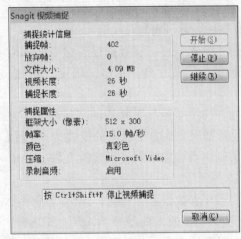

图 3-4-69　"Snagit 视频捕捉"对话框　　　图 3-4-70　"Snagit 编辑器"窗口的"控制"选项卡

（8）在该窗口内的菜单栏下边有一个工具栏。左边 7 个按钮构成视频播放器，右边是"保存帧"按钮，单击该按钮，会弹出"另存为"对话框，利用该对话框可以将当前画面保存为图像。单击视频播放器内的按钮，可以控制视频的播放。

（9）单击"Snagit 视频播放器"窗口内左上角的按钮，弹出它的菜单，单击该菜单内的"另存为"对话框，利用该对话框即可将录制的视频保存为 AVI 文件。

3.4.4　方案设置和方案管理

方案设置就是捕捉方案设置，主要包括输入和输出方式设置，是否捕捉鼠标指针和是否同步录音，以及添加什么图像效果和是否添加视频标题等。方案管理就是对"方案设置"栏中提供的各种设置方案进行删除、修改，以及新建其他方案。可以将新建的方案保存，可以导入外部保存的方案。方案设置和方案管理的方法简介如下。

1．图像捕捉方案设置

（1）新建一个方案：单击"方案"栏内工具栏中的"使用向导创建方案"按钮，弹出"新添加方案向导"对话框，单击选中左边的图标，设置相应的捕捉模式，此处单击"图像捕捉"按钮，设置"图像捕捉"模式，如图 3-4-71 左图所示。

（2）单击"下一步"按钮，弹出下一个"新添加方案向导"对话框，如图 3-4-71 右图所示。在该对话框内单击按钮 ▼，弹出与图 3-4-63 所示类似的菜单，利用该菜单可以设置"输入"属性，此处选中"区域"选项。

（3）单击"属性"按钮，弹出"输入属性"对话框，利用该对话框也可以设置输入属性，主要是"常规"和"固定区域"选项卡的设置，如图 3-4-72 所示。单击图 3-4-63 所示"图像捕捉"模式下"输入"→"属性"命令，弹出的"输入属性"对话框与图 3-4-72 所示一样。

（4）单击"下一步"按钮，弹出下一个"新添加方案向导"对话框，如图 3-4-73 所示。在该对话框内，单击按钮▼，弹出它的菜单，它与图 3-4-65 所示基本一样，利用该菜单可以设置"输出"属性，此处选中"无选择"和"在编辑器中预览"选项。

 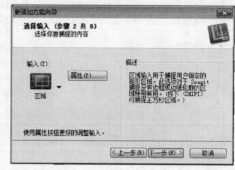

图 3-4-71　"新添加方案向导"对话框

（5）单击"属性"按钮，弹出"输出属性"对话框的"图像文件"选项卡，如图 3-4-74 所示，利用该对话框也可以设置输出属性。单击图 3-4-65 所示"图像捕捉"模式下"输出"→"属性"命令，弹出的"输出属性"对话框与图 3-4-74 所示一样。

图 3-4-72　"输入属性"对话框

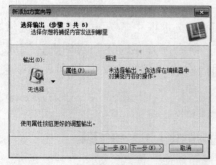 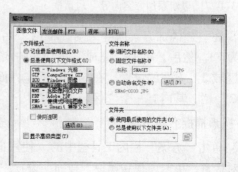

图 3-4-73　"新添加方案向导"对话框　　图 3-4-74　"输出属性"对话框

（6）单击"下一步"按钮，弹出下一个"新添加方案向导"对话框，如图 3-4-75 所示。在该对话框内，单击前两个按钮。单击"下一步"按钮，弹出下一个"新添加方案向导"对话框，如图 3-4-76 所示，用来进行截图图像的效果设置。

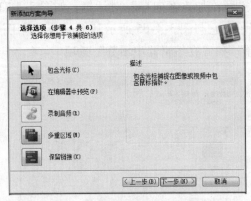

图 3-4-75　"新添加方案向导"对话框 1　　　图 3-4-76　"新添加方案向导"对话框 2

（7）单击"下一步"按钮，弹出下一个"新添加方案向导"对话框，如图 3-4-77 所示。单击"添加组"按钮，弹出"添加新组"对话框，在其内的文本框中输入组名称"组 2"，如图 3-4-78 所示。单击"确定"按钮，关闭该对话框。

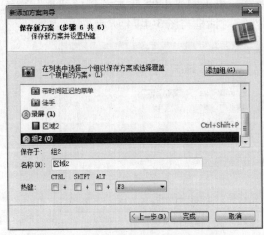
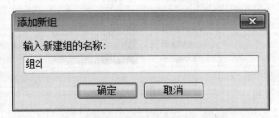

图 3-4-77　"新添加方案向导"对话框 3　　　图 3-4-78　"添加新组"对话框

（8）在"新添加方案向导"对话框内"名称"文本框中输入方案名称"区域 2"，设置热键为 F3。然后，单击"完成"按钮，关闭"新添加方案向导"对话框，完成"组 2"栏内"区域 2"方案的设置。在 SnagIt 工作界面内右边"预设方案"栏列表框中会增加一个"组 2"栏，其内有一个"区域 2"方案。

2. 视频捕捉方案设置

（1）单击"方案"栏内工具栏中的"使用向导创建方案"按钮，弹出"新添加方案向导"对话框，单击"视频捕捉"按钮，设置"视频捕捉"模式，如图 3-4-79 所示。

（2）单击"下一步"按钮，弹出下一个"新添加方案向导"对话框，如图 3-4-80 所示。在该对话框内，单击按钮 ▼，弹出它的菜单，它与图 3-4-64 所示基本一样，利用该菜单可以设置"输入"属性，此处选中"统一捕捉""包含光标"和"录制音频"选项。

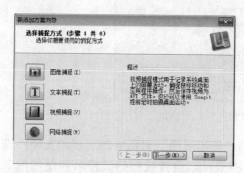 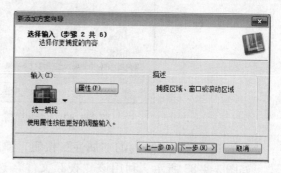

图 3-4-79　"新添加方案向导"对话框 1　　　　图 3-4-80　"新添加方案向导"对话框 2

（3）单击该对话框内的"属性"按钮，弹出"输入属性"对话框的"固定区域"选项卡，如图 3-4-81 左图所示，切换到"视频捕捉"选项卡，图 3-4-81 右图所示。利用该对话框可以精确确定选择矩形框的宽度和高度，选中"使用固定起始点"复选框后，下边的两个文本框会变为有效，用来精确确定选择矩形框左上角的坐标位置。

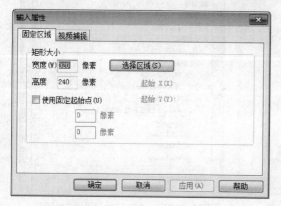 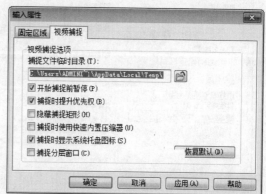

图 3-4-81　"插入属性"对话框

在"固定区域"选项卡内，单击"选择区域"按钮，鼠标指针变为十字线状，选中录屏的矩形范围，例如"克克 MP3 录音软件"的工作界面，然后自动回到"输入属性"对话框的"固定区域"选项卡，可以看到该栏内的 2 个文本框中的数值都发生了变化，给出了新设置的录屏范围的宽度、高度，以及矩形左上角（即起始点）的坐标值。

在"视频捕捉"选项卡内单击按钮 📁，弹出"浏览文件夹"对话框，利用该对话框可以选择录屏中存放临时文件的文件夹。通常可以采用默认选择。

（4）单击该对话框内的"确定"按钮，关闭"输入属性"对话框，弹出下一个"添加新方案向导"对话框，如图 3-4-82 所示。

单击按钮 ▼，弹出它的菜单，与图 3-4-66 所示基本一样，利用该菜单可以设置"输出"属性，此处选中"未选择"和"在编辑器中预览"选项。

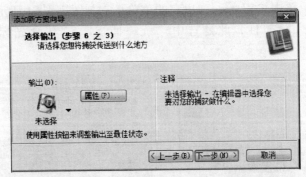

图 3-4-82 　"添加新方案向导"对话框

（5）单击该对话框内的"属性"按钮，弹出"输出属性"对话框的"视频文件"选项卡，如图 3-4-83 所示。利用该"视频文件"选项卡可以设置视频的文件名和使用的文件夹，以及音频的属性设置等。单击按钮📂，弹出"浏览文件夹"对话框，如图 3-4-84 所示。利用该对话框可以选择录屏中存放文件的文件夹，单击"确定"按钮，完成设置，关闭该对话框，回到图 3-4-83 所示，其中按钮📂左边下拉列表框中的路径已经改变。

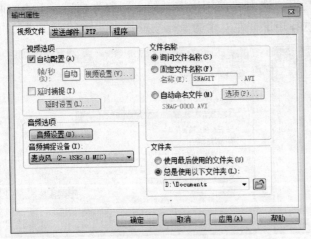

图 3-4-83 　"视频文件"选项卡

图 3-4-84 　"浏览文件夹"对话框

（6）切换到"程序"选项卡，如图 3-4-85 所示。在"请选择要输出的程序"列表框中选择一个视频播放软件，如果没有需要的视频播放软件，利用该列表框右边的按钮可以添加、编辑和删除该列表框内的视频播放软件。

（7）单击"选择"按钮，弹出"自动命名文件"对话框，在"文件名组成"列表框中选中"自动编号"选项，在"前缀文字"文本框内输入前缀字符，例如"TU"；在"数值"数字框内输入 2，表示自动编号数字为 2 位；在"起始数"数字框内输入 1，表示自动编号从 1 开始，如图 3-4-86 所示。

（8）单击该对话框内的"确定"按钮，关闭"自动命名文件"对话框，回到"输出属性"对话框的"程序"选项卡，再单击"确定"按钮，关闭"输出属性"对话框，回到图 3-4-82所示的"添加新方案向导"对话框。

图 3-4-85　"程序"选项卡

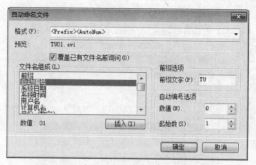

图 3-4-86　"自动命名文件"对话框

（9）单击该对话框内的"下一步"按钮，进入"新添加方案向导"对话框，如图 3-4-87 所示。单击其内的 3 个按钮，表示录屏中包含鼠标指针、录屏后开启预览窗口及录屏的同时录制音频。

（10）单击该对话框内的"下一步"按钮，进入下一个"新添加方案向导"对话框，其内只有一个"滤镜"按钮，单击该按钮，弹出它的下拉列表框，其内只有"标题"命令。单击该命令，弹出"视频标题"对话框，如图 3-4-88 所示。利用该对话框可以设置视频标题，此处选中"启用标题"复选框，在文本框中输入"录屏 1"作为标题。单击"确定"对话框，关闭"视频标题"对话框回到"新添加方案向导"对话框。

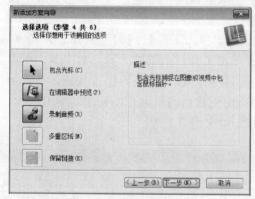

图 3-4-87　"新添加方案向导"对话框

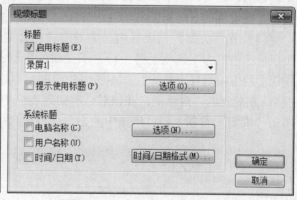

图 3-4-88　"视频标题"对话框

（11）单击该对话框内的"下一步"按钮，进入下一个"添加新方案向导"对话框，如图 3-4-89 所示（还没设置）。单击"添加"按钮，弹出"添加新组"对话框，在该对话框内文本框中输入新组名称，例如"录屏组 1"，如图 3-4-90 所示。单击"确定"按钮，关闭该对话框，回到"新添加方案向导"对话框，在其内列表框中增加了"录屏组 1"组。

（12）在"名称"文本框中输入方案的名称，例如"统一捕捉"。再设置热键为【Ctrl＋P】组合键，单击"完成"按钮，关闭"新添加方案向导"对话框。此时，可以看到在 SnagIt 软件工作界面"方案设置"栏中增加了一个"录屏组 1"组，其内有一个名称为"统一捕捉"的方案按钮。

图 3-4-89　"新添加方案向导"对话框　　　　图 3-4-90　"添加新组"对话框

3. 方案管理

下面介绍的方案管理主要包括方案的删除、修改、导入和导出等。简介如下。

（1）在 SnagIt 工作界面内左边"相关任务"栏内，单击"管理方案"按钮📁，或者单击"方案"栏内工具栏中的"管理配置文件"按钮，都可以弹出"管理方案"对话框。

（2）在该对话框的"方案"列表框内显示出所有方案组合个组内的方案，其中就有刚刚创建的"录屏组 1"组和其内的"统一捕捉"设置方案，如图 3-4-91 所示。选中其内的不同选项，就可以选中该捕捉设置方案，此处选中"统一捕捉"方案，对话框内会显示出这种方案设置的一些属性。

（3）在"方案"列表框内选中要编辑的方案选项，单击工具栏内的"上移"按钮⬆，可以使选中的方案选项上移一行，不受组的限制；单击工具栏内的"下移"按钮⬇，可以使选中的方案选项下移一行，不受组的限制；单击工具栏内的"移动到组"按钮🔄，弹出"移动方案到组"对话框，在该对话框的列表框中选中要移到的组名称，如图 3-4-92 所示，单击"确定"按钮，即可将选中的方案选项移到指定的组内最上边。

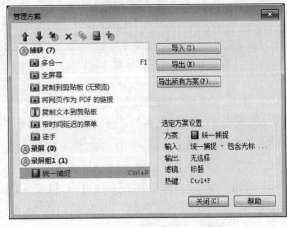

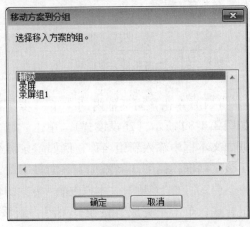

图 3-4-91　"管理方案"对话框　　　　图 3-4-92　"移动方案到组"对话框

（4）单击"删除"按钮 ✖，可以删除选中的方案选项或选中的组；单击"重命名"按钮 ✎，弹出"重命名方案"对话框，如图 3-4-93 所示，在该对话框内的文本框中可以输入新名称，再单击"确定"按钮，即可将选中的方案选项更名。

（5）单击"设置热键"按钮 ▤，弹出"更改方案热键"对话框，如图 3-4-94 所示。在该对话框内设置好热键，单击"确定"按钮，即可更改热键。

图 3-4-93　"重命名分组"对话框

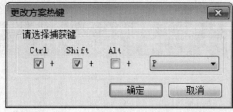

图 3-4-94　"更改方案热键"对话框

（6）单击"管理方案"对话框内的"导出所有方案"按钮，弹出"导出所有方案为"对话框，如图 3-4-95 所示。可以设置一个文件夹用来保存方案文件（扩展名为".snagprof"），此处设置名称为"方案"的文件夹，以后无论导入或导出方案，弹出的对话框默认的文件夹都是"方案"文件夹。在"文件名"文本框内内默认"所有方案.snagprof"，单击"导出"按钮，即可将"方案"栏内的所有方案保存在"所有方案.snagprof"文件中。

（7）在"管理方案"对话框"方案"栏内选中一个组名称，单击"导出"按钮，会弹出"导出组为"对话框，利用该对话框可

图 3-4-95　"导出所有方案为"对话框

以将选中的组和组内所有方案以指定的名称保存。选中一个方案名称，单击"导出"按钮，会弹出"导出方案为"对话框，它和图 3-4-95 所示基本一样，利用该对话框可以将选中的方案以指定的名称保存。

（8）单击"导入"按钮，会弹出"导入方案"对话框，利用该对话框可以将在该对话框内选中的方案导入到 SnagIt 工作界面"方案"列表框内。

思考与练习

操作题

1. 使用 Windows 录音机软件录制一段唐诗。

2. 了解、下载和安装"克克 MP3 录音"软件。启动"克克 MP3 录音软件"软件，该

软件的窗口如习题图 1 所示。利用该软件进行录音的提示如下：

（1）"频率"下拉列表框如习题图 2 左图所示，用来确定采样频率。"位数"下拉列表如习题图 2 右图所示，用来确定采样位数。

（2）单击"录音"按钮，对着进行录音，此时的"克克 MP3 录音"软件窗口内显示录音进行的时间。录音后单击"停止"按钮。单击"播放"按钮，可以播放刚录制的声音。

习题图 1　"克克 MP3 录音"软件窗口　　　习题图 2　"频率"和"位数"下拉列表框

（3）单击"保存为 WAV"按钮，弹出"保存为 WAV 格式"对话框，将录音以输入的名称（扩展名为 . WAV）保存。单击"保存为 MP3"按钮，弹出"保存为 MP3 格式"对话框，利用该对话框可以将录音的声音在指定文件夹内以输入的名称（扩展名为 . MP3）保存。

3. 使用"蓝光影音 Mp3 录音机"软件进行录音，以名称"声音 1. mp3"保存。使用"超级 MP3 录音机"软件录制一段音乐，并进行简单的编辑，再以名称"声音 2. wav"保存。

4. 使用"红蜻蜓抓图精灵"软件将屏幕中的部分画面截取出来，并给该图像添加一个框架和输入标题文字。截取 Word 的工作区画面，再以"Word 画面 1. jpg"保存。

5. 使用 SnagIt 软件将"超级 MP3 录音机"软件窗口画面截取，并给该图像添加一个框架和输入文字，然后以"超级 MP3 录音机画面 1. jpg"名称保存。

6. 使用"录屏大师"软件录制网上播放的一段视频，再以名称"视频 1. avi"保存。

7. 使用 ZD Soft Screen Recorder 软件将一个软件的一项操作过程录制下来，再以名称"视频 2. avi"保存。同时将操作过程中的一幅画面以名称"图像 1. jpg"保存。

8. 使用 ZD Soft Screen Recorder 软件将一个 Windows 游戏软件的操作过程录制下来，以名称"游戏 1. avi"保存。同时将操作过程中的一幅画面以名称"图像 2. jpg"保存。

9. 使用中文 SnagIt10. 0 录屏软件将一个 Windows 游戏软件的操作过程录制下来，再以名称"游戏 2. avi"保存。

第4章 音/视频文件格式转换和简单编辑

本章主要介绍一些音频和视频文件格式转换及简单编辑软件的使用方法，这类软件种类很多，本章介绍的软件都是目前比较流行的中文软件，其中大部分软件都是免费软件。本章介绍的音频软件有 FairStars Audio Converter 音频格式转换器、音频编辑专家等软件。本章介绍的视频软件有格式工厂和视频编辑专家等。

4.1 音频格式转换

音频文件的格式种类很多，常常需要进行音频格式的相互转换，进行格式转换的软件很多，下面简要介绍其中几款中文软件的功能。

4.1.1 "音频编辑专家8.2"软件的格式转换

1. "音频编辑专家8.2"软件简介

"音频编辑专家"软件是锐动天地网站推出的国产免费产品，是一款操作简单、功能强大、界面漂亮的音频编辑软件。"音频编辑专家"软件和其他 8 款软件都可以在"锐动天地"网站下载，该网站提供的软件均与数字媒体有关，全部是国产中文免费软件。该网站还提供了相关的论坛、新闻和简要教程。"锐动天地"网站的网址是"http：//www.17rd.com"。"音频编辑专家"软件的较新版本是音频编辑专家 8.2，支持 Windows NT/2003/XP/Vista 和 Windows 7/8 等系统操作系统。该软件的功能简介如下。

（1）音乐格式转换：在不同的音频格式之间互相转换。

（2）音乐分割：把一个音频文件分割成几段。

（3）音乐截取：把音频文件截取出精华的一段，用其他文件名保存。

（4）音乐合并：把多个不同或相同的音频文件合并成一个音频文件。

（5）音乐光盘刻录：将计算机中保存的各种格式音频文件刻录到光盘中。

（6）iphone 铃声制作：可以用来制作 iPhone 手机的铃声音频文件。

（7）CD 音乐提取：从 CD 中提取音乐，并将它转换为一种音乐格式文件。

（8）MP3 音量调整：将多个 MP3 格式文件的音量调整成一致。

本节只介绍音乐格式转换的具体操作方法。下一节将介绍其他音频编辑方法。

2. 音频格式转换

（1）安装"音频编辑专家8.2"软件后，双击桌面上的"音频编辑专家8.2"图标，启动"音频编辑专家8.2"软件，该软件窗口的"编辑工具"选项卡如图4-1-1所示，有6个与音频有关的工具按钮，单击这些按钮，可以分别弹出相应的工具窗口。

图4-1-1 "音频编辑专家8.2"软件窗口

（2）单击"音乐格式转换"按钮，弹出"音乐转换"窗口"添加要转换的音频文件"选项卡，如图4-1-2所示（还没有添加音频文件）。

图4-1-2 "添加要转换的音频文件"选项卡

（3）单击"添加"按钮，弹出"打开"对话框，如图4-1-3左图所示（还没有选中音频文件），单击"音频文件类型"下拉按钮，弹出它的列表框，如图4-1-3右图所示。

选中列表框内的文件类型选项，在"文件"列表框内选中一个或多个要转换格式的音频文件（此处选中3个音频文件），单击"打开"按钮，即可将选中的文件添加到"音乐转换"窗口内左边的列表框中，如图4-1-2所示。

如果要同时添加多个连续排列的多个文件，可以按住【Shift】键，单击连续排列的多个文件中的第1个文件和最后一个文件，选中这些连续排列的多个文件；如果要同时添加多个不连续排列的多个文件，可以按住【Ctrl】键，多次单击要添加的文件。

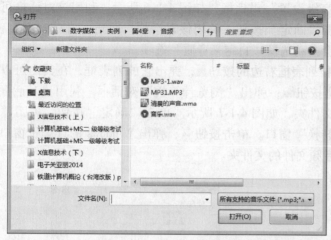

图 4-1-3　"打开"对话框和"音频文件类型"列表框

（4）在"音乐转换"窗口内单击"删除"按钮，可以删除列表框中选中的音频文件；单击"清空"按钮，可将列表框中所有音频文件删除；单击"文件信息"按钮，弹出"文件信息"对话框，其内显示选中的音频文件的有关信息。

（5）音频文件列表框右边是音乐播放器，单击"播放"按钮后，可以在黑色窗口内显示选中音频文件的播放波形，同时播放该音乐。单击按钮📢，弹出音量调整滑槽和滑块，拖动滑块可以调整播放声音的大小。拖动进度条中的滑块◯，可以调整音乐播放位置，如图 4-1-4 所示。在音乐播放器内还显示音频文件的名称和播放的时间。

（6）单击"下一步"按钮，弹出下一个"音乐转换"窗口，自动切换到"进行转换设置"选项卡，如图 4-1-5 所示（还没有设置输出目录和输出格式）。在"输出格式"下拉列表框中可以选择要转换的音频格式，即输出的音频文件的格式。在"输出质量"下拉列表框中可以选择输出的音频文件的质量，该列表框中有"保持音质""CD 音质""好音质"和"自定义音质"等选项。

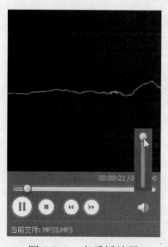

图 4-1-4　音乐播放器

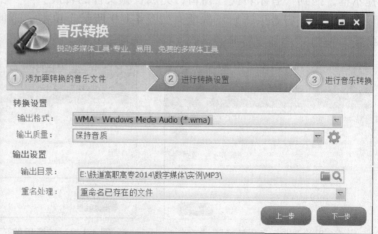

图 4-1-5　"进行转换设置"选项卡

（7）单击按钮✿，弹出"高级设置"对话框，如图 4-1-6 所示。利用该对话框可以设置输出的音频文件的属性。单击"确定"按钮，关闭该对话框，回到"音乐转换"窗口，在"输出质量"下拉列表框中会自动选择"自定义音质"选项。

（8）单击"输出格式"下拉列表框右边的按钮▤，弹出它的列表框，在其内可以选择一种转换的音频文件格式。单击按钮▤，弹出"浏览计算机"对话框，利用该对话框，可以选择保存输出的音频文件的文件夹，如图 4-1-7 所示。单击"确定"按钮，关闭"浏览计算机"对话框，回到"音乐转换"窗口。单击按钮🔍，弹出 Windows 的计算机窗口，在该窗口内也可以选择保存输出音频文件的文件夹。

图 4-1-6 "高级设置"对话框

图 4-1-7 "浏览计算机"对话框

（9）单击"音乐转换"窗口内的"下一步"按钮，开始进行音频文件的格式转换，此时"音乐转换"窗口切换到"进行音乐转换"选项卡，如图 4-1-8 所示，其内显示当前转换文件的进度和总进度。如果只添加了一个要转换格式的音频文件，则当前进度和总进度的百分数是一样的。

（10）转换完后，会显示一个"转换结果"提示框，单击其内的"确定"按钮，关闭提示框，回到"音乐转换"窗口，完成音频文件的转换。

此时"进行音乐转换"选项卡如图 4-1-9 所示。单击"返回"按钮，可以回到"音乐转换"窗口"添加要转换的音频文件"选项卡状态。

图 4-1-8 "进行音乐转换"选项卡

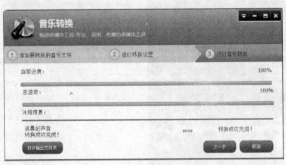

图 4-1-9 转换后的"进行音乐转换"选项卡

4.1.2　几款音频格式转换软件应用

1. FairStars Audio Converter 软件音频文件的格式转换

FairStars Audio Converter 是一款音频格式转换器软件，它可以将 WAV、MP3、RAM 音频和视频多种格式的文件转换为 WMA、MP3、AAC、AMR、AWB、VQF、OGG、FLAC、APE 或 WAV 音频格式文件。该软件内有音频播放器，可以实时预听音频文件。它可以单独设置每个文件的转换属性，支持转换时调整音量、保留原文件标签，支持以不生成临时文件方式的高速转换，支持批量转换，自动关机等。该软件的使用方法简介如下。

（1）启动该软件后，FairStars Audio Converter 工作界面如图 4-1-10 所示（还没有添加文件）。可以看到，状态栏内显示当前的工作状态，选中文件的路径和文件名称等。

图 4-1-10　FairStars Audio Converter 工作界面

（2）单击"添加文件"按钮，弹出"打开文件"对话框，如图 4-1-11 所示。单击"文件类型"下拉按钮，弹出它的下拉列表框，如图 4-1-12 所示，在该列表框内选择一个文件类型选项；在左边的列表框中选择保存音频文件的文件夹，在右边的列表框内选中要添加的一个或多个音频文件（此处选中一个音频文件）。然后，单击"打开"按钮，将选中的音频文件添加到 FairStars Audio Converter 工作界面内的列表框中（见图 4-1-10）。

图 4-1-11　"打开文件"对话框

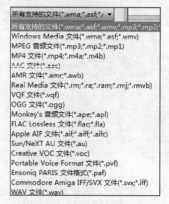

图 4-1-12　文件类型列表

（3）单击"播放当前文件"按钮，可以播放列表框中选中的音频文件；单击"停止播放"按钮，可以停止音频文件的播放；单击"暂停"按钮，可以暂停播放音频文件；单击"播放上一个文件"按钮，可以播放列表框内的下一个音频文件；单击"播放下一个文件"按钮，可以播放列表框内的上一个音频文件。

（4）单击"转换为"下拉按钮，弹出它的列表框，如图 4-1-13 所示。选中该下拉列表框内的一种转换类型选项，例如选中 WAV 选项。

（5）单击工具栏内的"选项"按钮，弹出"选项"对话框，选中左边列表框内的"常规"选项，如图 4-1-14 所示。

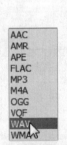

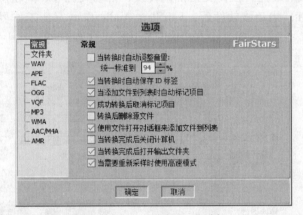

图 4-1-13　转换类型列表框　　　　　图 4-1-14　"常规"选项卡

（6）选中左边列表框内的"文件夹"选项，在其右边进行设置，如图 4-1-15 所示（目前还没没有设置）。选中"输出文件夹"栏内的"指定"单选按钮，单击其右边的按钮，弹出"浏览文件夹"对话框，选择输入文件夹，如图 4-1-16 所示。

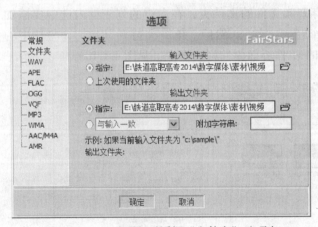

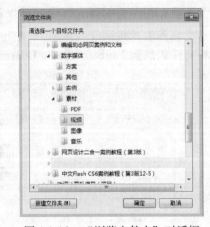

图 4-1-15　"选项"对话框"文件夹"选项卡　　　图 4-1-16　"浏览文件夹"对话框

（7）单击该对话框内的"确定"按钮，关闭该对话框，此时"选项"对话框"文件夹"选项卡"输入文件夹"栏的文本框中会显示选中文件夹的路径，如图 4-1-15 所示。

（8）选中"选项"对话框"文件夹"选项卡内"输出文件夹"栏内的第 2 个单选按钮，其右边的下拉列表框如图 4-1-17 所示，用来设置输出文件夹的位置，选中"与输入一致"选项。如果选中"指定"单选按钮，也可以单击其右边的按钮 🗁，弹出"浏览文件夹"对话框，选择输出文件夹。

（9）单击"选项"对话框内左边列表框中的其他选项，右边会显示相应的音频文件格式属性的设置选项。例如，选中"WAV"选项后的"选项"对话框如图 4-1-18 所示。在 3 个下拉列表框中可以分别设置"采样频率""采样位数"和"声道"音频属性。

（10）各种选项设置完成后，单击"确定"按钮，关闭"选项"对话框，回到 Fair Stars Audio Converter 工作界面。单击其内的"开始"按钮，即可开始进行音频文件的格式转换。完成转换后会弹出如图 4-1-19 所示的提示对话框。

（11）单击提示框内的"确定"按钮，关闭提示框，调出保存转换文件的文件夹，可以看到转换后的音频文件。此时还可以单击 FairStars Audio Converter 工作界面内的"添加文件"按钮，调出"打开文件"对话框，利用该对话框打开转换后的音频文件。然后，单击"播放当前文件"按钮 ▶，可以播放刚刚转换后的音频文件。

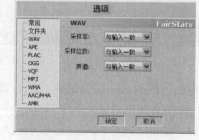

图 4-1-17　列表　　　　图 4-1-18　"选项"对话框

图 4-1-19　提示对话框

2. "格式工厂"软件的音频格式转换

格式工厂（Format Factory）是一款免费的万能多媒体格式转换器，几乎可以将所有格式类型的音频文件转换为 MP3、WMA、MM、AMR、OGG、M4A 或 WAV 格式的音频文件；可以将各种类型格式的图像文件转换为 JPG、BMP、PNG、TIF、ICO、GIF、TGA 等格式图像文件；可以将各种类型格式的视频文件转换为 MP4、AVI、3GP、RMVB、GIF、WMV、MKV、MPG、VOB、MOV、FLV 和 SWF 格式的视频文件。

在图像格式文件转换过程中，支持缩放、旋转、数码水印等功能。在视频格式文件转换过程中，可以修复某些损坏的视频文件，媒体文件压缩，提供视频的裁剪，支持 iPhone、iPod、PSP 等媒体指定格式，支持音频、视频合并和混流。可进行多媒体文件减肥，可支持多国语言。另外，它还具有刻录影碟光盘、刻录音乐光盘、光盘备份与复制、制作光盘映像、刻录光盘映像等功能。支持从 DVD 复制视频文件，DVD 视频抓取功能，轻松备份 DVD 到本地硬盘，支持从 CD 复制音频文件。

（1）安装"格式工厂 3.6.0"软件后，双击桌面上的"格式工厂 3.6.0"图标，启动该软件。"格式工厂 3.6.0"软件界面如图 4-1-20 所示，可以看到，左边有"视频""音频""图片""光驱设备＼DVD＼CD＼ISO"和"高级"5个标签,单击标签,左边栏会切换到相应的选项卡。切换到不同的选项卡,可以在列表框中列出相应的工具,用于完成相应的工作。默认选中"视频"选项卡。

(2)单击左边列表框内的"音频"标签,将"格式工厂 3.6.0"软件界面切换到"音频"选项卡,如图 4-1-20 所示。

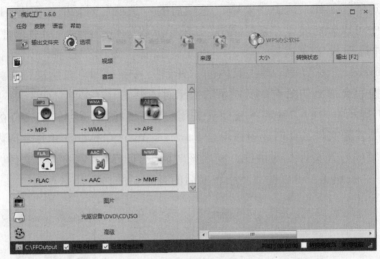

图 4-1-20   "格式工厂 3.6.0"软件界面"音频"选项卡

(3)如果要将导入的音频文件格式转换为某一种音频格式的音频文件,可以单击左边列表框内的相应按钮。例如,将导入的音频文件格式转换为"WMA"格式,可以单击左边列表框内的"WMA"按钮,弹出"WMA"窗口,如图 4-1-21 所示(还没有添加音频文件)。

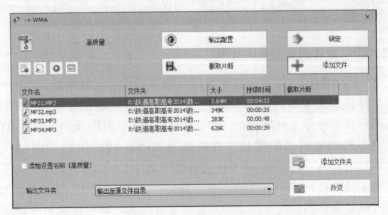

图 4-1-21   "WMA"窗口

(4)单击右下方的"添加文件夹"按钮,弹出"添加目录里的文件"对话框,如图 4-1-22 所示。单击该对话框内的"浏览"按钮,弹出"浏览文件夹"对话框,在该对话框内选中要添加的音频文件所在的"音频"文件夹,如图 4-1-23 所示,单击"确定"按钮,关闭该对话框,将选中的"音频"文件夹路径添加到"添加目录里的文件"窗口内的文本框中,如图 4-1-22 所示。

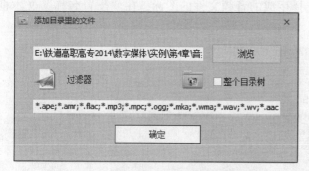

图 4-1-22　"添加目录里的文件"对话框

图 4-1-23　"浏览文件夹"对话框

（5）单击"添加目录里的文件"窗口内的"确定"按钮，关闭该对话框，将选中的"音频"文件夹内的音频文件添加到"WMA"窗口内的列表框中，如图 4-1-21 所示。

（6）单击"添加文件"按钮，弹出"打开"窗口，利用该窗口可继续在"WMA"窗口内的列表框中添加要转换格式的音频文件。

单击"WMA"窗口内列表框上边的"移除"按钮，可以将选中的音频文件从列表框中删除；单击"清空列表"按钮，可以将列表框中所有的音频文件删除；单击"多媒体文件信息"按钮，可以弹出一个"多媒体文件信息"对话框，将列表框中选中的音频文件信息显示出来。采用上述方法，在"WMA"窗口内的列表框中只保留扩展名为".mp3"的 4 个音频文件。

（7）选中列表框中的"MP31.MP3"音频文件，单击"截取片断"按钮，弹出"截取片断"对话框，如图 4-1-24 所示（还没有设置）。单击"播放"按钮，播放"音乐.wav"音频文件，同时该按钮会变为"暂停"按钮。当播放到要保留的一段音乐的起始位置处时，单击"开始时间"按钮，即可在其下边的文本框内显示当前起始的时间；当播放到要保留的一段音乐的终止位置处时，单击"结束时间"按钮，即可在其下边的文本框内显示当前终止的时间，如图 4-1-24 所示。

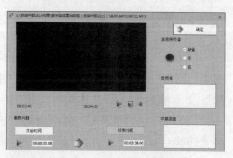

图 4-1-24　"截取片断"对话框

单击"停止"按钮，可以停止播放音乐；单击按钮，可以静音，同时该按钮变为，单击按钮，可以恢复播音。在"源音频频道"栏内选中不同的单选按钮，可以选择对不同的声道进行处理。单击"开始时间"按钮下边的"播放"按钮，可以使播放指针回到起始的时间位置并开始播放；单击"结束时间"按钮下边的"播放"按钮，可以使播放指针回到结束的时间位置并开始播放。

（8）单击"截取片断"窗口内的"确定"按钮，关闭该窗口，回到"WMA"窗口，在选中的音频文件的"截取片段"栏内会显示截取的时间范围，如图 4-1-25 所示。

（9）单击"WMA"窗口内的"输出配置"按钮，弹出"音频设置"对话框，如图 4-1-26 所示。单击该对话框内的"另存为"按钮，弹出"自定义"对话框，如图 4-1-27

所示。在"图标"下拉列表框中可以选择生成的音频文件的图标,在"配置名称"文本框内可输入音频配置保存的名称。

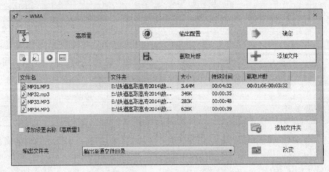

图 4-1-25 "WMA"窗口

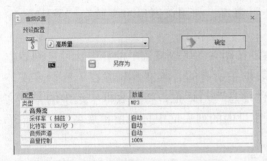

图 4-1-26 "音频设置"对话框

图 4-1-27 "自定义"对话框

(10)单击"自定义"对话框内的"确定"按钮,调出"Format Factory"对话框,如图 4-1-28 所示,单击其内的"确定"按钮,将音频设置以"自定义"对话框中"配置名称"文本框内输入的名称保存,供以后使用,关闭"Format Factory"对话框。

(11)单击"WMA"窗口内的"改变"按钮,弹出"浏览文件夹"对话框,用来设置格式转换后的音频文件的保存位置,如图 4-1-29 所示。单击该对话框内的"确定"按钮,完成设置,在"WMA"窗口内的"输出文件夹"下拉列表框的文本框中显示该文件夹的目录,关闭该对话框。在该下拉列表框中还可以选择其他的保存目录。

(12)单击"WMA"窗口内的"确定"按钮,关闭该窗口,回到"格式工厂 3.6.0"软件界面"音频"选项卡,可以看到其内添加了要进行格式转换的音频文件的目录和文件名,如图 4-1-30 所示。单击"开始"按钮,即可开始进行音频文件的格式转换,同时显示各文件的格式转换进度。

另外,还可以采用下面介绍的方法进行音频文件的格式转换。

(1)打开计算机或资源管理器窗口,找到要进行格式转换的音频文件所在的文件夹。选中要进行格式转换的音频文件,将它们拖动到"格式工厂 3.6.0"软件界面"音乐"选项卡内右边的列表框中,此时会弹出"Format Factory"对话框,如图 4-1-31 所示。

(2)在列表框内选中要转换的音频文件格式;单击"改变"按钮,弹出"浏览文件夹"对话框,用来设置转换格式后的音频文件保存的目录。

图 4-1-28 "Format Factory"对话框

图 4-1-29 "浏览文件夹"对话框

（3）单击"Format Factory"对话框内的"确定"按钮，关闭该对话框，回到"格式工厂 3.6.0"软件界面"音乐"选项卡，并添加音频文件，如图 4-1-30 所示。然后，单击"开始"按钮，即可开始进行音频文件的格式转换。

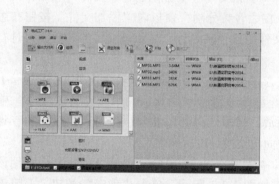

图 4-1-30 "格式工厂 3.6.0"软件界面"音频"选项卡

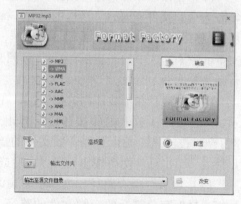

图 4-1-31 "Format Factory"对话框

4.2 音频简单编辑

本节仅介绍"音频编辑专家 8.2"软件进行简单音频编辑的方法。使用"音频编辑专家 8.2"软件进行音频编辑的方法简介如下。

4.2.1 音频的分割、截取和合并

1. 音频分割

（1）在如图 4-2-1 所示的"音频编辑专家 8.2"软件的工作界面内，单击"音乐分割"按钮，弹出"音乐分割"窗口，如图 4-2-1 所示（还没有添加音频文件和设置保存路径等）。

图 4-2-1   "音乐分割"窗口

（2）单击"添加文件"按钮，弹出"请添加音乐文件"对话框，利用该对话框选择"第4章/音乐"文件夹内的"清晨的声音.wav"音频文件（要分割的音频文件），如图 4-2-2 所示。单击"打开"按钮，关闭该对话框，在"音频分割"窗口内"添加文件"按钮右边的文本框中添加选中的"音乐.wav"音频文件的路径和名称，显示该文件的参数，同时右边音频播放器变为有效。

单击右边音频播放器内的按钮，在音频播放器内播放添加的音频文件，如图 4-2-1 所示。单击音频播放器内的按钮，弹出音量调节滑槽和滑块，用来调整音量大小。单击"暂停"按钮，可以暂停音频文件的播放，单击"停止"按钮，可以使播放的音频停止播放。单击其他两个按钮，可以向后或向前快进一段时间。

（3）单击"保存路径"文本框右边的按钮，弹出"浏览计算机"对话框，利用该对话框选择保存分割后的音频文件的路径，如图 4-2-3 所示。单击"确定"按钮，关闭该对话框，在"音频分割"窗口内"保存路径"文本框中添加选中的路径。

图 4-2-2   "请添加音乐文件"对话框

图 4-2-3   "浏览计算机"对话框

（4）单击图 4-2-1 所示"音乐分割"软件窗口内的"下一步"按钮，弹出"音乐分割"窗口"设置分割时间"选项卡，如图 4-2-4 所示。

图 4-2-4　"音乐分割"窗口"设置分割时间"选项卡

其内左边栏用来显示音频文件的长度和文件大小，设置分割音频文件的方案；右边显示框内用来显示音频文件 2 个声道的波形；下边栏内左边两个按钮用来控制音频文件的播放和停止播放，右边水平线下边的滑块用来显示音频文件的分割状态，滑块用来调整当前的时间，数值框用来显示和调整当前时间，右上方显示音频文件的播放总时间。

（5）选中左边栏内的"平均分割"单选按钮，调整其下边的数字框，可以确定将音频文件平均分为几等份，同时下边栏会显示自动的等分状态。例如，等分为 2 份后的效果如图 4-2-4 所示。如果在数字框内选择 4，则下边栏内显示状态如图 4-2-5 所示。拖动"音乐分割"窗口下边栏内上边的滑块，可以改变当前的时间点，该栏内数字框中的数值会随之改变，给出滑块指示的当前时间。此时，横线下边的滑块不可以拖动移动。

图 4-2-5　等分 4 份后的"音乐分割"窗口下边栏

（6）选中左边栏内的"每段文件大小"单选按钮，调整其下边的数字框，如图 4-2-6 所示，可以确定第 1 段分割音频文件的大小。单击"分割"按钮后，即可按照设置进行分割（显示的是相应的播放时间分割），同时下边栏会显示分割状态，如图 4-2-7 所示。例如，调整数字框的值为 8（MB），如图 4-2-6 所示。该音频文件总字节数为 21.37 MB，第 1、2 段分割音频文件的字节数都为 8 MB，剩余的音频文件为 21.37 MB − 2 * 8 MB = 5.37 MB。

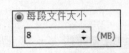

图 4-2-6　每段文件大小栏　　　图 4-2-7　设置每段文件大小后的"音乐分割"窗口下边栏

（7）选中左边栏内的"每段时间长度"单选按钮，调整其下边的数字框，可以确定第 1 段分割音频文件的时间长度（见图 4-2-8）。单击"分割"按钮后，即可按照设置进行分割，同时下边栏会显示分割状态，如图 4-2-9 所示。例如，调整数字框的值为 50。该音频文件总长度为 127 s，第 1、2 段分割音频文件的长度都为 50 s，剩余的音频文件为 127 s − 2 ∗ 50 s = 27 s。

图 4-2-8　每段时间长度栏　　　图 4-2-9　设置每段时间长度后的"音乐分割"窗口下边栏

（8）选中左边栏内的"手动分割"单选按钮，如图 4-2-10 所示。在下边栏内拖动水平线上边的滑块▽，参看"当前时间点"数字框内的数值，将滑块▽移到分割的第 1 段音乐的结束点位置。单击"设置当前时间点为分割点"按钮▦，即可在滑块▽指示的位置，水平线下边创建一个滑块△，指示新创建的分割点位置。

在按照上述方法，将水平线上边的滑块▽拖动到第 2 段音乐的结束点位置，单击"设置当前时间点为分割点"按钮▦，即可在滑块▽指示的位置，水平线下边创建一个滑块△，指示新创建的分割点位置，如图 4-2-11 所示。

单击"删除当前时间分割点"按钮✕，即可将蓝色滑块△删除，将它指示的当前时间分割点删除。单击"跳转到上一个时间分割点"按钮◀，即可将滑块▽移到左边的时间分割点处，使该时间分割点处的滑块△变为蓝色，成为当前时间分割点。单击"跳转到下一个时间分割点"按钮▶，即可将滑块▽移到右边的时间分割点处，使该时间分割点处的滑块△变为蓝色，成为当前时间分割点，如图 4-2-11 所示。

图 4-2-10　手动分割栏　　　图 4-2-11　设置每段时间长度后的"音乐分割"窗口下边栏

（9）将添加的音频文件分割后（例如，按照图 4-2-9 所示分割后），单击"下一步"按钮，弹出"音乐分割"窗口的"分割音频文件"选项卡，显示分割音频文件的进度。分割完后，会弹出一个"分割结果"提示框，如图 4-2-12 所示。单击其内的"确定"按钮，关闭该提示框，"音乐分割"窗口"分割音频文件"选项卡显示如图 4-2-13 所示，其内显示分割文件的时间范围。

图 4-2-12　分割结果"提示框

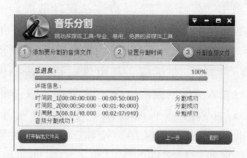

图 4-2-13　"音乐分割"窗口"分割音频文件"选项

（10）单击"打开输出文件夹"按钮，弹出"计算机"窗口，其内显示出分割后的音频文件，例如，按照图 4-2-9 所示分割后的 3 个文件为"音乐_ 1. wav""音乐_ 2. wav"和"音乐_ 3. wav"。单击"返回"按钮，返回"添加要分割的音频文件"选项卡。

2. 音乐截取

（1）在"音频编辑专家 8.2"软件的窗口内，单击"音乐截取"按钮，弹出"音乐截取"窗口的"添加要截取的音乐文件"选项卡，如图 4-2-14 所示（还没有添加音频文件、音乐波形和设置保存路径）。

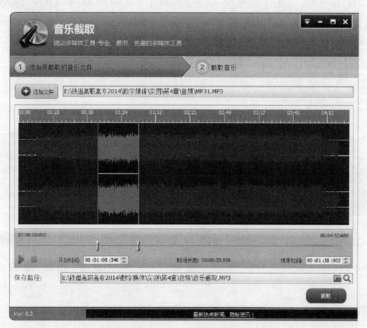

图 4-2-14　"音乐截取"窗口的"添加要截取的音乐文件"选项卡

（2）单击"添加文件"按钮，弹出"请添加音乐文件"对话框，利用该对话框选择"第 4 章/音频"文件夹内的"音乐 .wav"音频文件（要截取的音频文件），单击"打开"按钮，关闭该对话框，在"音频分割"窗口内"添加文件"按钮右边的文本框中添加选中的"音乐 .wav"音频文件的路径和名称，同时显示音乐左右声道的波形，如图 4-2-14 所示。

（3）单击"保存路径"（应该是保存截取后的
音频文件的路径和文件名称，不包括扩展名，扩展
名默认为".MP3"）文本框右边的按钮■，弹出
"请设置保存路径"对话框，利用该对话框选择保
存分割后的音频文件的路径，在"文件名"文本框
内输入截取后的音频文件的名称"音乐截取"，如
图4-2-15所示。单击"保存"按钮，关闭该对话
框，确定截取的音频文件的保存路径和文件名称。
此时的"音乐截取"窗口"添加要截取的音乐文
件"选项卡如图4-2-14所示。

图4-2-15　"请设置保存路径"对话框

（4）单击"播放"按钮▶，播放添加的音频文
件，边听声音边确定截取音乐的起始位置，将左边的滑块▮拖动到该起始位置；接着边听声
音确定截取音乐的终止位置，将右边的滑块▮拖动到该终止位置。此时的截取音频文件状态
如图4-2-16所示。可以看到下边栏内两个数字框中分别给出截取音频文件的起始时间和终
止时间，两个数字框中间显示截取音乐的时间长度。

（5）单击"音乐截取"窗口"添加要截取的音乐文件"选项卡内右下角的"截取"按
钮，即可弹出"音乐截取"窗口"截取音乐"选项卡，显示截取进度，截取完成后，弹出
"截取结果"提示框，单击"确定"按钮，关闭该提示框。"截取音乐"选项卡如图4-2-17
所示。此时已经将截取的音频文件以给定的文件名称保存在指定的路径下。

（6）单击"音乐截取"窗口"截取音乐"选项卡内的"打开输出文件夹"按钮，弹出
计算机窗口，显示音频截取文件。单击"返回"按钮，返回音频截取状态的"音乐截取"
窗口"添加要截取的音乐文件"选项卡。

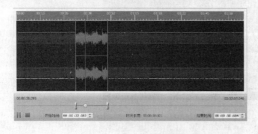

图4-2-16　音频截取状态

图4-2-17　"音乐截取"窗口"截取音乐"选项卡

3. 音乐合并

（1）在"音频编辑专家8.2"软件窗口内，单击"音乐合并"按钮，弹出"音乐合
并"窗口"添加要合并的音乐文件"选项卡，如图4-2-18所示（还没有添加音频文件和设
置截取音乐的输出路径和文件名称）。

（2）单击"添加"按钮，弹出"请添加音频文件"对话框，利用该对话框导入
"MP31.MP3""MP32.MP3"和"MP33.MP3"音频文件。再单击"保存路径"（应该是保
存截取后的音频文件的路径和文件名称）文本框右边的按钮■，弹出"请设置保存路径"

对话框，利用该对话框选择保存分割后的音频文件的路径，输入分割后音频文件的名称，如图 4-2-19 所示。

图 4-2-18 "音乐合并"窗口"添加要合并的音乐文件"选项卡

（3）单击"保存"按钮，关闭该对话框，同时确定截取后的音频文件保存的路径和文件名称。此时的"音乐合并"窗口"添加要合并的音乐文件"选项卡如图 4-2-18 所示。

（4）单击按钮 ✿，弹出"高级设置"对话框，如图 4-2-20 所示。在"输出格式"下拉列表框中选择的音频格式选项不同，"高级设置"对话框中的内容也随之不同，设置完后单击"确定"按钮，关闭"高级设置"对话框，回到"音乐合并"窗口"添加要合并的音乐文件"选项卡。

图 4-2-19 "请设置保存路径"对话框

图 4-2-20 "高级设置"对话框

（5）选中"自动统一音量"复选框，在"目标音量"的两个文本框内输入音量的数值，在"输出格式"下拉列表框中选择一种音频格式选项，例如选中"WMA"选项，如图 4-2-18 所示。单击"默认"按钮，可以还原系统的默认设置。

（6）单击"开始合并"按钮，进行音频文件合并，同时弹出"音乐合并"窗口的"合并音乐"选项卡，显示合并进度，合并完成后，弹出"合并结果"提示框，单击"确定"按钮，关闭该提示框。"音乐合并"窗口的"合并音乐"选项卡如图 4-2-21 所示。此时已经将合并的音频文件以给定的文件名称保存在指定的路径下。

（7）单击"音乐合并"窗口"合并音乐"选项卡内的"打开输出文件夹"按钮，可以弹出计算机窗口，显示音频合并文件。单击"返回"按钮，返回图 4-2-18 所示音频合并状态的"音乐合并"窗口"添加要合并的音频文件"选项卡。

4.2.2　iPhone 铃声制作和 MP3 音量调节

1. iPhone 铃声制作

（1）在"音频编辑专家 8.1"软件窗口内，单击"iphone 铃声制作"按钮，弹出"iphone 铃声制作"窗口"请添加要制作的音乐文件"选项卡，如图 4-2-22 所示（还没有添加音频文件和设置制作的 iphone 铃声音频文件的输出路径和文件名称）。

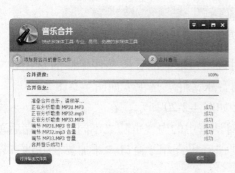

图 4-2-21　"合并音乐"选项卡　　　图 4-2-22　"请添加要制作的音乐文件"选项卡

（2）单击"添加"按钮，弹出"请添加音乐文件"对话框，导入"音乐 . wav"音频文件。再单击"保存路径"（应该是保存截取后的音频文件的路径和文件名称）文本框右边的按钮，弹出"请填写保存文件名"对话框，利用该对话框选择保存 iphone 铃声音频文件的路径和输入文件名称，例如"铃声 1"。单击"保存"按钮，关闭该对话框，同时确定保存该音频文件的路径和输入文件名称。此时的"iphone 铃声制作"窗口"请添加要制作的音乐文件"选项卡如图 4-2-22 所示。

（3）单击"播放"按钮，播放添加的音频文件，边听声音边确定截取音乐的起始位置，将左边的滑块拖动到该起始位置；接着边听声音确定截取音乐的终止位置，将右边的滑块拖动到该终止位置。可以看到下边栏内两个数字框中分别给出截取音频文件的起始时间和终止时间，两个数字框中间显示截取音乐的时间长度。

（4）如果选中窗口内下边的"iphone 没有越狱（铃声最长 40 秒）"单选按钮，则在拖动滑块时会发现，两个滑块之间的间隔不会大于一开始系统给出的间隔（40 秒时间长度），即截取的音频文件的时间长度不会大于一开始系统给出的时间长度。

　　如果选中窗口内下边的"iphone 已经越狱（铃声长度没有限制）"单选按钮，则在拖动滑块 ┃ 时，两个滑块 ┃ 之间的间隔可以调整，即截取的音频文件的时间长度可以大于一开始系统给出的时间长度。

　　（5）单击"开始制作"按钮，即弹出"iphone 铃声制作"窗口"制作 iphone 铃声"选项卡，显示制作进度，完成后会弹出"截取结果"提示框，单击"确定"按钮，关闭该提示框。此时"iphone 铃声制作"窗口"制作 iphone 铃声"选项卡如图 4-2-23 所示，已经将截取的音频文件以给定的文件名称保存在指定的路径下。

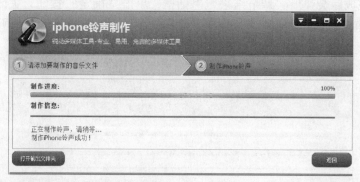

图 4-2-23　"iphone 铃声制作"窗口"制作 iphone 铃声"选项卡

　　（6）单击"iphone 铃声制作"窗口"制作 iphone 铃声"选项卡内的"打开输出文件夹"按钮，弹出计算机窗口，显示 iphone 铃声"铃声 . m4r"文件。单击"返回"按钮，返回"iphone 铃声制作"窗口"请添加要制作的音乐文件"选项卡。

2. MP3 音量调节

　　（1）在"音频编辑专家 8.1"软件窗口内，单击"MP3 音量调节"按钮，弹出"MP3 音量调节"窗口"添加 MP3 文件"选项卡，如图 4-2-24 所示（还没有添加音频文件和设置音频文件的目标音量大小）。

图 4-2-24　"MP3 音量调节"窗口"添加 MP3 文件"选项卡

（2）单击"添加"按钮，弹出"打开"对话框，在该对话框内选择保存 MP3 文件的文件夹，按住【Ctrl】键，可选中要添加的多个 MP3 文件，例如，选中"MP32. MP3"和"MP33. MP3"音频文件。单击"打开"按钮，将选中的 MP3 文件添加到"MP3 音量调节"窗口"添加 MP3 文件"选项卡内，如图 4-2-24 所示。

（3）在"目标音量"两个文本框内输入音量的数值。单击"默认"按钮，可以使"目标音量"两个文本框内的数值还原为默认值。

（4）单击"开始调节"按钮，弹出"MP3 音量调节"窗口"调节音量"选项卡，显示制作进度，完成后会弹出"调节结果"对话框，单击"确定"按钮，关闭该提示框，完成 MP3 音量调节。"MP3 音量调节"窗口"调节音量"选项卡如图 4-2-25 所示。

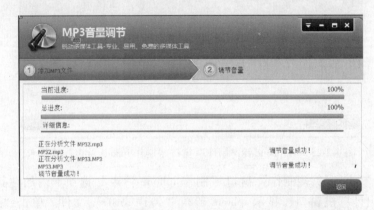

图 4-2-25　"MP3 音量调节"窗口"添加 MP3 文件"选项卡

（5）单击"返回"按钮，返回图 4-2-24 所示的"MP3 音量调节"窗口"添加 MP3 文件"选项卡。

4.3　视频格式转换和视频编辑

本节介绍国产中文"视频编辑专家 8.3"软件进行视频格式转换和编辑的方法，以及"格式工厂"软件进行视频格式转换的方法。

4.3.1　视频格式转换

1."视频编辑专家 8.3"软件视频格式转换

"视频编辑专家 8.3"软件的功能很强大，可以进行 MPEG、AVI、SWF、RM、RMVB、FLV、SWF、MOV、3GP、WMV、MP4、WAV、WMA 等各种视频格式的转换，而且具有很多视频编辑的功能。使用"视频编辑专家 8.3"软件进行视频格式转换的方法简介如下。

（1）启动"视频编辑专家 8.3"软件，如图 4-3-1 所示。可以看到，该窗口内有 7 个工具按钮，单击这些按钮，可以分别弹出相应的工具窗口。

（2）单击该软件窗口内的"编辑与转换"按钮，启动"视频转换"窗口"选择需要转换成的格式"选项卡，其内左边列表中列出各种格式转换的类型名称，如图 4-3-2 所示。

图 4-3-1 "视频编辑专家 8.3"窗口　　　　图 4-3-2 "视频转换"窗口"选择需要
"视频工具"选项卡　　　　　　　　　　　转换成的格式"选项卡

（3）单击左边列表中的一个类型名称，展开该类型的格式转换名称，选中其内的一个
格式名称，即可选择需要转换成的格式。例如，单击"常用视频文件"格式类型选项，展
开它的格式选项，单击其内的 MP4 格式类型名称选项，如图 4-3-3 所示。

也可以在后边的"选择转换成的格式"对话框内进行选择。

（4）单击"添加文件"按钮，弹出"打开"对话框，如图 4-3-4 所示。利用该对话框
可以选中一个或多个要转换格式的视频文件，例如，选中"第 4 章 \ 视频"文件夹内的
S1. mp4 ~ S6. mp4 视频文件，如图 4-3-4 所示。

图 4-3-3 "视频转换"窗口"选择需要　　　　图 4-3-4 "打开"对话框
转换成的格式"选项卡

（5）单击"打开"按钮，将选中的文件添加到"视频转换"窗口内，同时弹出"选择
转换成的格式"对话框，如图 4-3-5 所示。其内左边列出了各种视频和音频格式的类别选
项，选中一种类别选项，其右边会显示相应的视频和音频格式选项图标。例如，单击选中
左边栏内的"常见视频文件"选项，选中右边的"AVI"选项，如图 4-3-5 所示。

（6）单击"选择转换成的格式"对话框内的"确定"按钮，关闭该对话框，完成转换成格式的选择，同时切换到"视频转换"窗口"添加需要转换的文件"选项卡，如图4-3-6所示。利用右边的视频播放器可以播放添加的视频文件。

图4-3-5　"选择转换成的格式"对话框　　　图4-3-6　"视频转换"窗口"添加需
要转换的文件"选项卡

（7）单击视频播放器内的"快照"的箭头按钮，弹出"快照"菜单，如图4-3-7所示，利用该菜单可以选择快照图像的格式，此处选择JPG格式。

（8）单击视频播放器内的"播放"按钮，播放视频文件的视频，单击"快照"按钮或单击"快照"菜单内的"快照"命令，捕捉视频这一瞬间的图像，以名称 S1_ 000000. jpg 保存在软件目录"C：\ Program Files（x86）\ 锐动天地\ 视频编辑专家8.3 \ "下的"Snapshoot"文件夹内。该文件夹即是默认的"快照目录"。

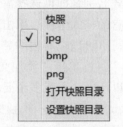

图4-3-7　"快照"菜单

（9）单击"快照"菜单内的"设置快照目录"命令，弹出"浏览文件夹"对话框，如图4-3-8所示。在该对话框内选中"素材 \ 图像"文件夹，如图4-3-8所示。单击"确定"按钮，完成"快照目录"的重新设置。以后，快照图像会保存在"素材 \ 图像"对话框内。

（10）单击"删除"按钮，可删除"视频转换"窗口内选中的视频文件，单击"清空"按钮，可以删除所有添加的视频文件。单击"编辑"按钮，弹出"视频编辑"对话框"裁剪"选项卡，如图4-3-9所示，可以调整视频画面的大小和位置。

在上边栏内列出了导入的所有视频的小样画面，单击这些小样画面，即可在右下方的显示框内显示选中的视频。单机在上边栏内两边的箭头按钮，可以向前或者向后选择视频。

在"裁剪区域尺寸"栏内的两个数字框中，可以调整视频画面的大小；在"裁剪区域位置"栏内的两个数字框中，可以调整视频画面的位置。在右边的显示框内可以拖动绿色矩形框的四角和四边中点的控制柄，调整视频画面的大小；拖动矩形框内中间的控制柄，可以调整视频画面的位置。调整完后，单击"应用"按钮，最后单击"确定"按钮。

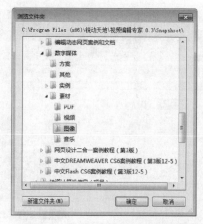

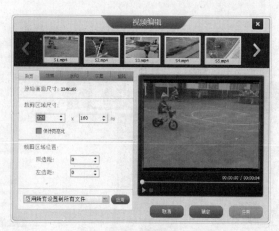

图 4-3-8 "浏览文件夹"对话框　　　　　图 4-3-9 "视频编辑"对话框

（11）另外，在"视频编辑"对话框内还可以切换到"效果""水印""字幕"和"旋转"选项卡，如图 4-3-10 所示。在"效果"选项卡内可以调整视频的亮度、对比度和饱和度；在"水印"选项卡内可以给视频添加文字或图像水印，上边文本框内的文字是输入的文字，在"水平位置"和"垂直位置"栏内可以调整水印文字或图像的位置；在"字幕"选项卡内可以调入字幕文件（扩展名为 SRT 或 ASS）并添加到视频中，将它们合成一体；在"旋转"选项卡内可以调整视频画面的旋转角度。

图 4-3-10 "效果""水印""字幕"和"旋转"选项卡

（12）单击"视频转换"窗口内的"截取"按钮，弹出"视频截取"对话框，如图 4-3-11 所示，可以调整视频播放的起始和终止时间。

单击"播放"按钮，播放添加的视频文件，将左边的滑块拖动到该起始位置；将右边的滑块拖动到该终止位置。可以看到下边栏内两个数字框中分别给出截取视频文件的起始时间和终止时间，两个数字框中间显示截取视频的时间长度。

（13）调整完后，单击"应用"按钮，最后单击"确定"按钮，关闭该对话框，回到"视频转换"窗口的"添加需要转换的文件"选项卡。单击"下一步"按钮，切换到"视频转换"窗口的"输出设置"选项卡，如图 4-3-12 所示。选中"显示详细设置"复选框，设置输出目录。单击"更改目标格式"按钮，弹出"选择转换成的格式"对话框，可以重新设置转换的视频格式。

图 4-3-11 "视频截取"对话框

图 4-3-12 "视频转换"窗口的"输出设置"选项卡

(14)单击"下一步"按钮,切换到"视频转换"窗口的"转换文件"选项卡,如图 4-3-13 所示。转换完后会弹出"转换结果"提示框。单击其内的"确定"按钮,关闭该提示框。单击"视频转换"窗口"转换文件"选项卡内的"打开输出文件夹"按钮,可以打开输出文件夹,看到格式转换后的视频文件。单击"返回"按钮(转换完后,"停止"按钮会变为"返回"按钮),返回"视频转换"窗口的起始状态。

图 4-3-13 "视频转换"窗口"转换文件"选项卡

2."格式工厂"软件视频格式转换

(1)启动"格式工厂 3.6.0"软件,单击左边列表框内的"视频频"标签,切换到"格式工厂 3.6.0"软件"视频"选项卡,如图 4-3-14 所示(还没有添加文件)。

(2)如果要将导入的视频文件格式转换某一种格式的视频文件,可以单击左边列表框内的相应按钮。例如,将导入的视频文件格式转换为 RMVB 格式,可以单击左边列表框内的 RMVB 按钮,弹出 RMVB 窗口,如图 4-3-15 所示(还没有添加要转换的视频文件)。对照 WMA 窗口,参考相关介绍,可以了解 RMVB 窗口。

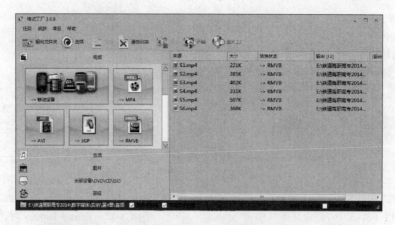

图 4-3-14　"格式工厂 3.6.0"软件界面"视频"选项卡

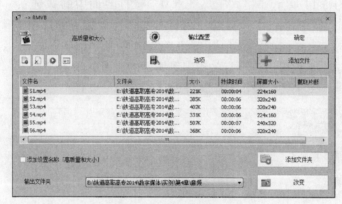

图 4-3-15　RMVB 窗口

（3）单击"添加文件夹"按钮，弹出"添加目录里的文件"对话框，用来选择要添加的视频文件所在的文件夹。单击"添加文件"按钮，弹出"打开"窗口，利用该窗口可以继续在 RMVB 窗口内的列表框中添加要转换格式的视频文件。单击"改变"按钮，弹出"浏览文件夹"对话框，用来设置格式转换后的音频文件的保存位置。

（4）选中列表框中的一个视频文件，单击"选项"按钮，弹出"截取片断"窗口，如图 4-3-16 所示（还没有设置）。利用该对话框可以设置"开始时间"和"结束时间"。选中"画面裁剪"复选框，可以在画面上剪裁画面大小。单击"截取片断"窗口内的"确定"按钮，关闭该窗口，回到 RMVB 窗口，在选中的视频文件的右边会显示截取的时间范围。

（5）单击 RMVB 窗口内的"确定"按钮，关闭该窗口，回到"格式工厂 3.6.0"软件界面的"视频"选项卡，可以看到其内添加了要进行格式转换的视频文件的目录和文件名。单击"开始"按钮，即可开始进行视频文件的格式转换。

（6）另外，还可以打开计算机或资源管理器窗口，找到要进行格式转换的视频文件所在的文件夹。选中要进行格式转换的音频文件，将它们拖动到"格式工厂 3.6.0"软件界面"音乐"选项卡内右边的列表框中，此时会弹出 Format Factory 对话框，如图 4-3-17 所示，也可以进行视频文件的格式转换。

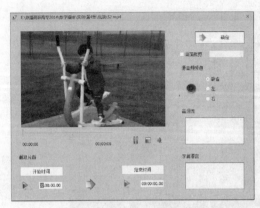
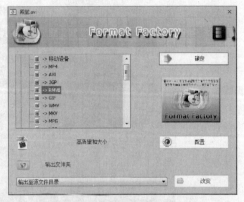

　　图 4-3-16　"截取片断"窗口　　　　　　　　图 4-3-17　Format Factory 对话框

　　（7）单击图 4-3-14 所示"格式工厂 3.6.0"软件界面中的"选项"按钮，弹出"选项"对话框，单击左边栏内的一个按钮，可将右边切换到相应的选项卡，用来进行相应的设置。例如，单击左边栏内的"选项"按钮，可切换到"选项"选项卡，如图 4-3-18 所示。在"选项"选项卡内可以进行有关输出等属性的设置，单击"改变"按钮，弹出"浏览文件夹"对话框，用来进行输出视频文件保存的文件夹设置。

图 4-3-18　Format Factory 对话框

4.3.2　"视频编辑专家8.3"软件视频编辑

　　"视频编辑专家8.3"软件除了前面介绍的视频格式转换功能外，还具有音量调节、时间截取、视频裁剪、添加水印、视频文件截取、视频分割、视频截图、视频合并、配音配乐和字幕等功能。其中视频分割、截取和合并编辑与本章4.2 节中介绍的音频分割、截取和合并编辑基本一样，读者可参考本章4.2 节中介绍的内容进行操作。下面介绍"视频编辑专家8.3"软件视频编辑的方法。

1．配乐配曲

（1）单击"视频编辑专家8.3"软件工作界面内的"配音配乐"按钮，弹出"视频配音"窗口的"添加视频文件"选项卡，单击"添加文件"按钮，添加"殿堂．avi"视频文件，如图4-3-19所示。

图 4-3-19　"视频配音"窗口"添加视频文件"选项卡

（2）单击"下一步"按钮，切换到"视频配音"窗口的"给视频添加配乐和配置"选项卡。单击"新增配乐"按钮，弹出"打开"对话框，添加一个外部音频文件（例如，"清晨的声音．wma"），再回到"视频配音"窗口，会看到"新增配乐"按钮之上新增一条棕色带，表示添加了音乐，如图4-3-20所示。

图 4-3-20　"视频配音"窗口"给视频添加配乐和配音"选项卡

（3）再单击"新增配乐"按钮，弹出"打开"对话框，还可以在增添音乐的左边增添了新音乐。单击"设置音量比例"按钮◀，弹出"音量比例设置"对话框，如图4-3-21所示，拖动滑块可以调整配乐和原声的音量比例。单击"删除当前选中的配乐段落"按钮🗑，可以删除当前选中的配乐；单击"清空所有的段落"按钮👆，可以删除所有添加的乐曲；选中"消除原音"复选框，可以使视频中的原有声音消除。

（4）单击"下一步"按钮，切换到"视频配音"窗口的"输出设置"选项卡，如图4-3-22所示（还没有设置）。单击按钮🗀，弹出"另存为"对话框，可以选择输出的目录和输出添加了音乐的视频文件名称。

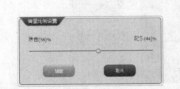

图4-3-21　"音量比例设置"对话框

图4-3-22　"视频配音"窗口"输出设置"选项卡

在"目标格式"下拉列表框中选中"使用其他的视频格式"选项后，"更改目标格式"按钮和"显示详细设置"复选框会变为有效，单击"更改目标格式"按钮，弹出"选择需要合并成的格式"对话框，如图4-3-23所示，可以设置配乐或配音后的视频文件的格式。

（5）选中"显示详细设置"复选框，其下边会显示用于设置视频和音频属性的下拉列表框，并给出视频和音频的属性信息。此时的"视频配音"窗口"输出设置"选项卡如图4-3-22所示。

图4-3-23　"选择需要合并成的格式"对话框

（6）单击"下一步"按钮，可以切换到"视频配音"窗口的"进行配乐和配音"选项卡，显示截取进度，截取完成后，弹出"配乐和配音结果"提示框，单击"确定"按钮，关闭该提示框。此时"音乐截取"窗口"进行配乐和配音"选项卡如图4-3-24所示，已经将配乐或配音后的视频文件以给定的文件名称保存在指定的路径下。

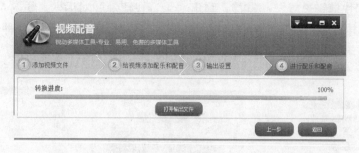

图 4-3-24　"视频配音"窗口"进行配乐和配音"选项卡

（7）在图 4-3-20 所示"视频配音"窗口"给视频添加配乐和配音"选项卡内，单击"配音"标签，切换到"配音"选项卡，如图 4-3-25 所示（还没有进行录音）。

图 4-3-25　"配音"选项卡

（8）单击"高级设置"按钮，弹出"录音设置"对话框，如图 4-3-26 所示，可以测试话筒录音的效果。单击"测试"按钮，即可开始对着话筒录制声音，"录音设置"面板内会显示相应的波形，如图 4-3-27 所示。

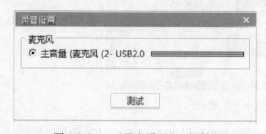

图 4-3-26　"录音设置"对话框

图 4-3-27　录音中的"录音设置"对话框

单击"立即回放"按钮，可以播放录音效果，此时的"录音设置"对话框如图 4-3-28 所示，根据播放的录音效果，决定录音的大小等。单击"停止回放"按钮，可以停止录音的播放。单击"关闭"按钮，关闭"录音设置"对话框。

（9）单击"快捷键设置"超链接，弹出"录音快捷键"对话框，如图4-3-29所示，单击快捷键设置下拉按钮，弹出它的列表框，如图4-3-30所示，可以选择一种快捷键。

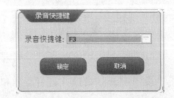
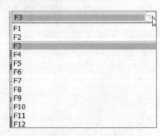

图4-3-28 "录音设置"对话框　　图4-3-29 "录音快捷键"对话框　　图4-3-30 下拉列表框

（10）单击"进行配乐和配音"选项卡内的"新配音"按钮（在没有进行配音前，图4-3-25所示选项卡内的"停止录制"按钮是"新配音"按钮）或按快捷键（例如【F3】），即可开始播放视频，同时可以通过话筒给视频配音。同时，红色播放指针从左向右移动，红色播放指针左边变为蓝色，表示配音的进度，而且"新配音"按钮变为"停止录制"按钮，单击该按钮，可以终止配音。

2. 字幕制作

（1）在"视频编辑专家8.3"软件工作界面内单击"字幕制作"按钮，弹出"字幕制作"窗口，单击"添加视频"按钮，添加"殿堂.wmv"视频文件，选中"自定义位置"和"字体设置应用到所有行"复选框，如图4-3-31所示。

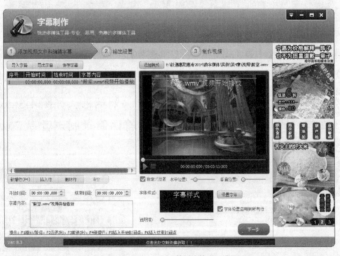

图4-3-31 "字幕制作"窗口

（2）单击视频播放器内的"播放"按钮，播放视频，记下视频播放的总时间，添加各段字幕的起始时间和终止时间。单击"停止"按钮，停止播放，播放滑块移到最左边。

（3）单击"新增行"按钮，在"字幕"列表框内第1行显示序号1，再在左边的"开始时间"数字框内修改时间为"00:00:00 000"，在右边的"结束时间"数字框内修改时间为"00:00:08 000"，同时"字幕"列表框内第1行显示的时间也随之变化。

在"字幕内容"文本框内输入文字，例如输入"'殿堂.wmv'视频开始播放"。在拖曳"水平位置"和"垂直位置"栏内的滑块，调整序号 1 文字字幕的位置，如图 4-3-31 所示。

（4）单击"新增行"按钮，在"字幕"列表框内第 1 行右边显示"'殿堂.wmv'视频开始播放"文字，在"字幕"列表框内第 1 行显示序号 2。再在左边的"开始时间"数字框内修改时间为"00:00:06 000"，在右边的"结束时间"数字框内修改时间为"00:00:10 000"，同时"字幕"列表框内第 2 行显示的时间也随之变化。

在"字幕内容"文本框内输入文字，例如输入"这是 3D 动画视频，很好看!"。再拖动"水平位置"和"垂直位置"栏内的滑块，调整序号 2 字幕的位置，如图 4-3-32 所示。

（5）按照上述方法，可以继续输入其他行字幕文字和设置它们出现的时间。在"透明度"栏拖动滑块，可以改变字幕文字的透明度。单击"设置字体"按钮，弹出"字体"对话框，如图 4-3-33 所示，用来设置字幕的字体。

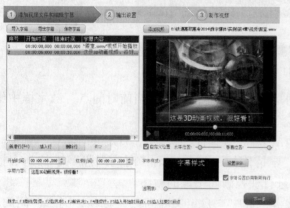

图 4-3-32   序号 2 文字字幕设置

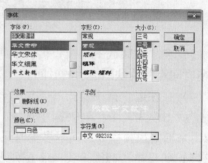

图 4-3-33   "字体"对话框

（6）单击"导出字幕"按钮，弹出"另存为"对话框，选择要保存字幕文件的文件夹，在"文件名"文本框内输入字幕名称，例如输入"殿堂字幕.srt"，单击"保存"按钮，即可将字幕以名称"殿堂字幕.srt"保存。

如果修改了字幕，单击"保存字幕"按钮，可以将修改的字幕保存，替换原来的字幕文件。如果是第 1 次单击"保存字幕"按钮，也可弹出"另存为"对话框。

单击"导入字幕"按钮，弹出"请添加字幕文件"对话框，选择保存字幕文件的文件夹，选中要导入的字幕文件，单击"打开"按钮，即可将字幕文件中的内容导入到"字幕"列表框中。

3. 视频截图

（1）单击"视频编辑专家 8.3"软件工作界面内，单机"视频截图"按钮，弹出"视频截图"窗口，单击"加载"按钮，弹出"打开"对话框，选择保存视频文件的文件夹，选中添加"S4.mp4"视频文件，单击"打开"按钮，关闭该对话框。

（2）单击"输出目录"栏内的按钮■，弹出"浏览计算机"对话框，选择输出截图图像的目录，单击"确定"按钮。此时的"视频截图"窗口如图 4-3-34 所示。

图 4-3-34　"视频截图"窗口

（3）在"视频截图"窗口内，中间是视频播放器，其内"当前时间点"数字框中给出"当前时间点"滑块■指示的时间。

（4）在左边"截图模式"下拉列表框中有"剧情连拍"和"自定义时间点"选项。如果在"截图模式"下拉列表框中选中"剧情连拍"选项，则"时间间隔"下拉列表框有效，用来确定视频播放后间隔多少时间进行视频画面图像的截图。

（5）如果在"截图模式"下拉列表框中选中"自定义时间点"选项，则"时间间隔"下拉列表框变为无效，在视频播放器内水平线下边会显示 4 个按钮。

（6）拖动水平线上边的滑块■，参看"当前时间点"数字框内的数值，将滑块■移到要截图的位置。单击"设置截图时间点"按钮，即可在滑块■指示的位置，水平线下边创建一个滑块■，指示新创建的设置截图时间点的位置。

在按照上述方法，将水平线上边的滑块■拖动到第 2 个要截图的位置，单击"设置截图时间点"按钮，即可在滑块■指示的水平线下边位置创建一个滑块■，指示新创建的设置截图时间点的位置。接着再创建其他截图时间点，如图 4-3-35 所示。

图 4-3-35　在视频播放器内的水平线处设置图像截图点

（7）单击"删除截图时间点"按钮■，即可将蓝色滑块■删除，将指示的当前截图时间点删除。单击"上一个截图时间点"按钮■，即可将滑块■移到左边的截图时间点处，使该滑块■变为蓝色，成为当前截图时间点。单击"下一个截图时间点"按钮■，即可将滑块■移到右边的截图时间点处，使该滑块■变为蓝色，成为当前截图时间点。

思考与练习

操作题

1. 使用"音频编辑专家 8.2"软件将 MP31. mp3 ~ MP35. mp3 一组 MP3 格式的音频文件分别改为 MP31. wma ~ MP35. wma 一组 WMA 格式的音频文件。

2. 使用"格式⊥ノ"软件将 MP31. mp3 ~ MP3 - 5. mp3 一组 MP3 格式的音频文件分别改为 MP3 - 1. wav ~ MP3 - 5. wma 一组 WAV 格式的音频文件。

3. 使用"音频编辑专家 8.2"软件将一个音频文件分割为 3 个文件,再将分割的 3 个文件合并为一个文件,然后将另一个音频文件中的一部分截取并生成一个音频文件。

4. 使用"视频编辑专家 8.3"软件将 4 个 MP4 格式的视频文件转换为名字相同的 RMVB 格式的视频文件。

5. 使用"格式工厂"软件将 2 个 AVI 格式的视频文件转换为名字相同的 RMVB 格式的视频文件,以及名字相同的 MP4 格式的视频文件。

6. 使用"视频编辑专家 8.3"软件给一个视频文件配乐和添加字幕。

第 5 章 图像的简单编辑

图像的简单编辑软件很多，例如，美图秀秀、光影魔术手、可牛影像、ArcSoft Portrait ＋ 等，它们都是中文或汉化软件。本章介绍免费国产软件"美图秀秀"的使用方法，它的操作简单，功能强大，适用的操作系统有 Windows xp/2003/7/8 等。

5.1 "美图秀秀" 软件的工作界面和基本操作

"美图秀秀"软件具有美化图片、人像美容、图像特效、智能边框、添加饰品、添加特效文字、抠图、拼图、批量处理、魔术场景、摇头娃娃、闪图、QQ 表情、QQ 头像、QQ 空间图片等功能，每天更新精选素材，可以帮助用户在短时间内做出影楼级照片。它已经通过 360 安全认证，中国优秀软件审核，在各大软件网站公布的图片类软件中高居榜首。

5.1.1 工作界面

"美图秀秀"软件工作界面如图 5-1-1 所示，主要由标题栏、标签栏、工具栏、中间的"常用功能"4 个大按钮、快捷按钮栏、右边的"推荐功能"栏和"猜你喜欢"栏等组成。各工具栏的作用简介如下。

（1）标题栏：其内左边是"美图秀秀 4.0.1"标题，右边是窗口控制按钮 ▬□✕，它们之间有"登录""提意见" ▦ 和"菜单" ▣ 3 个按钮。

控制按钮从左到右分别为"最小化"按钮▬、"最大化"按钮▢（"还原"按钮▢）和"关闭"按钮✕。它们是 Windows 窗口的典型按钮，作用和其他 Windows 软件一样。

（2）标签栏和工具栏：标签栏内有"首页" ⌂、"美化"等 9 个标签，单击这些标签，会切换到不同的选项卡。工具栏内的 3 个按钮的作用将在后边陆续介绍。

（3）"推荐功能"栏和"猜你喜欢"栏："推荐功能"栏内推荐了经典应用，单击其内的按钮，会切换到相应的选项卡。单击"猜你喜欢"栏内的按钮，可切换到相应的网页。

（4）"欢迎首页"按钮组：单击其内的按钮可以切换到相应的选项卡，用来完成相应的功能。单击"批量处理"按钮，会引导安装或弹出"美图秀秀批处理"软件。

（5）快捷工具栏：单击其内的"欢迎首页"按钮，可以切换到"首页"选项卡的"欢迎首页"按钮组，如图 5-1-1 所示，它和单击"首页"标签⌂的作用一样；单击"新手帮助"按钮，弹出"新手帮助"按钮组，如图 5-1-2 所示，单击其内的按钮，可弹出"美图秀秀官方网站"的"软件教程"网页，提供有关的帮助信息。单击其内的"关注我们"按钮，可弹出"关注我们"按钮组，单击其内的一个按钮，可弹出相应的网页。

图 5-1-1　"美图秀秀"软件工作界面

图 5-1-2　"新手帮助"按钮组

（6）分享图片栏：其内有 3 个按钮 ，将鼠标指针移到按钮之上，会显示该按钮的作用。单击按钮后，可将当前加工后的图片上传到相应的网站。

例如，单击按钮 ，弹出"上传到 QQ 空间"面板，如图 5-1-3 所示（已经成功注册QQ），在"选择相册"下拉列表框中选择一个 QQ 空间内的相册名称。单击"新建相册"按钮，弹出"发到 QQ 空间"对话框，如图 5-1-4 所示，利用该对话框可以创建一个新相册；在 2 个文本框内可以分别输入保存在 QQ 空间内的图片名称和图片的文字描述。最后，单击"上传"按钮，可以将当前加工后的图片上传到 QQ 空间内指定的相册内。

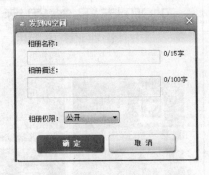

图 5-1-3　"上传到 QQ 空间"面板　　　图 5-1-4　"发到 QQ 空间"对话框

5.1.2　工具栏和菜单

1. 基本工具栏的作用

（1）打开一张图片：单击工具栏内的"打开"按钮，弹出"打开一张图片"对话框，如图 5-1-5 所示。选中一幅图片文件，单击"打开"按钮，可打开选中的图片。

（2）新建画布：单击工具栏内的"新建"按钮，弹出"新建画布"对话框，如图 5-1-6 所示。利用该对话框可以设置新建画布的宽度和高度，以及背景颜色。单击"应用"按钮，即可新建一个画布，同时切换到"美化"选项卡。

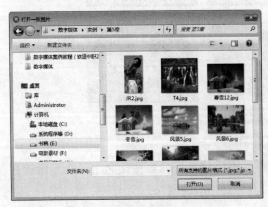

图 5-1-5　"打开一张图片"对话框　　　图 5-1-6　"新建画布"对话框

（3）保存与分享：打开一张图片后，进行加工处理，然后单击工具栏内的"保存与分享"按钮，弹出"保存与分享"对话框，如图 5-1-7 所示。

在"保存路径"栏内选择保存的位置，单击"更改"按钮，调出"浏览计算机"对话框，如图 5-1-8 所示。在文本框内输入图片名称，在其右边的下拉列表框内选择一种图片格式。单击"画质"按钮，弹出"图片大小"滑槽，如图 5-1-9 所示，拖动滑块，可以调整图片文件的大小，图片文件越大，画质越小。

图 5-1-7　"保存与分享"对话框　　　图 5-1-8　"浏览计算机"对话框　　　图 5-1-9　画质调整

完成上述设置后，单击"保存"按钮，可以将当前图片保存到指定的文件夹内。单击"另存为"按钮，弹出"图片另存为"对话框，利用该对话框可以选择保存图片的文件夹、输入图片名称，单击"保存"按钮，可将当前图片以给定的名称保存在选择的文件夹内。

2. "菜单"菜单的作用

单击"菜单"按钮，弹出"菜单"菜单，如图 5-1-10 左图所示。其命令简介如下。

（1）文件：单击"文件"命令，弹出"文件"子菜单，如图 5-1-10 右图所示。利用该菜单内的命令可以打开一张图片、打开最近编辑的图片、关闭图片和保存图片文件。

（2）"换皮肤"命令：单击"换皮肤"命令，弹出"换皮肤"菜单，如图 5-1-11 所示。单击该菜单内的"粉色皮肤"命令，会使工作界面的框架颜色为粉色；单击该菜单内的"默认皮肤"命令，会使工作界面的框架颜色为默认颜色（蓝色）。

（3）"帮助"命令：单击"帮助"命令，弹出"帮助"菜单，如图 5-1-12 所示。单击其内的命令，可以调出相应的网站，检查软件是否需要更新新版本等。

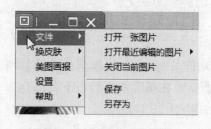

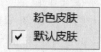

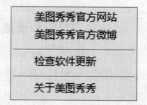

图 5-1-10　"文件"子菜单　　　图 5-1-11　"换皮肤"菜单　　　图 5-1-12　"帮助"菜单

（4）美图画报：单击"美图画报"命令，弹出"美图画报"面板。该面板内有 5 个标签，单击标签可以切换到相应的选项卡。在"美图攻略"选项卡内，可以看到一些利用"美图秀秀"软件加工处理后的图片效果，如图 5-1-13 所示。单击"美图攻略"选项卡内的图案，可以弹出相应的网站，介绍制作该图片效果的方法。在"素材快报"选项卡内，可以下载"美图秀秀"软件提供的最新素材。

图 5-1-13 "美图画报"面板

(5)"设置"命令：单击"设置"命令，弹出"设置"对话框的"保存设置"选项卡，如图 5-1-14 所示，用来设置默认的画质，保存图片的默认路径。单击左边栏内的"打开设置"按钮，切换到"打开设置"选择卡，如图 5-1-15 所示，用来设置打开图片和启动美图画报时的状态。切换到"分享设置"选项，可以设置默认的分享状态。

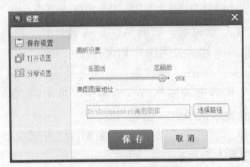

图 5-1-14 "设置"对话框

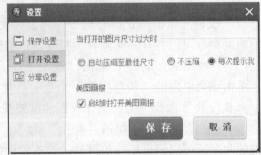

图 5-1-15 "打开设置"选项卡

3. 常用工具栏和预览工具栏的作用

单击"首页" 🏠、"美化"等标签（不包括"更多功能"标签），切换到相应的选项卡，这些选项卡内的都有一个常用工具栏，如图 5-1-16 所示。在选项卡内的右下方都有一个预览工具栏，如图 5-1-17 所示。这两个工具栏内工具的作用介绍如下。

图 5-1-16 常用工具栏

图 5-1-17 预览工具栏

（1）图片显示大小调整：将鼠标指针移到按钮 🔍 之上，会显示该工具的名称"缩小"，单击该按钮，可以缩小下边显示的图片（打开的被加工处理的图片）；将鼠标指针移到按钮 🔍 之上，会显示该工具的名称"放大"，单击该按钮，可以放大下边显示的图片；单击"1∶1 原大"按钮，可以使下边显示的图片恢复原大小。拖动滑块，可以调整图片的显示大小。调整图片的显示大小，并没有实际改变图片的大小。

（2）撤销和重做：单击"撤销"按钮，可以撤销刚刚进行的操作。单击"重做"按钮，可以重复进行刚刚撤销的操作。

（3）还原为原图：单击"原图"按钮，可以使图片还原为加工处理前的图片状态。

（4）旋转图片：单击"旋转"按钮，弹出"旋转"对话框的"旋转"选项卡，如图 5-1-18 所示。单击"向左旋转"按钮，可以将当前图片逆时针旋转 90°；单击"向右旋转"按钮，可以将当前图片顺时针旋转 90°；单击"左右翻转"按钮，可以使图片水平翻转；单击"上下翻转"按钮，可以使图片垂直翻转。拖动"任意旋转"栏内的滑块，可以将当前图片旋转任意角度。如果单击"全图显示"按钮，可以在旋转图片中自动调整画布，保证图片的完整显示。如果单击"自动裁剪"按钮，可以在旋转图片中自动裁剪画布大小，保证图片呈矩形。单击"完成旋转"按钮，可以完成图片的旋转。

图 5-1-18　"旋转"对话框

（5）剪裁图片：单击"裁剪"按钮，图像上添加一个矩形框，如图 5-1-19 所示。拖动矩形框四角的控制柄，可以调整矩形的大小和位置，即调整了裁剪的画面。

（6）调整图片尺寸：单击"尺寸"按钮，弹出"尺寸"对话框，如图 5-1-20 所示，可以调整图片的大小。

（7）查看参数：单击下边的按钮 EXIF，调出一个面板，其内显示当前图片的参数。该按钮左边显示图片的尺寸，单位为像素。

（8）图片对比：单击下边的"对比"按钮，可以显示图片加工前后的对比，如图 5-1-21 所示。"对比方式"按钮组内的两个按钮用来切换对比方式。单击"保存对比图"按钮，弹出"保存与分享"对话框，可以将图 5-1-21 所示的加工前后的两幅图片以一幅图片形式保存。

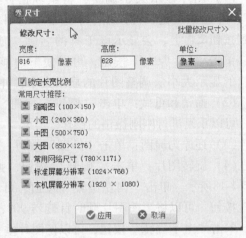

图 5-1-19　裁剪图像　　　　　　　　　图 5-1-20　"尺寸"对话框

（9）图片预览：单击下边的"浏览"按钮，弹出"图片预览"对话框，其内显示加工后的图片，如图 5-1-22 所示。单击"保存"按钮，弹出"保存与分享"对话框，可以将加工后的图片保存。

图 5-1-21　显示图片加工前后的对比　　　　　　图 5-1-22　"图片预览"对话框

5.2　"美图秀秀"软件的图片处理

5.2.1　美化图片和人像美容

1. 美化图片

打开一张图片，单击"美图秀秀"工作界面内的"美化"标签，切换到"美化"选项卡，如图 5-2-1 所示。

左上边是用来调整当前图片的亮度和色相等参数的 3 个选项卡，左边是"各种画笔"栏，中间显示打开的图片，右边是"特效"栏。利用"美化"选项卡美化图片的方法简介如下。

图 5-2-1　"美化"选项卡

（1）获取帮助：在各选项卡内左下边都有一个"××教程"按钮，单击该按钮，弹出"美图秀秀官方网站"网站的"软件教程"网页的相应内容。例如，在"美化图片"选项卡内有"美化教程"按钮，单击该按钮可弹出"软件教程"网页的关于内容。

（2）图片色彩调整：单击左上角的"基础"标签，切换到"基础"选项卡；单击左上角的"高级"标签，切换到"高级"选项卡；单击左上角的"调色"标签，切换到"调色"选项卡。这 3 个选项卡如图 5-2-2 所示，利用这三个选项卡可以调整当前图片的亮度、对比度、色饱和度、清晰度、智能补光和色相等参数。单击"一键美化"按钮，可将当前图片自动进行美化调整。

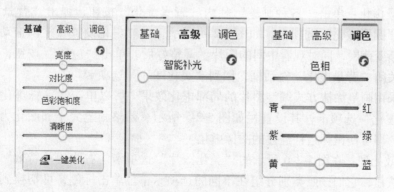

图 5-2-2　"基础""高级"和"调色"选项卡

（3）画笔的应用：在"各种画笔"栏内提供了几种画笔和"背景虚化"按钮。单击一种画笔按钮，可以弹出相应的画笔面板，利用该面板可进行相应的图片处理。例如，打开一张图片，单击"消除笔"按钮，弹出"消除笔"对话框，如图 5-2-3 所示。在该面板内左上角给出操作方法的提示文字和动画。单击"清除笔教程"按钮，弹出"软件教程"网页的"消除笔"工具使用方法的内容。

拖动"画笔大小"栏内的滑块，调整画笔笔触大小。然后，在当前图片内要擦除处（例如，小房子尖塔）多次拖动，即可擦除尖塔图像，利用它周围的蓝天图像替代。加工处理完图像后，单击"应用"按钮，关闭"清除笔"对话框，回到"美化图片"选项卡。

图 5-2-3　"清除笔"对话框

（4）背景虚化：单击"各种画笔"栏内"背景虚化"按钮，弹出"背景虚化"对话框，切换到"圆形虚化"选项卡，如图 5-2-4 所示。在"虚化设置"栏内拖动滑块，调整焦点大小和渐变范围，同时观看中间的图片。调整好后，单击"应用"按钮，完成图片的虚化调整，关闭"背景虚化"对话框，回到"美化图片"选项卡。

如果要采用画笔涂抹方式调整图片的局部虚化效果，可以单击"涂抹虚化"标签，切换到"涂抹虚化"选项卡，其设置栏如图 5-2-5 所示。调整画笔大小和虚化力度后，在图片之上拖动，即可使鼠标指针经过的图像虚化。

（5）特效处理：在图 5-2-6 所示的"美化图片"选项卡内右边的"特效"栏中，提供了很多特效按钮，它们按照类别分组在不同的选项卡中。单击标签，可切换到不同的选项卡，单击选项卡内的一个按钮，即可弹出它的调整面板，拖动滑块，调整特效的程度，同时可以看到当前图片的调整效果。调整后单击该面板内的"确定"按钮。

图 5-2-4　"背景虚化"对话框　　　　　图 5-2-5　"涂抹虚化"选项卡

例如，切换到"基础"选项卡，单击"柔光"按钮，弹出"柔光"面板，如图 5-2-6 所示。拖动滑块，调整"柔光"特效程度，单击"确定"按钮。

2．人像美容

打开一张图片，单击"美图秀秀"工作界面内的"美容"标签，切换到"美容"选项卡，如图 5-2-7 所示。左边列表框内从上到下分为"智能美容"按钮、"美形"栏、"美肤"栏、"眼部"栏、"其他"栏和"美容教程"按钮。其中，"其他"栏和"美容教程"按钮如图 5-2-8 所示。"美容"选项卡中间是打开的一张人物图片。单击左边列表框内的按钮，会弹出相应的面板，用来给当前图片中的人物图像进行加工处理。

图 5-2-6　"柔光"面板

图 5-2-7　"美容"选项卡

利用"美容"选项卡美化图片中人物的方法简介如下。

（1）智能美容：单击"智能美容"按钮，弹出"智能美容"面板，其中左边栏内提供了一些工具按钮，如图 5-2-9 所示。单击这些按钮，即可给当前图片进行相应的智能美化处理。在单击一个按钮后，会弹出类似如图 5-2-10 所示的调整面板，拖动其内的滑块，可以调整图片的美化效果，同时可以看到当前图片的调整结果。调整完后，单击"应用"按钮，完成图片的智能美容调整，关闭"智能美容"面板，回到"美容"选项卡。

图 5-2-8　"其他"栏

图 5-2-9　"智能美容"面板

（2）美形：单击"美形"栏内的"瘦脸瘦身"按钮，弹出"瘦脸瘦身"对话框的"局部瘦身"选项卡，如图 5-2-10 所示。在左边工具栏内拖动滑块，调整瘦身笔大小和力度大小，然后在人物脸部向内拖动，可以达到瘦脸的效果。

单击左边栏的"整体瘦身"标签，可以切换到"整体瘦身"选项卡，如图 5-2-11 所示，采用相同的方法，可以进行瘦身调整。

图 5-2-10　"瘦脸瘦身"对话框"局部瘦身"选项卡

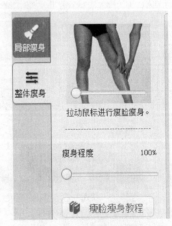

图 5-2-11　"整体瘦身"选项卡

（3）美肤："美肤"栏内有"皮肤美白""祛痘祛斑""磨皮"和"腮红笔"4 个按钮，单击其中一个按钮后，即可弹出相应的工具。例如，单击"皮肤美白"按钮，弹出

"皮肤美白"选项卡,如图5-2-12左图所示。拖动滑块,调整美白力度和肤色,同时观看图片中的颜色变化,直到满意为止。

单击"局部美白"标签,切换到"局部美白"选项卡,如图5-2-12右图所示。在其"皮肤颜色"栏内选中一种颜色,再拖动滑块,调整美白笔大小。然后,在人的皮肤处拖动,调整皮肤的颜色。如果不小心将非皮肤处的颜色调白了,可以单击"橡皮擦"按钮,再在非皮肤处拖动,将它的颜色恢复为原来的颜色。

使用"美肤"栏内其他工具的方法基本和上述方法一样。

(4)眼部:"眼部"栏内有"眼部放大""眼部饰品""睫毛膏""眼睛变色"和"消除黑眼圈"5个按钮,单击其中一个按钮后,即可调出相应的工具。例如,单击"眼部放大"按钮,弹出"眼部放大"选项卡,如图5-2-13左图所示。拖动滑块,调整画笔大小和调整力度。然后,单击眼睛,可以多次单击,逐渐将眼睛调大。

单击"眼睛变色"按钮,弹出"眼睛变色"选项卡,如图5-2-13右图所示。拖动滑块,调整变色笔大小和透明度;单击"颜色"栏内的色块或颜色。然后,单击眼睛,改变眼睛颜色。以后还可以单击"颜色"栏内的色块或颜色,改变眼睛的颜色。单击"橡皮擦"按钮,再在非眼睛处拖动或单击,可以将眼睛的颜色恢复为原来的颜色。

图5-2-12　"皮肤美白"的设置　　　　图5-2-13　"眼睛放大"和"眼睛变色"的设置

(5)其他:"其他"栏如图5-2-8所示。其内有"唇彩""消除红眼""染发"和"美容饰品"4个工具。单击"染发"按钮,弹出"染发"工具栏,它和图5-2-13右图所示基本一样。使用时,首先调整变色笔大小和透明度,设置颜色,再在头发处拖动。

5.2.2　添加饰品、边框、特效文字和场景

1.添加饰品和边框

(1)添加饰品:单击"美图秀秀"工作界面内的"饰品"标签,切换到"饰品"选项卡,选中左边列表框内的饰品类型选项(例如,选择"首饰"选项),右边"在线素材"

选项卡内可以显示相应的饰品素材图案，如图 5-2-14 所示。选中一种饰品素材图案，即可将该素材添加到当前图片当中，同时弹出"素材编辑框"面板，如图 5-2-15 所示。

图 5-2-14　"饰品"选项卡

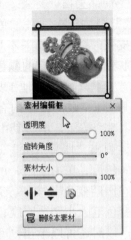

图 5-2-15　"素材编辑框"面板

拖动饰品可以调整它的位置，拖动素材四周矩形框四角的圆形控制柄，可以调整素材的大小，拖动素材矩形框上边的圆形控制柄，可以调整素材的旋转角度。在素材的"素材编辑框"面板内拖动滑块，可以分别调整饰品素材的透明度、旋转角度和大小；单击按钮 ◀▶，可使选中的素材水平翻转；单击按钮 ▲▼，可以使选中的素材垂直翻转；单击按钮 ▲▼，可以复制一份选中的饰品素材；单击"删除本素材"按钮，可以将选中的饰品素材删除。

（2）添加边框：单击"边框"标签，切换到"边框"选项卡，选中左边列表框内的边框类型选项，右边"在线素材"选项卡内会显示相应的边框素材图案。例如，选中左边栏内的"轻松边框"选项或在右上边"切换分类"下拉列表框中选中"轻松边框"选项，则此时的"边框"选项卡如图 5-2-16 所示。

单击右边栏内的按钮 ▶，切换到第 7 页边框图像选项卡，单击一种边框素材图案，即可将该边框素材添加到当前图片当中。例如，选中第 2 行、第 2 列表图案，如图 5-2-17 所示。此时，会切换到"边框"面板，当前图片会添加上选中的边框。

单击"确定"按钮，关闭"边框"面板，回到"边框"选项卡。单击"复制图片"按钮，可以将加工后的图片复制到剪贴板内，然后在 QQ 聊天窗口内按【Ctrl + V】组合键，将剪贴板内的图片粘贴到 QQ 聊天窗口内。如果选中左边列表框内的"动画边框"选项，则会自动切换到"场景"选项卡，并选中其内左边栏中的"动画场景"选项。

在右边栏内，单击"在线素材"标签，可以切换到"在线素材"选项卡；单击"已下载"标签，可以切换到"已下载"选项卡，其内有下载的一些场景图案。在"在线素材"选项卡内，单击"热门""新鲜"和"会员独享"标签，可以切换到相应的选项卡，其内有不同的框架图案可供选择。

在"边框"选项卡和"边框"面板内右边栏内下边有 7/21 ◀ ▶ 到 □ 页 GO，表示框架图案有 21 页，目前是第 7 页，单击按钮 ▶，可以切换到下一页；单击按钮 ◀，可以切换到上一页；在文本框内输入 1~21 之间的数字，再单击按钮 ，可以切换到数字指示的页。单击"素材包"按钮，会弹出相应的网页，它提供了很多可以免费下载的素材。

图 5-2-16 "边框"选项卡   图 5-2-17 添加边框效果

如果选中右边"在线素材"选项卡内标有"会员"的边框图案，则会弹出"下载会员素材"对话框，要求用户登录美图秀秀，可以用 QQ 号等登录，可以注册美图秀秀会员账号。登录后才可以使用单击选中的边框素材。

2. 添加特效文字

单击"文字"标签，切换到"文字"选项卡，如图 5-2-18 所示。

图 5-2-18 "文字"选项卡

（1）添加特效文字：选中左边栏内的"漫画文字"选项、"动画文字"选项或"文字模板"列表框内的选项，"文字"选项卡内右边"在线素材"选项卡内即可显示相应的文字素材图案，如图 5-2-18 所示。单击"在线素材"选项卡内的一种文字素材图案，即可将该文字素材添加到当前图片当中。例如，选中左边列表框内的"文字模板"列表框中的

"心情"选项，单击右边"在线素材"选项卡内的"母亲节快乐"文字图案，即可在当前图片上添加上选中的"LOVE YOU"文字，如图 5-2-19 所示。同时还会弹出文字素材的"素材编辑框"面板，调整方法和前面所述完全一样。

（2）导入文字模板：单击"文字"选项卡内左边栏中的"文字模板教程"按钮，弹出"导入文字模板"对话框，如图 5-2-20 所示。选中其内的一个单选按钮，单击"导入"按钮，弹出"打开"对话框，可以导入外部的文字图像。

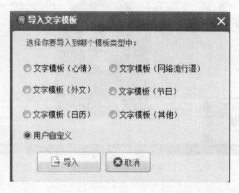

图 5-2-19　添加特效文字　　　　　　图 5-2-20　　"导入文字模板"对话框

（3）输入文字：单击"文字"选项卡内左边栏内的"输入文字"按钮，弹出"文字编辑框"面板，如图 5-2-21 所示。单击其内的"高级设置"按钮，可收缩或展开下面的选项。

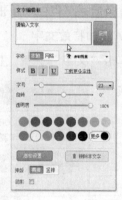

在上边的文本框内输入文字，例如输入"我的孩子，我想你！"，在"字体"下拉列表框中选择一种字体，单击"字体"栏内的"本地"和"网络"按钮，可以切换字体的类型；在"样式"下拉列表框内可以选择字体的样式；拖动滑块，可以调整文字的字号、旋转角度和透明度；在其下边栏内可以选择一种颜色，单击"更多"按钮，弹出"颜色"面板，单击其内的一种颜色，可以设置该种颜色为文字颜色。单击"删除文字"按钮，可以删除选中的文字。

图 5-2-21　　"文字编辑框"面板

（4）动画文字：单击"文字"选项卡内左边栏中的"动画文字"按钮，弹出"动画闪字编辑框"面板，如图 5-2-22 所示。在其内文本框中输入文字，例如"你好！"。然后，设置文字的字体、文字颜色和闪动颜色，再设置文字旋转和文字大小。设置完后，单击画面，关闭"动画闪字编辑框"面板，此时的图片如图 5-2-23 所示。

单击工具栏内的"保存与分享"按钮，弹出"保存与分享"对话框可以将添加了动画文字的图像保存为 GIF 格式的动画。

3. 添加场景

打开一张图片，单击"场景"标签，切换到"场景"选项卡，如图 5-2-24 所示。

图 5-2-22　"动画闪字编辑框"面板

图 5-2-23　图片加工效果

图 5-2-24　"场景"选项卡

（1）静态场景：选中左边列表框内的场景类型选项，右边"在线素材"选项卡内即可显示相应的场景素材图案。单击一种场景素材图案，即可将该素材添加到当前图片中。例如，选中左边列表框内的"可爱场景"选项，单击右边"在线素材"选项卡内第 3 行、第 2 列的图案，如图 5-2-24 所示。此时会切换到"场景"对话框，同时当前图片会添加上选中的场景，如图 5-2-25 所示。

双击图片中嵌入的图像或单击左边栏内的"更换图片"按钮，弹出"打开图片"对话框，可以选择替换的照片。在左边栏内的上边，可以拖动矩形框四角和四边的圆形控制柄来调整嵌入图像的显示部分。

（2）动画场景：选中左边列表框内的"动画场景"选项，单击右边"在线素材"选项卡内第 1 行、第 1 列的图案，此时会切换到"动画场景"对话框，同时当前图片会添加上选中的动画场景，如图 5-2-26 所示。选中左边栏内的不同图片，可以快速更换加工图片中嵌入的图像内容。拖动中间图片下方的滑块，可以调整动画的变化速度。

单击图片上方的"编辑动画场景"按钮，切换到"编辑动画场景"状态，一个蓝色矩形框选中了嵌入的图片，单击矩形框内部，会弹出"照片 1"面板，如图 5-2-27 所示。

图 5-2-25 "场景"对话框

图 5-2-26 "动画场景"对话框

图 5-2-27 矩形框和"照片 1"面板

在"照片 1"面板的显示框内，可以拖动矩形框和圆形控制柄，调整嵌入图片的显示部位和显示图像的大小。单击下边一行的 4 个按钮 ⟨⟩ ⇕ ↺ ↻，可以分别水平翻转、垂直翻转、逆时针旋转和顺时针旋转图片。单击左边栏内的图片图案，也可以弹出"照片 1"面板。双击左边栏内的图片图案，弹出"打开图片"对话框，用来更换当前的图片。

（3）抠图换背景：选中左边栏中的"抠图换背景"选项，会在图片中间显示一个"开始抠图"按钮，如图 5-2-28 所示。

在"抠图换背景"选项下列出了多种背景类型选项，选中左边栏中一个背景类型选项，例如"风景背景"选项，可以切换右边栏内的背景图案，选中右边栏内第 3 行、第 2 列的场景图案，单击"开始抠图"按钮，进入"抠图"状态，关于抠图的具体操作方法将在 5.3.1 节介绍。

抠完图后，原来的图片已经被抠图后的图片替代，背景是前面选中的背景图片。抠出的无背景图片，弹出"前景 1"面板，调整该图片的大小和位置，也可以旋转它的角度，如图 5-2-29 所示。利用"前景 1"面板还可以调整图片的描边颜色，确定是否加阴影，调整图片的透明度和羽化程度。

然后，单击"确定"按钮，关闭"抠图换背景"对话框，回到"场景"选项卡。加工后的图片如图 5-2-30 所示。

图 5-2-28　"场景"选项卡的抠图状态

图 5-2-29　"前景 1"面板

图 5-2-30　抠图换场景后的效果图

5.3 抠图、拼图、批处理和其他应用

5.3.1 抠图和拼图

1. 抠图

（1）打开有抠图的一张图片，切换到"美化"选项卡，单击左边栏"各种画笔"栏中的"抠图笔"按钮，弹出"请选择一种抠图样式"面板，如图 5-3-1 所示。另外，单击图 5-2-28 所示"场景"选项卡内的"开始抠图"按钮，也可以弹出"请选择一种抠图样式"面板。

（2）单击"请选择一种抠图样式"面板内的"1. 自动抠图"按钮，弹出"抠图"对话框，如图 5-3-2 所示。

图 5-3-1 "请选择一种抠图样式"面板　　　　图 5-3-2 "抠图"对话框

（3）在要保留的图像内（这里是人物图像）拖动绘制一些绿色线条，创建一个由蚂蚁线组成的选区，围住人物图像，但也包括了人物外部分背景图像，如图 5-3-3 左图所示。

（4）单击"删除笔"按钮，在选中的多余图像上绘制一些红线，改变选区，使选中的多余图像变少，如图 5-3-3 中图所示。如果选区中还有未选中的要保留图像，还可以使用抠图笔绘制绿色线条，如图 5-3-3 右图所示；如果选区中有选中的多余图像，还可以使用删除笔绘制红色线条。

图 5-3-3 使用抠图笔绘制线条创建选区和使用删除笔绘制红线改变选区

直到选区刚好围住要保留的图像，单击"完成抠图"按钮，关闭"抠图"对话框，弹出"抠图换背景"对话框，以后可以按照前面介绍过的方法添加背景图像。添加完背景图像后，单击"确定"按钮，回到"美化"选项卡，如图 5-3-4 所示。

图 5-3-4　"美化"选项卡

（5）单击"请选择一种抠图样式"面板内的"2. 手动抠图"按钮，弹出"抠图"对话框的"手动抠图"选项卡，如图 5-3-5 所示（还没有创建围住人物的选区）。

沿着要保留的图像（人物图像）四周拖动，创建选区的斑马线和一个个圆形控制柄。当移到起始的红色控制柄处时单击，即可完成选区的创建。然后，拖动各圆形控制柄，调整选区的形状，直到选区刚好围住要保留的图像，单击"完成抠图"按钮，关闭"抠图"对话框，弹出"抠图换背景"对话框。调整抠出的图片大小和位置，单击"确定"按钮，关闭"抠图换背景"面板，回到"美化"选项卡。没有添加背景图像时，抠出的人物图像如图 5-3-6 所示。

图 5-3-5　"抠图"对话框"手动抠图"选项卡

图 5-3-6　抠出的人物图像

（6）单击"请选择一种抠图样式"面板内的"3. 手动抠图"按钮，弹出"抠图"对话框的"形状抠图"选项卡，如图 5-3-7 所示（还没有创建五角星形选区）。单击选中左边栏内的形状图案，再在图片内拖动，创建该形状的选区，选区的斑马线之上会有一些圆形控制柄，拖动控制柄，还可以调整选区的形状。例如，创建的五角星形选区如图 5-3-7 所示。

图 5-3-7　"抠图"对话框"形状抠图"选项卡

（7）单击"完成抠图"按钮，关闭"抠图"对话框，弹出"抠图换背景"对话框。调整抠出的图片大小和位置，单击"确定"按钮，关闭"抠图换背景"对话框，回到"美化"选项卡。其中抠出的图像如图 5-3-8 所示。

（8）单击"保存为透明背景"按钮，弹出"保存与分享"对话框，如图 5-3-9 所示，可以将背景透明的抠图图片保存到指定文件夹内。

图 5-3-8　抠出的图像

图 5-3-9　"保存与分享"对话框

2. 拼图

（1）打开一幅图片后切换到"拼图"选项卡，如图 5-3-10 所示。如果在没有打开图片的情况下切换到"拼图"选项卡，则界面中间没有打开的图片。

图 5-3-10　"拼图"选项卡

（2）单击"添加图片"按钮，弹出"打开多张图片"对话框。按住【Ctrl】键，单击选中要打开的图像；或者按住【Shift】键，单击连续的一组图片的起始图片和终止图片，选中这一组图片。单击"打开"按钮，关闭"打开多张图片"对话框，弹出"拼图"对话框的"自由拼图"选项卡。

（3）"拼图"对话框"自由拼图"选项卡内有几幅打开的图片已经重叠排列在一块，如图 5-3-11 所示，可以拖动调整这些图片的位置，也可以单击右边选项卡内的背景图片图案，更换图片的背景。

图 5-3-11　"拼图"对话框"自由拼图"选项卡

单击左边栏内上边的"添加多幅图片"按钮，弹出"打开多张图片"对话框，可以再添加其他多张图片到左边栏内。拖动左边栏内列表框中的图片到中间背景图像之上，可以在背景图像之上添加更多的图片。

（4）选中背景图像之上的图片，图片四周会产生一个矩形框，同时弹出一个"图片设置"面板，如图 5-3-12 所示。拖动矩形框四角的控制柄，可以调整图片的大小；拖动图片中间偏上的圆形控制柄，可以旋转图片。

图 5-3-12　"图片设置"面板

（5）在"图片设置"面板内，可以调整图片的大小、透明度和旋转角度。

①单击按钮◀▶，可以水平翻转选中的图片。

②单击按钮▢，可以调出"打开一张图片"对话框，利用该对话框可以选择一张图片来替换选中的图片。

③单击按钮🗑，可以删除选中的图片。单击"边框样式"栏内的 3 个图标，可以给图片设置无边框和一种边框。

（6）单击"全选"按钮，可以同时选中背景图像之上的所有图片；单击"随机排版"按钮，可以随机排列背景图像之上的所有图片；单击"自定义背景"按钮，弹出"自定义背景"面板，如图 5-3-13 左图所示，可以用来设置背景图像或颜色；单击"画布设置"按钮，弹出"画布设置"面板，如图 5-3-13 右图所示，可以用来设置画布的大小，确定是否有阴影和边框。

单击右边栏内的一种背景图像图案，调整背景图像之上各图片的位置和大小，最终效果如图 5-3-14 所示。

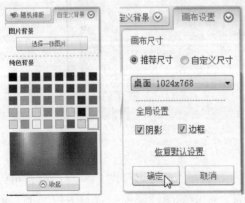

图 5-3-13　"自定义背景"和"画布设置"选项卡　　图 5-3-14　更换背景和调整排列后的图片

（7）在"拼图"对话框内，切换到"模板拼图"选项卡，选中右边的一种模板图案（第3行第1列），即可创建2行、2列正方形模板的拼图，将左边列表框内的图像拖动到中间图片内的正方形内，可以用被拖动的图片替代原来正方形内的图片。最终效果如图5-3-15所示。

图 5-3-15　"拼图"对话框"模板拼图"选项卡

（8）单击"随机效果"按钮，可以随机改变所有图片的边框形状和纹理；单击"选择边框"按钮，弹出"选择边框"面板，如图5-3-16左图所示，可以用来设置图片的边框形状；单击"选择底纹"按钮，弹出"选择底纹"面板，如图5-3-16中图所示，可以用来设置边框的底纹；单击"画布设置"按钮，弹出"画布设置"面板，如图5-3-16右图所示，可以用来设置画布的大小、是否要阴影，以及图片的四角呈圆角或直角。

图5-3-15中下边4个按钮的作用和前面介绍的相同按钮的作用基本一样。

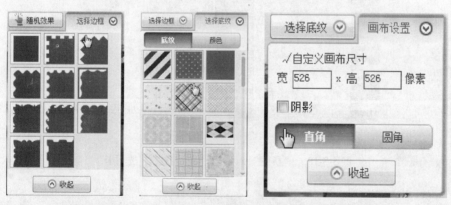

图 5-3-16　"选择边框"、"选择底纹"和"画布设置"面板

（9）在"拼图"对话框内，切换到"海报拼图"选项卡，选中右边的一种模板图案（第4行第1列），即可创建3行、2列正方形模板的拼图，如图5-3-17所示。

将左边列表框内的图像拖动到中间图片内的正方形内，可以用被拖动的图片替代原来正方形内的图片。单击中间的图片，弹出"图片设置"面板，可以调整图片大小、旋转等。

图 5-3-17　"拼图"对话框"海报拼图"选项卡

　　（10）在"拼图"对话框内，切换到"图片拼图"选项卡，如图 5-3-18 所示。单击中间栏内的"切换横板"按钮，中间的图片会水平排列，如图 5-3-19 所示。

图 5-3-18　"拼图"对话框"图片拼图"选项卡

图 5-3-19　单击"切换横板"按钮后图片会水平排列

　　单击"选择边框"按钮，弹出"选择边框"面板，如图 5-3-20 所示，利用该面板可以调整图片边框的大小和颜色。单击"修改尺寸"按钮，弹出"修改尺寸"面板，如图 5-3-21 所示，利用该面板可以调整图片的大小，单击"确定"按钮后，关闭该面板。

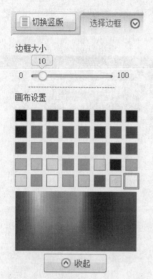

图 5-3-20　"选择边框"面板　　　　　图 5-3-21　"修改尺寸"面板

5.3.2　批处理和其他应用

1. 批处理

　　（1）单击"美图秀秀批处理 4.0"工作界面内下边的"批处理"按钮，弹出"美图秀秀批处理 1.2"面板。单击左边栏内的"添加多张图片"按钮，弹出"打开图片"对话框，如图 5-3-22 所示，利用该对话框可以导入多幅图片到"美图秀秀批处理 1.2"面板内。还可以单击"添加文件夹"文字，弹出"浏览计算机"对话框，如图 5-3-23 所示，选中一个文件夹并把其内的所有图片导入到"美图秀秀批处理 1.2"面板。

图 5-3-22　"打开图片"对话框　　　　　图 5-3-23　"浏览计算机"对话框

此时的"美图秀秀批处理 1.2"面板如图 5-3-24 所示,左边栏用来显示导入的所有图片和加工这些图片的小工具;中间栏上边是批处理图片的几个功能按钮和一个"批处理小技巧"按钮;下边是"我的操作"栏,用来记录批处理图片的每个操作。右边栏内从上到下依次是"修改尺寸";"重命名"和"更多"栏,用来设置所有图片的参数,设置方法读者可自行通过操作来了解;右边的最下边是"保存"栏,用来保存批处理图片的结果。

图 5-3-24　"美图秀秀批处理 1.2"面板

(2)在左边栏内选中一幅图片,则在上边的预览区内会显示该图片的放大图像,单击右上角的"预览"按钮,弹出"预览大图"对话框,可以浏览导入的图片。单击中间的按钮 ▬▬,可以将预览区收缩。单击中间的"清空"按钮,可以将导入的所有图片删除。

(3)将鼠标指针移到图片之上,图片之上会显示图标 ✕、↶ 和 ↷。选中一张图片后,右下角也会出现 3 个图标 ✕ ↶ ↷。单击图标 ✕,可删除该图片;单击图标 ↶,可逆时针旋转该图片 90°;单击图标 ↷,可顺时针旋转该图片 90°。

(4)单击左下角的"添加图片"按钮,弹出"打开图片"对话框,可以打开多幅图片。单击下边的"添加文件夹"按钮,弹出"浏览计算机"对话框,可以选择一个保存图片文件的文件夹,将该文件夹内的所有图片导入到"美图秀秀批处理 1.2"面板内。

(5)在中间栏内,单击中间上边的"批处理小技巧"按钮,会显示批处理小技巧的文字提示信息。单击中间 6 个按钮中的一个按钮,可以对所有图片进行相应的加工处理。同时在下边"我的操作"栏内用文字记录批处理图片的每个操作,它是伴随操作自动产生的。

例如,单击"一键美化"按钮,可以对所有打开的图片进行美化,同时在"我的操作"栏内显示"1. 使用了一键美化"文字。单击该行文字右边的按钮 ✕,可以删除该行文字,同时取消对所有打开图片的该项操作。

(6)单击"基础调整"按钮,中间栏切换到"基础调整"面板,如图 5-3-25 所示,可以调整所有图片的亮度、对比度、饱和度、清晰度、色相和补光。调整完后,单击"确定"

按钮，完成设置，关闭该对话框，回到图 5-3-26 所示的状态。如果单击"取消"按钮或单击左上角的按钮，可以不保留调整结果回到图 5-3-25 所示的状态。

（7）单击"特效"按钮，中间栏切换到"特效"面板，如图 5-3-26 所示。单击该面板内的一个图案，可以添加该特效到所有图片。

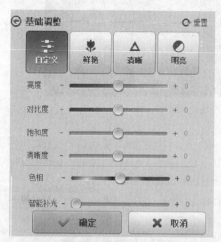

图 5-3-25　"基础调整"面板　　　　图 5-3-26　"特效"面板

（8）单击"边框"按钮，切换到"边框"面板，如图 5-3-27 所示。单击其内的一个图案，可给所有图片添加该边框。例如，添加"电影胶片"边框后的图片如图 5-3-28 所示。

（9）单击"水印"按钮，中间栏切换到"水印"面板，如图 5-3-29 所示。

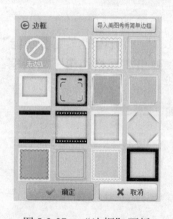

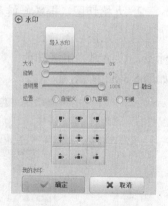

图 5-3-27　"边框"面板　　　图 5-3-28　添加"电影胶片"边框　　　图 5-3-29　"水印"面板

单击"导入水印"按钮，弹出"打开图片"对话框，可以给图片添加一幅作为水印的图像，如图 5-3-30 左图所示。拖动滑块，可以调整添加水印图像的大小、旋转角度和透明度，形成原图片的水印，如图 5-3-30 右图所示。另外，利用"位置"栏内的工具可以调整水印图像的位置；选中"融合"复选框，可以将水印图像和原图片融合为一体。单击"确定"按钮，可以将水印添加到所有图片。

图 5-3-30　添加水印

（10）单击"文字"按钮，中间栏切换到"文字"面板，如图 5-3-31 所示。

在文本框内可以输入添加到图片内的文字，利用其他工具可以调整文字的字体、大小、颜色、是否加粗和添加阴影，可以调整文字的透明度和旋转角度，以及调整文字的位置等。

如果选中"自定义"单选按钮，可以直接在左上角的显示框内拖动水印图像或文字，调整它们的位置；如果选中"九宫格"单选按钮，其下边会增加一个九宫格图，单击其内的按钮，可以调整水印图像或文字在九宫格中的位置；如果选中"平铺"单选按钮，则水印图像或文字会平铺整幅图片。

图 5-3-31　"文字"面板

2．九格切图、摇头娃娃和闪图

（1）九格切图：打开一幅图片，单击"美图秀秀批处理 1.2"面板内的"更多功能"标签，切换到"更多功能"选项卡，单击"九格切图"按钮，弹出"九格切图"对话框，如图 5-3-32 所示。

图 5-3-32　"九格切图"对话框

（2）摇头娃娃：打开一幅图片，切换到"更多功能"选项卡，单击"摇头娃娃"按钮，弹出"摇头娃娃"对话框，如图 5-3-33 所示。

图 5-3-33　"摇头娃娃"对话框

单击"开始抠图"按钮，弹出"抠图"对话框，进行抠图后的"抠图"对话框如图 5-3-34 所示。单击"完成抠图"按钮，关闭"抠图"对话框，弹出"摇头娃娃"对话框，其内左边栏显示抠图，中间显示摇头娃娃动画效果，如图 5-3-35 所示。单击右边栏内的动画图案，可以更换娃娃动画的类型。拖动中间栏内下边的滑块，可以调整摇头动作的快慢。

图 5-3-34　"抠图"对话框

图 5-3-35　"摇头娃娃"对话框

（3）闪图（动态闪图）：打开一幅图片，切换到"更多功能"选项卡，单击该选项卡内的"闪图"按钮，弹出"闪图"对话框，如图5-3-36所示。单击右边栏内的标签，切换闪图类型选项卡，更换闪图类型。单击选项卡内的动画图案，例如第3行第2列图案，即可给当前图片添加该类型的闪图动画。此时，左边生成两栏，其内是生成的闪图动画的几种类型，用来提供选择，如图5-3-37所示。选中一种类型，即完成闪图制作。

图5-3-36　"闪图"对话框　　　　　　　　图5-3-37　左边两栏

单击"添加一帧"按钮，弹出"打开一张图片"对话框，可以添加一幅或多幅图片。单击中间上边的"预览动画效果"按钮，可以在中间栏内观察到闪图动画的效果。拖动调整中间下边的滑块，可以调整图片的切换速度。

（4）闪图（自定义闪图）：打开如图5-3-36所示的"闪图"对话框，单击左边栏内的"自定义闪图"按钮，在左边自动生成一个新栏，其内上边是打开的图片，下边是"添加图片"按钮和"添加一帧"按钮，如图5-3-38所示（还没有添加第2、3幅图片）。

单击"添加一帧"按钮或者单击"添加图片"按钮，都可以弹出"打开一张图片"对话框，利用该对话框添加第2幅图片。导入3幅图片后左边两栏如图5-3-38所示。

然后，拖动调整中间下边的滑块，调整图片的切换速度。

图5-3-38　"闪图"对话框

思考与练习

操作题

1. 使用"美图秀秀"软件打开一幅图像，调整它的大小和旋转角度，进行图像裁剪。

2. 使用"美图秀秀"软件打开一幅图像，使该图像内人物背景虚化。

3. 使用"美图秀秀"软件将一幅人物图像中的人物进行美化，添加饰品和文字。

4. 使用"美图秀秀"软件将一幅人物图像中的人物抠出来，再添加背景风景图像。

5. 使用"美图秀秀"软件将 6 幅图像进行统一大小和统一加工处理的批处理。

6. 安装"光影魔术手"软件，使用该软件打开一幅图像，调整该图像的大小和旋转角度，在进行图像的裁剪。

7. 使用"光影魔术手"软件将一幅图片进行一键美化和一键补光调整。

8. 使用"光影魔术手"软件将一幅图像中的人物进行美化和磨皮等加工处理，再将其中的人物图像抠出来，然后，添加一幅背景风景图像。

9. 使用"光影魔术手"软件给一组图片添加统一的框架，添加统一的文字，再以名称 PIC01. jpg、PIC02. jpg……保存。

10. 使用"光影魔术手"软件制作 2016 年日历，每一个月为一个图片文件。

第6章 中文PhotoImpact 10.0制作图像

PhotoImpact 是 Ulead 公司的一款功能强大、操作简单和拥有网页制作与绘图设计功能的图像制作和编辑软件。目前流行的简体中文版本是中文 PhotoImpact 10.0。2005 年美国 InterVideo 公司总部收购了 Ulead（友立资讯）公司。2006 年美国 Corel 公司收购了 InterVideo 公司。本章介绍使用中文 PhotoImpact 10.0 软件的基本使用方法。

6.1 中文 PhotoImpact 10.0 工作界面和文件基本操作

6.1.1 工作界面设置和面板管理

1. 工作界面设置

打开中文 PhotoImpact 10.0，再打开一幅图像，此时中文 PhotoImpact 10.0 的工作界面如图 6-1-1 所示。它只显示部分面板和工具栏，在需要使用其他面板和工具栏，或关闭打开的部分面板和工具栏时，可以采用如下方法。

图 6-1-1 中文 PhotoImpact 10.0 的工作界面

（1）单击"工作区"命令，弹出"工作区"菜单，如图 6-1-2 左图所示。单击该菜单中的"选项"命令，弹出"选项"对话框，如图 6-1-3 所示，可以设置工具栏和面板中的按钮是否是大按钮、彩色按钮和显示工具提示（即当鼠标指针移到工具栏、状态栏、调色板或面板的图标按钮等之上时，显示相应的工具名称、简要提示和快捷键名称）。

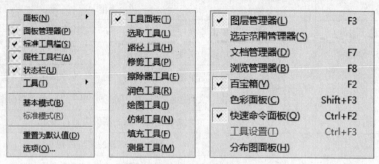

图 6-1-2　快捷菜单

（2）单击"工作区"→"工具"命令，弹出"工具"菜单，如图 6-1-2 中图所示。单击该快捷菜单内的"面板"命令，弹出"面板"菜单，如图 6-1-2 右图所示。单击这些菜单中的菜单选项，使它的左边显示对勾，表示相应的工具栏和面板已打开。再单击有对勾的菜单选项，可关闭相应的工具栏和面板，同时使菜单选项左边的对勾取消。

2. 面板管理器

面板管理器在中文 PhotoImpact 10.0 工作界面的最右边一列，用来控制面板的显示和隐藏。拖动面板管理器上边的 ，可将面板独立出来。拖动它的右边框，使其内的按钮水平排列，如图 6-1-4 所示。将鼠标指针移到按钮之上，可显示该按钮是控制哪个面板的显示与隐藏的信息。单击按钮，可在显示与隐藏该面板之间切换。

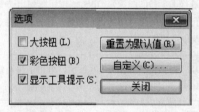

图 6-1-3　"选项"对话框

图 6-1-4　水平放置的面板管理器

6.1.2　标准工具、属性工具和状态栏

1. 标准工具栏

中文 PhotoImpact 10.0 的标准工具栏如图 6-1-5 所示，该工具栏内放置了一些常用的工具，用鼠标拖动标准工具栏最左边的竖线条，可以移动标准工具栏，改变它的位置。单击标准工具栏内的工具按钮，即可进行相应的操作。这些按钮的名称与相应的菜单命令的功能是一样的。将鼠标指针移到工具按钮之上时，会显示出它的名称和快捷键名称。标准工具栏内部分按钮的名称与功能简介如表 6-1-1 所示。

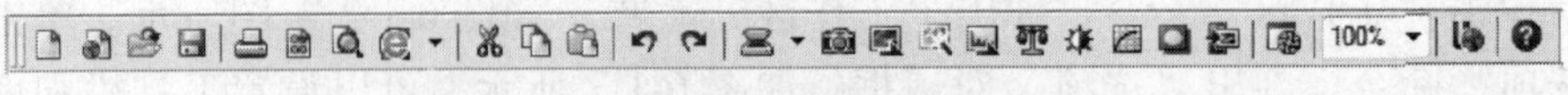

图 6-1-5　标准工具栏

表 6-1-1　标准工具栏内部分按钮的名称与功能

图标	名　称	功　能
	新建（图像）	与单击"文件"→"新建"→"新图像"命令效果一样
	新建网页	与单击"文件"→"新建"→"新网页"命令效果一样
	打开	与单击"文件"→"打开"命令效果一样
	保存	单击"文件"→"保存"命令效果一样，保存当前图像
	打印	用来将当前编辑的图像内容打印输出
	打印多个	用来打印打开的多幅图像
	打印预览	用来按打印方式预览将要打印输出的内容
	在浏览器中预览	单击该图标按钮，可以在设置的浏览器中预览当前图像。单击黑色箭头按钮，弹出它的快捷菜单，用来选择默认的浏览器，默认的浏览器名称左边有对勾符号
	剪切	用来把选中的对象剪切下来，保存到剪贴板中
	复制	用来把选中的对象复制到剪贴板中
	粘贴	用来把剪贴板中的内容粘贴到光标所在的位置处
	撤销（还原）	用来撤销刚刚进行的操作，还原本次操作以前的内容
	重复（重做）	用来重新进行刚刚被撤销的操作
	扫描仪	单击该图标按钮，可确定使用的扫描仪
	数码照相机	单击该图标按钮，可确定使用的数码照相机
	扫描图像修复（后处理向导）	对于整个图像（没有选区，进行了合并的图像），单击该按钮则弹出"整理扫描图像"对话框，按照它的提示进行操作，即可对图像进行调整、修剪、焦距、亮度、色彩平衡、删除红眼等操作，以及应用边框
	快速修片	单击该按钮会弹出"快速修片"对话框，如图 6-1-6 所示，可用来快速修改图片的颜色等。
	颜色平衡	单击该按钮会弹出"色彩平衡"（预设值）对话框，如图 6-1-7 所示，用来比较图像中所有的色彩并将其均衡，使色彩值更加相似
	亮度和对比度	单击该按钮会弹出"亮度和对比度"对话框，如图 6-1-8 所示。利用该对话框可以用于精细调整图像的亮度和对比度
	高亮半色调阴影	单击该按钮会弹出"高亮半色调阴影"对话框，利用该对话框可用于精细调整图像的高亮、半色调和阴影
	相框	单击该按钮，可弹出"照片边框"面板，用来给图像添加边框
	开始/停止捕获	单击该按钮，切换到"捕获"模式，此时允许用户在按下捕获快捷键后捕获屏幕的任何部分。单击"文件"→"屏幕捕获"→"设置"命令，弹出"捕获设置"对话框用来进行抓取参数设置

续上表

图标	名　称	功　能
100%	缩放	用来改变画布窗口大小，缩放范围是原图像的1/16 到16 倍
	在线更新	调出默认的浏览器，并进入友立公司的软件更新网页
	帮助	单击它后，调出友立主页，可以获得相应的帮助信息

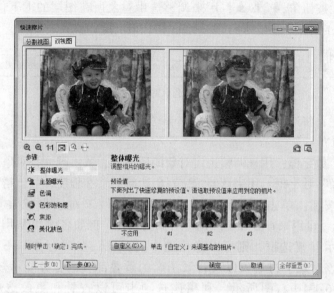

图 6-1-6　"快速修片"对话框

图 6-1-7　"色彩平衡"对话框

图 6-1-8　"高亮和对比度"对话框

2. 属性工具栏

　　属性工具栏也叫属性栏，当选择工具栏中的不同工具时，其属性栏中的内容会随之发生变化。该工具栏内放置了一些可以改变选定工具属性的常用工具。

工具栏在中文 PhotoImpact 10.0 工作界面的左边，工具栏中放置了一些图像加工工具和绘图工具。如果工具按钮的右下角有黑色箭头，则表示它是一个工具组，单击该按钮，即可弹出工具组中的所有工具，再单击其中的一个工具选项，即可选择该工具。下面以"选取对象"工具和"修剪"工具组工具为例简介属性栏特点。

（1）"选取对象"属性栏：单击工具面板内的"选取对象"按钮，单击对象，该工具的"选取对象"属性栏如图 6-1-9 所示，其中各选项的作用如下。

① "排列"栏按钮 ↑ ↓ 〒 ±：用来调整选中对象所在图层的上下位置。4 个按钮分别用来将选中对象向上移一层、向下移一层、移到最上层和移到最底层。

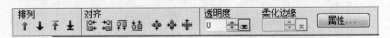

图 6-1-9 "选取对象"属性栏

② "对齐"栏：将选定的选区或对象在整个画布内，按上、下、左、右、水平居中或垂直居中等方式对齐。

③ "透明度"数字框：用来调整选定对象的透明度。数值越大，对象越透明。

④ "柔化边缘"数字框：用来调整选定对象边缘的柔和程度，数值越大，柔化越强。

⑤ "属性"按钮：单击该按钮，弹出"对象属性"对话框"常规"选项卡，如图 6-1-10 左图所示，可用来查看和更改选中对象的属性，例如名称、透明度、柔化边缘等；如果不选中"显示"复选框，则可以隐藏选中的对象；在"合并"下拉列表框内可以选择选中对象和该对象下边对象以及背景图像的重叠部分的合并显示效果。"位置和大小"选项卡如图 6-1-10 右图所示，利用该选项卡可以查看和更改选中对象的位置和大小。

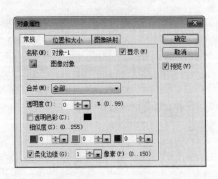 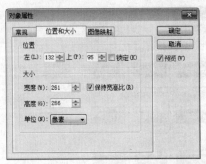

图 6-1-10 "对象属性"对话框

（2）"修剪"工具组工具的属性栏：单击工具面板内的"修剪"工具组图标，会调出该工具组菜单，其内有"修剪工具"和"透视修剪工具"两个工具按钮，如图 6-1-11 所示。

图 6-1-11 "修剪"工具组

单击"修剪工具"按钮，在要修剪的图像之上拖动，可以创建一个矩形修剪区域。此时的属性栏如图 6-1-12 所示。单击"透视修剪工具"按钮，在要修剪的图像之上拖动，也可以创建一个矩形修剪区域。此时的"透视修剪工具"属性栏如图 6-1-13 所示。

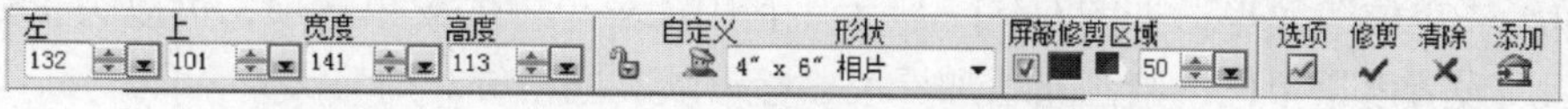

左	上	宽度	高度	自定义	形状	屏蔽修剪区域	选项 修剪 清除 添加
132	101	141	113		4" x 6" 相片	☑ 50	☑ ✓ ✕ 🏠

图 6-1-12　　"修剪工具" 属性栏

填充不要的区域	透视	选项 修剪 清除 添加
☑ 50	↩	☑ ✓ ✕ 🏠

图 6-1-13　　"透视修剪工具" 属性栏

"修剪工具" 和 "透视修剪工具" 属性栏内主要选项的作用简介如下。

①利用 "修剪工具" 属性栏内左边的 4 个数字框可以精确修剪区域的大小与位置。

②选中 "屏蔽修剪区域" 或 "填充不要的区域" 栏内的复选框，可以给修剪区域外部区域填充透明色；不选中左边的复选框，则不给修剪区域外部区域填充颜色；单击其左边的色块，会弹出 "友立色彩选取器" 对话框，用来设置修剪区域外部填充色的透明度。

③单击 "修剪" 按钮，可完成修剪图像的任务。单击 "清除" 按钮，可取消修剪图像。

④矩形修剪区域四周有 8 个控制柄的修剪区域，如图 6-1-14 所示。拖动控制柄，可调整修剪区域的大小；拖动修剪区域，可调整它的位置。按【Enter】键，可完成修剪任务。

⑤单击 "透视" 按钮 ↩，拖动控制柄，调整修剪区域呈透视状，如图 6-1-15 所示。

图 6-1-14　修剪区域　　　　　图 6-1-15　透视修剪区域

⑥单击 "添加" 按钮，弹出 "添加到百宝箱" 对话框，如图 6-1-16 所示。其内 "样本名称" 文本框内可以给样本命名，在 3 个下拉列表框内分别选择 "画廊/库" 等名称，单击 "确定" 按钮，即可将修剪后的图像添加到百宝箱内选择的位置。

3. 状态栏

状态栏左边有提示信息，右边有 3 个图标按钮，它们的作用如下。

（1）　🔲（单位）按钮：将鼠标指针移到该按钮之上时，状态栏左边会显示 "单位" 提示信息，单击该按

图 6-1-16　　"添加到百宝箱" 对话框

钮，会弹出"单位"菜单，如图 6-1-17 所示。利用该菜单中的菜单选项，可以为 PhotoImpact 10.0 的标尺设置度量单位，给画布增加标尺、参考线和网格等。

（2） ▬▬▬ （数据类型）按钮：将鼠标指针移到该按钮之上时，状态栏左边会显示"改变当前的数据类型"提示信息，单击该按钮，会弹出"数据类型"菜单，如图 6-1-18 所示。用来选择图像类型，并生成一个新画布，新画布内为更改类型后的图像。

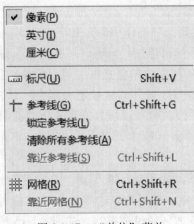

图 6-1-17　"单位"菜单　　　　　　图 6-1-18　"数据类型"菜单

（3） ⊞ （显示图像/系统属性）按钮：单击该按钮，即可弹出"相片属性"对话框，该对话框中显示当前文件的有关信息。

（4）状态栏左边的提示信息：其内左边显示当前的工作状态。例如，当选择"画笔"工具后，状态栏左边会显示鼠标指针的坐标值和指示处的图像颜色数据等，如图 6-1-19 所示；当鼠标指针移到标准工具栏中按钮之上时，会显示该按钮的功能。

```
(131,230) R=127 G=176 B=253   Hex=#7FB0FD   H=217 S=50 B=99
```

图 6-1-19　状态栏显示的信息

6.1.3　文件操作

1. 打开和浏览图像文件

（1）打开文件：单击"文件"→"打开"命令，弹出"打开"对话框，如图 6-1-20 所示，选择一个图像文件。单击"打开"按钮，即可打开选中的图像。

（2）浏览图像文件：单击"文件"→"浏览"命令，弹出一个对话框，单击其列表框中的一个图像文件（如"海底 01.jpg"），此时的对话框标题为"PhotoImpact－海底 01.jpg"，如图 6-1-21 所示，利用该对话框也可以打开选中的图像文件。

2. 新建图像文件

单击"文件"→"新建"→"新建图像"命令，弹出"新建图像"对话框，如图 6-1-22 所示，可以设置新建图像的大小、背景色和分辨率。具体方法简介如下。

（1）在"画布"栏内选中"白色"单选按钮，可设置背景色为白色；选中"透明"单

选按钮，可以设置画布颜色为透明。选中"自定义色彩"单选按钮，单击其右边的色块，
弹出"友立色彩选取器"对话框，如图 6-1-23 所示，可设置画布背景颜色。

图 6-1-20　"打开"对话框

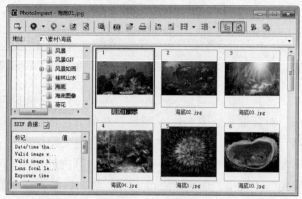

图 6-1-21　"PhotoImpact-海底 01. jpg"对话框

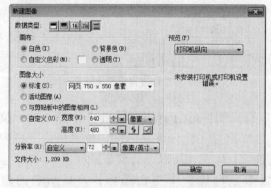

图 6-1-22　"新建图像"对话框

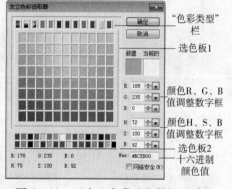

图 6-1-23　"友立色彩选取器"对话框

（2）单击工具栏内调色板中的"背景色"色块（参看图 6-1-1），也可以弹出如
图 6-1-22所示的"友立色彩选取器"对话框，可以设置背景色。选中"新建图像"对话框
内的"背景色"单选按钮，可以设置画布颜色为背景色。

（3）在"图像大小"栏中，如果选中"标准"单选按钮，可以在其右边的"标准"下
拉列表框中选择一种标准的大小；如果选中"自定义"单选按钮，可以在其右边 2 个数字
框内分别输入图像的宽度或高度。单击"像素"下拉按钮，弹出它的下拉列表框，用来选
择数字框数值的单位，例如，像素、厘米等。

（4）单击按钮，可以将宽度和高度的数值互换。单击"自定义大小"按钮，弹出
"自定义大小"菜单，如图 6-1-24 所示（还没有第 2 栏自定义选项）。单击该菜单内的"添
加自定义大小"命令，弹出"添加自定义大小"对话框，如图 6-1-25 所示。在其内文本框
中输入自定义图像大小的名称，单击"确定"按钮，将新图像以该名称保存在"标准"下

拉列表框内。按照上述方法，再创建名称为"自定义400 * 300"的自定义图像大小。

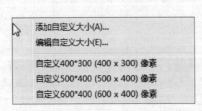

图 6-1-24　"自定义大小"菜单　　图 6-1-25　"添加自定义大小"对话框

（5）单击"自定义大小"菜单内的"编辑自定义大小"命令，弹出"编辑自定义大小"对话框，如图 6-1-26 所示。在列表框内选中要编辑的自定义图像大小名称。单击"删除"按钮，可以删除选中的设置的自定义图像大小；单击"修改"按钮，弹出"修改自定义大小"对话框，如图 6-1-27 所示，其内的所有选项均变为有效，利用该对话框可以重新改变窗体大小，还可以更改名称。然后，单击"确定"按钮。

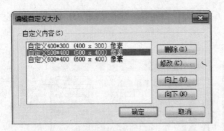

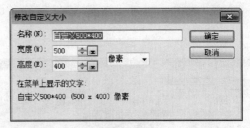

图 6-1-26　"编辑自定义大小"对话框　　图 6-1-27　"修改自定义大小"对话框

（6）在"分辨率"栏内的数字框中可以设置图像的分辨率，单击"分辨率"下拉按钮，弹出它的菜单，单击该菜单内的选项，可以设置一种分辨率单位。在"预览"栏内的下拉列表框中可以设置打印特点，因为没有连接打印机，所以没有预览显示。

（7）单击"确定"按钮，即可按设置参数创建一个空白图像，并显示它的画布窗口。

3. 保存和退出图像文件

（1）另存图像文件：单击"文件"→"另存为"命令，弹出"另存为"对话框，利用该对话框选择一种文件类型，可以将图像以给定的文件名保存在指定的目录下。

（2）保存图像文件：单击"文件"→"保存"命令，可将图像以原名称保存，如果当前图像没有保存过，会弹出"另存为"对话框。

（3）退出图像文件：单击"文件"→"关闭"命令，即可关闭当前图像文件，如果当前图像经过加工还没有保存，则会自动弹出如图 6-1-28 所示"另存为"对话框。利用该对话框可以选择文件类型、保存文件的文件夹，输入文件名称，单击"确定"按钮后关闭"另存为"对话框并关闭当前图像。

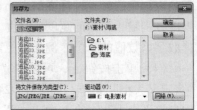

图 6-1-28　"另存为"对话框

（4）关闭中文 PhotoImpact 10.0 工作界面：单击"文件"→"关闭"命令，即可关闭图像文件，并关闭中文 PhotoImpact 10.0。

4．新建网页文件

单击"文件"→"新建"→"新建网页"命令，弹出"新建网页"对话框，如图 6-1-29所示。利用它可设置网页的标题文字、页面大小和背景纹理或图像等，操作方法简介如下

（1）在"标题"文本框内可以输入网页的标题文字，在"编码"下拉列表框中选中一种编码。在"页面大小"栏内有 4 个单选项，都可以用来设置页面的大小。

（2）选中"生成背景"复选框，单击"色彩"行右边的图标，弹出"友立色彩选取器"面板，单击其内"色彩类型"栏中的第 1 个色块，切换下边的选色板，如图 6-1-30 所示。单击该对话框内的一种颜色后，再单击"确定"按钮，关闭该对话框并设置好背景颜色。

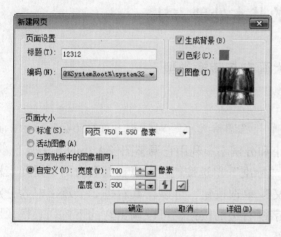

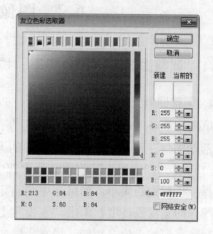

图 6-1-29　"新建网页"对话框　　　　图 6-1-30　"友立色彩选取器"对话框

（3）选中"图像"复选框，再单击其右边的预览图，弹出"网页背景图像"对话框，如图 6-1-31 所示，选中"预设纹理"单选按钮，弹出"纹理"面板，单击该面板内的一种纹理图案，即可设置网页背景图像为选中的纹理图像。

（4）单击"网页背景图像"对话框内的"背景设计器纹理"按钮或选中该单选按钮，会弹出"背景设计器"对话框，如图 6-1-32 所示。在"方案"下拉列表框中选择一种纹理类型，在"方案"列表框中选择一种纹理图案，设置频率和振幅等参数。单击"编辑"按钮，弹出"色盘环编辑器"对话框，用来调整纹理颜色和形状等。单击"确定"按钮，关闭该对话框。

（5）完成网页背景纹理图像的设置后，单击"背景设计器"对话框内的"添加"按钮，弹出"添加百宝箱梯度样本"对话框，利用该对话框可以将调整结果保存到百宝箱中。

（6）如果要给网页背景填充图像，可以在图 6-1-31 所示的"网页背景图像"对话框内，选中"文件"单选按钮或单击按钮，弹出"打开"对话框，利用该对话框导入一幅外部图像。然后，两次单击"确定"按钮，依次关闭 2 个对话框，完成页面设置。

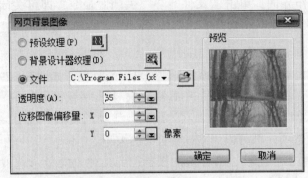

图 6-1-31　"网页背景图像"对话框

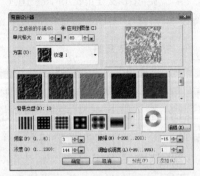

图 6-1-32　"背景设计器"对话框

6.2　图像的基本处理方法

6.2.1　调整图像大小和分辨率、扩大画布与转换类型

1. 调整图像大小

单击"调整"→"调整大小"命令,弹出"调整大小"对话框,如图 6-2-1 所示,其中"活动图像"栏内显示出当前图像的大小和分辨率。利用它调整图像大小的方法如下。

(1) 在"图像大小"栏中,如果选中"标准"单选按钮,可以在其右边的下拉列表框中选择一种标准的大小。如果选中"自定义"单选按钮,可以在其右边 2 个数字框内分别输入图像的宽度或高度。单击"宽度"数字框右边的按钮,可以调出它的下拉列表框,用来选择数字框的单位,例如,像素、厘米等。

(2) 设置好图像大小后,单击"自定义大小"按钮☑,弹出"自定义大小"菜单。其他操作和"新建图像"对话框中的操作一样。

2. 调整图像分辨率、扩大画布和转换数据类型

(1) 调整图像分辨率:单击"调整"→"分辨率"命令,弹出"分辨率"对话框,如图 6-2-2 所示,其内显示当前图像的分辨率。如果选中"自定义"单选按钮,在其右边的数字框内可以调整分辨率的大小。如果选中"显示"单选按钮,可以采用默认的 96 像素/英寸分辨率;如果安装了打印机,则也可以选中"打印机"单选按钮。

(2) 扩大画布:单击"调整"→"扩大画布"命令,弹出"扩大画布"对话框,如图 6-2-3 所示(还没设置)。

如果选中"等边扩大"复选框,则可以在"新尺寸"栏内任意一个数字框中输入数值,其他数字框会自动随之变为相同值;如果未选中"等边扩大"复选框,则需要在 4 个数字框中分别输入数值。按照图 6-2-3 所示设置后,单击"确定"按钮,可将图像左右扩展 30 像素、上下扩展 20 像素,如图 6-2-4 所示。单击"扩大区域的色"色块,弹出"友立色彩选取器"对话框,用来设置图像四边扩大部分的颜色。

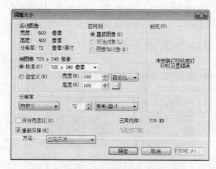

图 6-2-1　"调整大小"对话框

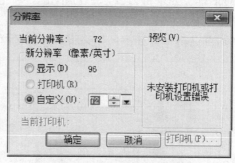

图 6-2-2　"分辨率"对话框

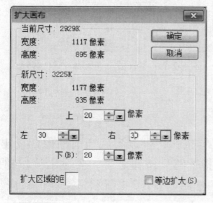

图 6-2-3　"扩大画布"对话框

图 6-2-4　左右扩大 30、上下扩大 20 像素图像

（3）转换数据类型：单击"调整"→"转换数据类型"命令，弹出"转换数据类型"菜单，可改变当前图像的类型，并生成一个新画布。

6.2.2　图像变形、调整和添加效果

1．图像调整

单击菜单栏内的"调整"命令，弹出"调整"菜单，该菜单内第 1 栏中的命令如图 6-2-5 所示，这些命令均用来调整图像的亮度、对比度和色彩，注意这些命令名称的右边都有"…"，表示单击该命令后，会弹出一个对话框，用来进行相关参数的设置。单击该菜单内的"自动处理"命令，弹出"自动处理"菜单，如图 6-2-6 所示，其内的命令不用再进行设置调整即可自动进行相应的调整。例如，单击"调整"菜单内的"样式"命令，弹出"样式"对话框，如图 6-2-7 所示，用来应用一种样式，综合调整当前图像的亮度等属性。

单击"预览结果"按钮 ，可以观看图像效果，同时弹出

图 6-2-5　"调整"菜单

"样式"对话框，如果符合要求，可单击"确定"按钮，将选中的样式应用于当前图像；如果不符合要求，可单击"继续"按钮，回到"样式"对话框继续调整。单击按钮 🖼，弹出"添加到百宝箱"对话框，用来将调整好的样式保存到百宝箱内。

图 6-2-6　"自动处理"菜单

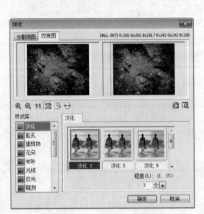

图 6-2-7　"样式"对话框

2. 图像变形

打开一幅图像，单击工具面板内的"变形"工具按钮，可以看到当前图像四周出现 8 个控制柄，此时的属性栏如图 6-2-8 所示。将鼠标指针移到按钮之上，会显示该按钮的名称，也就了解了它的作用。"变形"工具和数字框的作用如表 6-2-1 所示。

单击"编辑"→"旋转和翻转"→"使用变形工具"命令，也可以达到同样的目的。

图 6-2-8　"变形"工具属性栏

表 6-2-1　"变形"工具和数字框的作用

图标	名　称	使 用 方 法
🔲	调整大小	拖动对象四周的控制柄，可调整对象大小；"宽度"和"高度"数字框变为有效，用来精确调整当前对象的大小
🔲	倾斜	将鼠标指针移到控制柄处，鼠标指针会呈双箭头状（四边中心点）或 状（四角），拖动鼠标，可以使对象倾斜
🔲	扭曲	将鼠标指针移到四角控制柄处（只有四个控制柄），鼠标指针会呈双箭头状，拖动鼠标，可以使对象扭曲
🔲	透视	将鼠标指针移到四角控制柄处（只有四个控制柄），鼠标指针会呈双箭头状，拖动鼠标，可以使对象扭曲
🔲	用水平线旋转	在当前图像之上会出现一条水平线，如图 6-2-10 所示。拖动水平线一端的控制柄处，使水平线旋转，再双击，即可使对象旋转

图标	名　称	使 用 方 法
 用垂直线旋转		在当前对象之上会出现一条垂直线。拖动垂直线一端的控制柄处，使垂直线旋转，再双击，即可使对象旋转
	任意旋转	将鼠标指针移到四角控制柄处（只有 4 个控制柄），鼠标指针会呈曲线双箭头状，拖动鼠标，可以使对象旋转
	旋转和翻转	从左到右依次单击这 5 个按钮，可依次使当前对象向左旋转 90°、向右旋转 90°、旋转 180°、水平翻转和垂直翻转
	按角度旋转	在该数字框内设置旋转角度，再单击"逆时针旋转"按钮 或"顺时针旋转"按钮 ，可使当前对象按照设置的角度逆时针或顺时针旋转

另外，单击"编辑"→"旋转和翻转"命令，弹出"旋转和翻转"菜单，利用该菜单中的命令，也可以进行对象的旋转或翻转操作。

3. 图像添加效果

单击菜单栏内的"效果"命令，弹出"效果"菜单，如图 6-2-9 所示，这些命令均用来调整图像的各种效果。图像效果分为 7 类，单击该菜单内的"全部"命令，可以弹出"全部"子菜单，其中部分命令如图 6-2-9 所示，单击其内的命令，弹出相应的对话框，用来调整图像的一种效果。例如，单击"效果"→"艺术化"→"油画"命令，弹出"油画"对话框，如图 6-2-10 所示，可以看到右边图像是加工处理后的油画效果。在该对话框内左下方的列表框中给出 4 个不同的样式，选中其中的一种样式，即可将该样式应用于图像，形成油画效果。在"笔画"栏内的 3 个数字框内可以调整油画笔画的大小、密度和变化。还可以在"角度"栏内用不同的方法修改笔画角度。

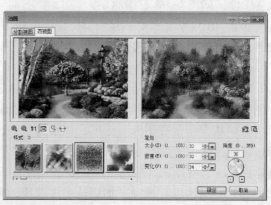

图 6-2-9　"效果"菜单　　　　　　　　图 6-2-10　"油画"对话框

6.3 选 区 工 具

创建选区工具组有 4 个工具，如图 6-3-1 所示。利用它们可以创建出规则形状和不规则形状的选区。单击创建选区工具组中的工具按钮，即可用鼠标在图像中拖动或单击来创建选区。选区可以使填充和其他图像处理只对选区内的图像有效。

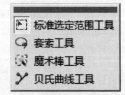

图 6-3-1　创建选区工具组的工具

创建选区工具组中各工具的作用如下。

6.3.1 标准选定范围和套索工具

1. 标准选定范围工具

单击"标准选定范围工具"按钮后，在画布内拖动，即可创建选区。此时的属性栏如图 6-3-2 所示，其内各选项的作用简介如下。

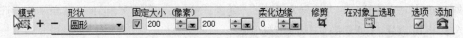

图 6-3-2　"标准选定范围工具"的属性栏

（1）"模式"栏内 3 个按钮：单击按钮，可创建新选区；单击按钮 ➕，再创建的选区可以和原选区相加；单击按钮 ➖，再创建的选区可以和原选区相减。

（2）"形状"下拉列表框：用来选择创建矩形、正方形、圆形或椭圆形的选区。

（3）"固定大小"栏内的两个数字框：用来精确确定选区或选区外切矩形的宽和高。

（4）"柔化边缘"栏内的数字框：用来设置选区边缘的柔缓程度，柔化边缘会让矩形选区的边缘较为圆滑。除非在选区中填充渐变色或纹理，否则柔化效果不会很明显。

（5）"修剪"按钮：用来将选区内的图像裁剪成一幅独立图像。例如，在一幅图像之上创建一个圆形选区，如图 6-3-3 左图所示。单击"修剪"按钮，即可获得选区内的独立图像，如图 6-3-3 右图所示。

（6）"在对象上选取"按钮：在该按钮为抬起状态时，鼠标指针形状如 ✛，不能创建选区；在该按钮为按下状态时，鼠标指针形状如 ➤，单击后可以拖动，创建新选区。

（7）"选项"按钮：单击该按钮，调出"选项"菜单，各选项的作用简介如下。

① "从中央开始绘制"选项：如果选中该选项，则再拖动创建选区时，以单击点为中心创建选区；如果不选中该选项，则再拖动创建选区时，以单击点为左上角点创建选区。

② "从保留基底图像"选项：如果选中该选项，则再拖动创建选区时，移动选区后保留选区内原图像，如图 6-3-4 左图所示；如果不选中"从保留基底图像"选项，则再拖动创建选区时，移动选区后选区原位置会填充背景色，如图 6-3-4 右图所示。

③ "平滑边缘"选项：如果选中该选项，则创建的选区边缘可以平滑。

④ "移动选定范围选取框"选项：如果选中该选项，则拖动移动选区时，只移动选区；如果不选中"移动选定范围选取框"选项，则拖动移动选区时，可以移动选区内的图像。

图 6-3-3 椭圆形选区和修剪结果

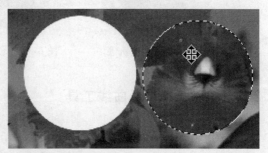

图 6-3-4 两种情况下拖动选区效果

2. 套索工具

单击"套索工具"按钮 🔍 后，在画布内单击后拖动鼠标，或依次单击选区的各转折点，最后双击，创建鼠标移动的路径线（也叫随意线），单击工具栏内的按钮，即可创建任意形状的选区。套索工具属性栏如图 6-3-5 所示，前面没有介绍过的选项作用简介如下。

图 6-3-5 "套索工具"属性栏

（1）"智能套索"复选框：选中该复选框后，在拖动鼠标创建选区时，鼠标移动路径线会自动靠近检测范围区域中的对象边缘，如图 6-3-6 所示。在不选中该复选框时，可以手动沿要选取的区域边缘拖动或依次单击，以创建选取边缘的路径线。双击结束创建路线后，单击工具栏内的"选取工具"按钮 ▶ 或其他按钮，即可创建选区，如图 6-3-7 所示。依次单击创建的路径线如图 6-3-8 所示，它由直线和节点组成，单击直线上一点，可以创建新的节点；拖动节点，可以调整节点的位置和与他连接的直线形状。

（2）单击"直线""节点"或"随意线"色块，都会弹出"友立色彩选取器"对话框，分别用来设置路径线（即任意线）中直线、节点和随意线的颜色。

（3）"完成"按钮：在创建路径线后，单击该按钮，即可将路径线转换为选区，这和在创建完路径线后单击工具箱内工具的效果一样。

（4）"取消"按钮：在创建路径线后，单击该按钮，即可取消路径线。

（5）"编辑"按钮 ✂：单击该按钮，可将选区切换为路径线，同时属性栏切换到"路径编辑工具"属性栏。此时，拖动路径线上的节点或节点切线的控制柄，都可以调整路径的形状。该属性栏内的选项提供了不同的编辑方法。编辑完后，单击"编辑"按钮，可以将路径线切换为选区，同时属性栏切换到如图 6-3-5 所示的"套索工具"属性栏。另外，单击该属性栏内的"切换"按钮，可以将选区和路径线相互切换。

图 6-3-6　鼠标拖动轨迹　　　图 6-3-7　创建的选区　　　图 6-3-8　直线和节点

6.3.2　魔术棒和贝氏曲线工具

1. 魔术棒工具

"魔术棒工具" 可以创建一个区域将与单击点相似的色彩范围圈起来，其属性栏如图 6-3-9 所示。属性栏内没有介绍过的各选项的作用简介如下。

图 6-3-9　"魔术棒工具"属性栏

（1）"相似度"数字框：该数值决定想要包含的色彩范围。例如，如果将色彩相似度设成 30，然后单击数值为 120、0、120（暗紫红色）的像素，选中像素的色彩值在 90、0、90 到 150、30、150 的所有像素都会包含在其中。

（2）"查找连接像素"复选框：选中该复选框后，只选取选区范围内的相邻像素。

（3）"选项"按钮：单击该按钮，弹出"选项"菜单，如图 6-3-10 所示。选中"按 RGB 对比"或"按 HSB 对比"选项，则可以通过比较图像的 RGB 或 HSB 色彩创建选区。

图 6-3-10　"选项"菜单

2. 贝氏曲线工具

"贝氏曲线工具" 可用来创建由直线和曲线组成的路径范围，进而可转换为选区。当对路径满意时双击，可将路径转换为选区。"贝氏曲线工具"属性栏如图 6-3-11 所示。

图 6-3-11　"贝氏曲线工具"属性栏

（1）"形状"下拉列表框：用来选择预设的形状。

（2）"绘制新的路径"单选钮：选中该单选按钮后，创建的路径是新路径。

（3）"编辑现有路径"单选钮：选中该单选按钮后，可以编辑现有路径的节点和路径。

6.4　调色板、擦除器与填充和路径等工具

6.4.1　调色板、擦除器和填充工具组

1. 调色板

调色板在工具栏内的下边，如图6-4-1所示。调色板由6个部分组成。用户可以使用调色板来设置背景色和前景色。单击"背景色"和"前景色"色块，都可以弹出"友立色彩选取器"对话框，利用该对话框可以设置背景色和前景色。

单击"切换前景/背景色"图标，可将前景色和背景色互换；单击下边的3个图标，可以分别设置背景色为白色、设置前景色为黑色，以及设置前景色为黑色和背景色为白色。

2. 擦除器工具组

擦除器工具组内有"对象绘制擦除器工具" 和"对象魔术擦除器工具" ，如图6-4-2所示。这两个工具的特点简介如下。

（1）"对象绘制擦除器工具" ：单击该工具，可以用来擦除图像。被擦除的图像要求是独立的选区选中的图像对象，例如，设置背景色为蓝色，使用"标准选定范围工具" ，在图像之上创建一个椭圆选区，拖动选区内的图像到画布窗口外，创建一个新画布，其内是复制的选区内的图像，如图6-4-3所示。选区内的图像是可以擦除的图像。

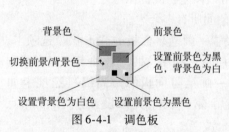

图6-4-1　调色板　　　图6-4-2　擦除器工具组　　图6-4-3　选区内的图像对象

此时的属性栏如图6-4-4所示，其中前面没有介绍过的选项的作用简介如下。

①"形状"按钮：单击该按钮，弹出"形状"菜单，其中列出了多种橡皮擦形状图案，选中一种图案，即可设置橡皮擦为选中的形状。

②"形状"数字框：用来设置橡皮擦的大小。

③"线条"按钮：单击该按钮，弹出"线条"菜单，如图6-4-5所示，用来选择擦除图像采用的方式。

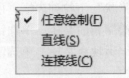

图 6-4-4 "对象绘制擦除器工具"属性栏　　　　图 6-4-5 "线条"菜单

选中"线条"菜单内的"任意绘制"选项，设置橡皮擦大小为 60 像素，其他设置如图 6-4-4 所示。在图像之上拖动，鼠标指针经过处的图像会被擦除，如图 6-4-6 左图所示。

选中"线条"菜单内的"直线"选项，水平拖动鼠标，产生一条水平直线，单击后即可擦除该直线处宽度为 60 像素的图像，如图 6-4-6 右图所示；选中"直线"选项，单击起点，再单击终点，即可擦除起点到终点连接的直线处宽度为 60 像素的图像。按住【Shift】键，拖动或单击，擦除直线会被限制在 0°、45°、90°、135°、180°、225°、270° 和 315° 方向。

图 6-4-6 两种情况下擦除的图像

选中"线条"菜单内的"连接线"选项后，可以擦除连续的线条，最后双击结束擦除图像。

④ "恢复"按钮 ：单击该按钮，可以在擦除器和恢复还原模式间切换。单击该按钮，则处于恢复还原状态，在刚擦除的图像处拖动，可以恢复擦除的图像。

⑤ "修整"按钮：单击该按钮，可以删除所选对象的所有多余边框。

⑥ "面板"按钮 ：单击该按钮，弹出"工具设置–画笔"面板的"形状"选项卡，如图 6-4-7 左图所示；"选项"选项卡如图 6-4-7 中图所示。利用这两个选项卡可以完成利用属性面板内各选项设置的各种参数。"工具设置–画笔"面板的"高级"选项卡如图 6-4-7 右图所示，只有在使用压力感应绘图时才能使用该选项卡，用来设置等间隔圆形点状的擦除效果、设置透明度和压力等参数。

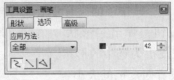

图 6-4-7 "工具设置-画笔"面板

（2）"对象魔术擦除器工具" ：单击该工具，在图像之上单击或拖动，即可擦除与单击点或拖动区域内像素相似色彩的像素。它的属性栏如图 6-4-8 所示，简介如下。

图 6-4-8　　"对象魔术擦除器工具"属性栏

①"线条"单选按钮：选中该单选按钮后，在图像上拖动，可以创建一条取样线条，即可选取对象中的样本色彩。

②"区域"单选按钮：选中该单选按钮后，在图像上拖动，可以创建一个多边形区域，即可选取该多边形区域内像素的样本色彩。

③"相似度"数字框：可以用来调整擦除像素的相似度。如果该数值较小，使用对象魔术擦除器工具只会擦除与单击像素色彩相似色彩的像素。

④"查找连接像素"复选框：如果要将查找范围限制到取样区域的相邻像素，需要选中该复选框。如果希望取样区域的查找范围包括整幅对象，则不选中该复选框。

⑤"平滑边缘"复选框：选中该复选框后，可以使被擦处区域的边缘平滑。

3．填充工具组

填充工具组有 5 个填充工具，提供了 5 种不同的填充方式。简介它们的特点如下。

（1）"单色填充工具" ：单击该按钮后，再单击图像内一点，则给单击点和与单击点色彩相似的像素填充设置好的背景颜色。它的属性栏如图 6-4-9 所示。单击"填充色"按钮，弹出"友立色彩选取器"对话框，用来设置填充色。"相似度"数字框用来调整填充单色时，与单击点像素的相似度。"透明度"数字框用来调整填充单色的透明程度。

图 6-4-9　　"单色填充工具"属性栏

"合并"下拉列表框用来选择决定填充的颜色和底层色彩或图像的混合方式。图像的数据类型和当前的工具或对话框不同，"合并"下拉列表框中的选项也会不同。

（2）"线性渐变填充工具" ：单击该按钮后，在图像上拖动，可以填充渐变色。它的属性栏如图 6-4-10 左图所示。其中前面没有介绍过的选项的作用简介如下。

①在"填充方法"下拉列表框中有 2 个选项，选中"双色"选项后，该属性栏如图 6-4-10左图所示，可以填充两个颜色的渐变色；选中"多色"选项后，其右边"填充色"栏如图 6-4-10 右图所示，可以填充多个颜色的渐变色。

图 6-4-10　　"线性渐变填充工具"属性栏

②"色彩梯度"下拉列表框：在"填充方法"下拉列表框中选择"双色"选项后，该下拉列表框才有效，其内有 3 个选项，用来设置渐变填充中的色彩变化方式。

选中"RGB"选项后，采用在 RGB 立方体中从开始到结束连成直线上的色彩；选中"HSB 顺时针"后，采用开始色沿 HSB 圆锥体顺时针到结束色弧线上的色彩；选中"HSB

逆时针后，采用结束色沿 HSB 圆锥体逆时针到开始色弧线上的色彩。

③ 单击图 6-4-10 左图中"填充色"栏的色块，弹出"友立色彩选取器"对话框，用来设置相应的颜色，从而设置双色渐变色。设置蓝色到黄色的渐变色，透明度为 40，其他设置如图 6-4-10 左图所示，再在椭圆选区内拖动，填充渐变色效果如图 6-4-11 所示。

单击图 6-4-10 右图中"填充色"栏的色块，弹出图 6-4-12 所示的"色盘环编辑器"对话框，在该对话框内下边的列表框中可以选中一种多色渐变颜色样式，在两个数字框内可以调整渐变色的状态，在 2 个显示框内可以看到调整效果。单击"确定"按钮，完成设置，再在一个椭圆选区内拖动，填充多色渐变色，如图 6-4-13 所示。

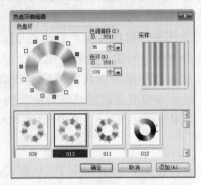

图 6-4-11　填充双色渐变色　　图 6-4-12　"色盘环编辑器"对话框　　图 6-4-13　填充多色渐变色

（3）"矩形渐变填充工具"：单击该按钮后，它的属性栏设置和图 6-4-10 所示一样，再单击"交换这两种色彩"按钮，在图像上从中心向四周拖动，可以填充矩形渐变色。"双色"填充效果如图 6-4-14 左图所示，"多色"填充效果如图 6-4-14 右图所示。

（4）"椭圆形填充工具"：单击该按钮后，在图像上从中心向四周拖动，可以填充椭圆形渐变色。它的属性栏和图 6-4-10 所示基本一样。按照上边所属设置，"双色"填充效果如图 6-4-15 左图所示，"多色"填充效果如图 6-4-15 右图所示。

图 6-4-14　填充矩形渐变色　　　　图 6-4-15　填充椭圆形渐变色

（5）"纹理填充工具"：单击该按钮后，在图像上从中心向四周拖动，可以填充照片自然纹理或魔术纹理。"纹理填充工具"属性栏如图 6-4-16 所示。部分选项简介如下。

图 6-4-16　"纹理填充工具"属性栏

①"纹理填充组合"下拉列表框：该下拉列表框内有 3 个选项，如图 6-4-17 所示。

②"色调"数字框：调整它的数值，可以更改所选纹理图样的色调。

③"调整大小方式"下拉列表框：当选取的填充为"魔术纹理"时，该下拉列表框才有效。它有 3 种方式可以调整纹理填充的大小，如图 6-4-18 所示。

在"纹理填充组合"下拉列表框中，选中"相片"选项后，单击右边的图标，弹出"照片"面板，单击其内的照片图案，可利用该照片填充图像；选中"自然纹理"选项后，单击右边的图标，弹出"自然纹理"面板，单击其内的纹理图案，即可利用该纹理填充图像；选中"魔术纹理"选项后，单击右边的图标，弹出"魔术纹理"面板，单击其内的纹理图案，即可利用该纹理填充图像。

6.4.2　路径工具组工具和选取工具

路径工具组包含 4 个工具，如图 6-4-19 所示，利用它们可以创建和调整矢量路径。选择前 3 个路径工具，可以绘制不同类型的路径，选择"路径编辑工具"，可进行路径的编辑。选择不同的路径工具，其属性栏也不同，它们的属性栏可用来确定路径的形状、模式和色彩等。路径工具组中各工具的作用如下。

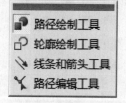

 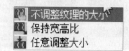

图 6-4-17　下拉列表框　　图 6-4-18　"调整大小方法"下拉列表框　　图 6-4-19　路径工具组工具

1．路径绘制工具

"路径绘制工具"可用来创建各种矢量图形和路径，它的属性栏如图 6-4-20 所示。其中各选项的作用简介如下。

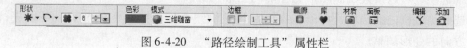

图 6-4-20　"路径绘制工具"属性栏

（1）"形状"栏：其内有 3 个按钮和 1 个数字框，它们的作用简介如下。

①第 1 个按钮：单击它可以弹出"形状"面板，如图 6-4-21 所示。单击其内的一个图案，再在画布内拖动，即可绘制选中形状的图形。单击该面板内的"自定义形状"按钮，弹出"自定义形状"对话框，如图 6-4-22 所示。在该对话框内"选项卡组"下拉列表框中选择一种类别，可以切换"形状"列表框中的内容。在"形状"列表框中选择一个形状图案，再单击"确定"按钮，然后在画布窗口内拖动，即可将该形状图形添加到画布中。

②第 2 个按钮：单击它可弹调出另一个"形状"面板，其内有"弧线"、"贝氏曲线"和"任意"3 个选项，选中不同的选项，选取不同的工具，可采用不同的方式（都是单击和拖动，最后双击结束，效果不一样）在画布窗口内绘制图形。

③第 3 个按钮：单击它可弹出另一个"形状"面板，其内有"多边形"●、"星形"★、"苜蓿"❋和"圆形"●选项，选中不同的选项，选取不同的工具，此时它右边的"边数"数字框变为有效，用来设置多边形的边数。然后，在画布窗口内拖动，即可绘制与选中形状相同，"边数"数字框决定的图形。

（2）"色彩"按钮：单击该按钮，弹出"色彩"菜单，如图 6-4-23 所示。其内提供很多设置形状图形颜色的方式，包括可以填充单色、渐变色、魔术纹理和自然纹理、淡出渐变等效果。单击"滴管"命令，可以使用滴管工具单击吸取屏幕图像中的颜色，这和使用工具栏内的滴管工具的效果基本一样。

图 6-4-21　"形状"面板

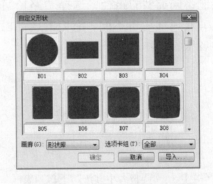

图 6-4-22　"自定义形状"对话框

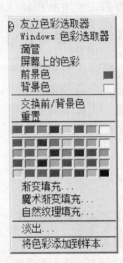

图 6-4-23　"色彩"菜单

（3）"模式"下拉列表框：其内的选项如图 6-4-24 所示，这些选项简介如下。

①选中第 1 栏内的"二维对象"选项，可以设置绘制图形为二维图形；单击第 1 栏内其他三维选项，可以设置绘制图形为相应的三维图形。

②选中第 2 栏内的选项，可以转换为路径轮廓线，拖曳路径上的节点，可以进行水平或垂直方向的变形调整。

③选中第 3 栏内的"选定范围"选项，再在画布中拖动，可创建相应形状的新选区。

④选中第 4 栏内"继续绘制"选项，再在画布中拖动，可继续创建新路径。

（4）"边框"栏：选中该栏内的复选框，再在数字框内调整或输入边框大小的数值（例如 9）；单击色块，弹出"友立色彩选取器"对话框，用来设置边框颜色；绘制出的图形（例如，五角星形图形）四周会添加边框，如图 6-4-25 所示。

（5）"画廊"按钮：单击该按钮，弹出"画廊"菜单，如图 6-4-26（a）所示，单击其内的命令，可弹出相应的画廊–百宝箱，双击其内的图案，即可将它应用于当前对象。

（6）"库"按钮：单击该按钮，弹出"库"菜单，如图 6-4-26（b）所示，单击其内的命令，可弹出相应的库–百宝箱，双击库–百宝箱内的图案，或者拖动库–百宝箱内的图案到画布窗口内，即可在画布窗口内创建一个相应的对象。

（a）"画廊"菜单

（b）"库"菜单

图 6-4-24　"模式"下拉列表　　图 6-4-25　带边框的图形　　图 6-4-26　"画廊"和"库"菜单

（7）"材质"按钮：单击该按钮，弹出"材质"对话框，利用该对话框内的各选项卡可以设置图形的各种参数，这些参数的设置大部分在前面都介绍过。

例如，"色彩/纹理"选项卡如图 6-4-27 左图所示，用来选择图形的填充；切换到"阴影"选项卡，如图 6-4-27 右图所示，选中"阴影"复选框，即可在显示框内显示阴影效果，该选项卡用来设置阴影属性。

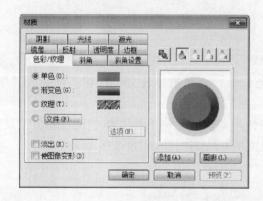

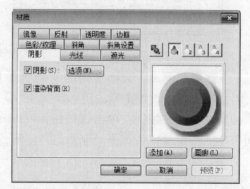

图 6-4-27　"色彩/纹理"和"阴影"选项卡

例如，"光线"选项卡如图 6-4-28 所示，在"光源"数字框内可以设置光源个数，单击右上边的"光源 1"按钮，再在其下边的图形之上单击，可以调整该光源的位置。按照此种方法还可以调整其他光源的位置。在各光源的下拉列表框中可以选择"聚光"或"直接"光源类型。还可以调整"环绕"数字框的数值，改变光照范围。

单击"图形设置"按钮，弹出"图形设置"菜单，用来设置样图的图形特点。

单击"画廊"按钮，可以弹出"材质画廊"对话框，如图 6-4-29 所示。在该对话框内下边的两个下拉列表框中可以选择不同的材质类型，在列表框内选中一种材质，再单击"确定"按钮，关闭"材质画廊"对话框，将选中材质添加到"材质"对话框中。

（8）"面板"按钮：单击该按钮，弹出"工具设置 - 路径"对话框，其中的两个选项卡如图 6-4-30 所示，利用该对话框完成上边介绍过的一些设置。

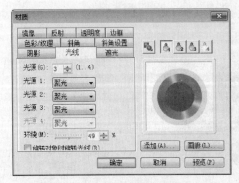

图 6-4-28　"光线"选项卡

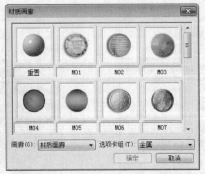

图 6-4-29　"材质画廊"对话框

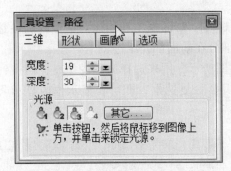

图 6-4-30　"工具设置－路径"对话框

单击选中"画廊"选项卡内的"阴影"复选框，再单击"设置"按钮，则弹出"阴影"对话框，可以设置图形的阴影。

（9）"编辑"按钮：单击该按钮，可以在使用"路径绘制工具"和"路径编辑工具"之间切换。图 6-4-31 左图是绘制的路径图形，图 6-4-31 右图是该图形的路径。

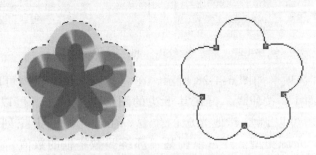

图 6-4-31　路径图形和它的路径

2. 轮廓绘制和线条和箭头工具

（1）"轮廓绘制工具" ：单击该按钮，其属性栏内的按钮 呈按下状态，在画布窗口内单击和拖动，最后双击，可以绘制封闭的曲线和创建选区，其属性栏如图 6-4-32 所示。它的属性栏和"路径绘制工具" 的属性栏基本一样，其使用方法也基本一样，只是绘制出来的只有轮廓线，也就是只有路径，没有填充。

图 6-4-32　　"轮廓绘制工具"属性栏

（2）"线条和箭头工具" ：单击该按钮，在画布窗口内单击和拖动，最后双击，可以绘制曲线或曲线箭头；在画布窗口内拖动，可以绘制直线或直线箭头。它的属性栏如图 6-4-33 所示，只是"轮廓绘制工具"属性栏内的部分选项，"形状"下拉列表框内有"线条/箭头" 、"弧线" 、"贝氏曲线" 和"任意" 4 个选项。

图 6-4-33　　"线条和箭头工具"属性栏

3. 路径编辑工具

"路径编辑工具" 可以用来编辑已有的路径。拖动路径线上的节点或节点切线的控制柄，都可以调整路径的形状。单击"编辑"按钮 ，可以将路径和图形相互切换。

选中绘制的路径图形、轮廓线或线条，单击"切换"按钮 ，即可将选中的对象切换为路径。将鼠标指针移到路径之上，右击弹出它的快捷菜单，单击"编辑路径"命令，也可以将选中的对象切换为路径。此时路径上的节点会显示出来。

使用"路径编辑工具" 对路径进行编辑后，单击"切换"按钮 ，即可将选中的路径切换为路径图形、轮廓线或线条。将鼠标指针移到路径之上，右击弹出它的快捷菜单，单击"切换模式"命令，也可以将选中的路径切换为路径图形、轮廓线或线条。

右击路径，弹出"路径"菜单，利用该菜单可以实现路径和图形之间的相互转换，可以编辑路径、添加节点、删除路径中的节点和节点变化等。

"路径编辑工具"属性栏如图 6-4-34 所示，其内主要选项的作用简介如下。

图 6-4-34　　"路径编辑工具"属性栏

（1）"选取节点"按钮 ：单击该按钮，再单击路径的节点，即可选中该节点，此时的节点是空心正方形，未选中的节点是实心正方形，如图 6-4-35 左图所示。拖动节点、节点切线的控制柄，都可以改变路径的形状，如图 6-4-35 右图所示。

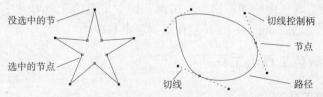

图 6-4-35　选中和未选中节点与节点的切线

（2）"添加节点"按钮 ＋：单击该按钮，再单击路径上的一点，即可在单击处添加一个节点。

（3）"删除节点"按钮 －：单击该按钮，再单击路径上节点，即可删除节点。

（4）"删除"按钮✖：单击该按钮，即可删除选中的一个节点，或者删除选中的多个节点和连接这些节点的路径；没有选中节点时，删除所有路径。

4. 选取工具

工具栏内上边是"选取工具"▶，它的主要作用和其属性栏简介如下。

（1）选中对象：使用"选取工具"▶后，单击要选中的对象。

（2）选中多个对象：选中一个对象后，按住【Shift】或【Ctrl】键再单击其他对象。

（3）取消选中对象：按住【Ctrl】键，再单击选中对象的外部。

（4）移动对象：使用"选取工具"▶后，拖动对象或按方向键，可以移动对象。

（5）定方向移动对象：使用"选取工具"▶后，按住【Shift】键，同时拖曳要移动的对象，可以在0°和45°整数倍角度移动对象。

（6）复制对象：使用"选取工具"▶后，按住【Ctrl】键的同时拖动对象。

（7）打开"对象属性"对话框：双击对象，调出"对象属性"对话框的"常规"选项卡，如图6-4-36左图所示；切换到"位置和大小"选项卡，如图6-4-36右图所示。利用这两个选项卡可以设置图像的颜色、边缘柔化程度、透明色彩、位置和大小等。

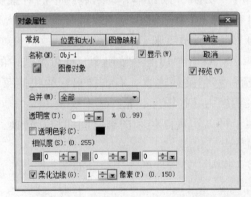 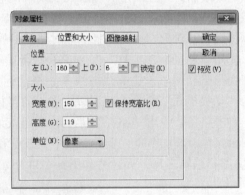

图 6-4-36 "对象属性"对话框

（8）"选取工具"属性栏如图6-1-9所示，在本章6.1.2中已经介绍过了。

6.5 绘图、润色、仿制和印章工具

本章主要介绍工具栏内绘图、润色、仿制和印章工具组工具和文字工具的基本使用方法，为以后使用中文 PhotoImpact 10.0 制作实例奠定基础。

6.5.1 绘图和润色工具组工具

1. 绘图工具组工具

绘图工具组有 12 个绘图工具，利用绘图工具可以使用不同的绘图工具进行绘图和删除绘图。选择一个绘图工具后，在画布上单击或拖动，可绘制或擦除图形。利用它的属性栏可以设置绘图工具的绘图颜色、纹理、线条类型等，还可以选择纹理、添加纹理，以及选择图像的显示模式等。利用画笔面板可以设置各种画笔的形状、大小、颜色和纹理等。

"绘图-画笔工具"属性栏如图 6-5-1 所示。"绘图"工具组内其他工具的属性栏也和
"绘图-画笔工具"属性栏基本一样。属性栏内主要选项的作用简介如下。

（1）"形状"栏：单击"形状"按钮，弹出"形状"面板，单击该面板内的图案，即
可设置画笔笔触的形状。"形状"数字框用来调整笔触大小。单击该栏内的色块，弹出"友
立色彩选取器"对话框，可以用来设置笔触颜色。

（2）"透明度"数字框：用来调整画笔绘出线的透明程度。

图 6-5-1　"绘图-画笔工具"属性栏

（3）"柔化边缘"数字框：用来调整画笔绘出线的边缘柔化程度。

（4）"预设值"下拉列表框：用来选择一种画笔的预设属性设置。

（5）"线条"按钮：单击该按钮，弹出"线条"菜单，如
图 6-5-2（a）所示，用来选择一种绘制线条的类型。

（6）"纹理"按钮：单击该按钮，弹出"纹理"菜单，如
图 6-5-2（b）所示。其内命令的作用简介如下。

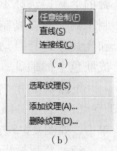

图 6-5-2　菜单

①"选取纹理"命令：单击该命令，弹出"纹理"面板，如
图 6-5-6 所示，单击该面板内的一种纹理图案，即可设置画笔纹理。

②"添加纹理"命令：单击该命令，弹出"打开"对话框，用来
打开一幅外部纹理图像，作为画笔纹理图案，同时该图案会添加到"纹理"面板内的后边，
如图 6-5-3 所示。

图 6-5-3　"纹理"面板

③"删除纹理"命令：单击该命令，弹出"删除自定义纹理"对话框，在该对话框内
选中要删除的纹理图案，再单击"删除"按钮，即可删除选中的自定义纹理。

（7）"擦除器"按钮：单击该按钮，在画布内拖动，可以擦除刚绘制的图形。

2. 润色工具组工具

润色工具组有 14 个润色工具，利用各种润色工具可以对图像进行修饰，包括调整亮
度、突出程度、色调或饱和度，以及产生弯曲和涂抹等效果的图像处理。各种润色工具的
不同点主要是笔触的不同。"删除红眼"工具主要用来删除照片中出现的红眼现象。

单击"润色"工具组内的"调亮"按钮，此时"润色-调亮工具"属性栏如图 6-5-4
所示。润色工具组内其他工具的属性栏也基本和图 6-5-4 所示一样，和"画笔工具"的属
性栏基本一样，"预设值"下拉列表框中的选项不一样，另外还加了一个"程度"数字框，
该数字框用来调整效果的强度，数值越大，效果越强。

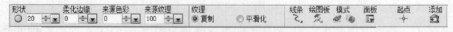

图 6-5-4 "润色-调亮工具"属性栏

6.5.2 仿制和印章工具组工具

1. 修容和仿制工具组工具

修容和仿制工具组有 1 个修容工具和 9 个仿制工具。利用仿制工具可以将某一选区内的图像复制到同一图像或其他图像中。各种仿制工具的主要区别在它们的仿制笔触的形状，选择不同的仿制工具，则仿制的效果也不一样。修容工具实质也是一种仿制工具，它会复制图像某部分的像素到其他部分，在复制过程中会考虑到图像的纹理和光线并进行自动调整，因此可以生成逼真的修补效果。修容工具主要用来修正人脸或肤色上的瑕疵。

下面以使用"仿制-画笔"工具为例，介绍使用仿制工具复制图像的方法。

（1）打开一幅图像，按住【Shift】键，将鼠标指针（呈十字状）移到图像中的小马处单击，如图 6-5-5 左图所示，确定采样的中心点位置。

（2）将鼠标指针移到图像内的右上边来回拖动，即可将采样点处的图像复制到鼠标移动经过的位置，同时会看到在采样点处一个小正方形也同步来回移动，表示在采样图像，如图 6-5-5 右图所示。

图 6-5-5 原图和仿制工具加工后的图像

（3）如果释放鼠标左键，再移到其他位置拖动，又可以在新的位置复制相同的图像。

"修容工具"属性栏如图 6-5-6 所示。仿制工具组内其他工具的属性栏和"修容工具"属性栏基本一样，只是没有"来源色彩"和"来源纹理"两个数字框。这两个数字框分别用来确定从来源图像应用多少色彩和确定从来源图像应用多少纹理强度。

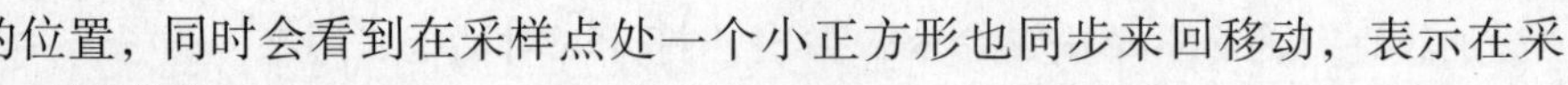

图 6-5-6 "修容工具"属性栏

2. 印章工具组工具

单击"印章工具"，可以选择预设的印章对象或用户自己创建的印章对象，将选定的印章对象绘制到图像上。"印章工具"属性栏如图 6-5-7 所示，各选项的作用如下。

图 6-5-7　"印章工具"属性栏

（1）"印章"按钮：单击它的黑色矩形或箭头按钮，弹出"印章"菜单，如图 6-5-8 所示。单击该菜单内的"选取印章"命令，或者单击"印章"按钮左边的图案，都可以弹出"印章"面板，如图 6-5-9 所示。该面板内每个图案代表一种类型印章图案，显示该类印章图案中的第 1 个印章图案。

（2）"查看"按钮：在选择一类印章图案后，再单击该按钮，可以弹出另一个"印章"面板，其内是在图 6-5-9 所示"印章"面板中选中印章图案的一类印章图案，如图 6-5-10所示，再单击其中一个图案，即可选择该印章图案。然后，在画布窗口内拖动鼠标，即可在图像之上复制这些印章图案。

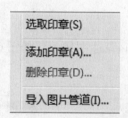

图 6-5-8　"印章"菜单

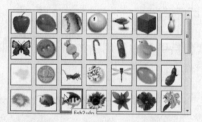

图 6-5-9　"印章"面板 1

（3）"透明度"文本框：用来设置印章图案的透明度。

（4）"比例"：用来设置印章图案的比例大小。

（5）"间距"文本框：用来设置复制的各印章图案之间的间距。

（6）"顺序"按钮栏：其内有 3 个按钮（随机、连续和斜角），单击其一，可以选定以何种方式来复制一组印章图案中的各个印章图案。

（7）"放置"按钮栏：其内有 2 个按钮（印章和踪迹），单击其一，可以设置用鼠标在画布上拖动时，是复制一个印章图案（印章）还是一串印章图案（踪迹）。

（8）"对象"按钮栏：其内有 2 个按钮（独立对象和单个对象），它们用来确定复制的印章图案对象（在"放置"按钮栏选择"踪迹"时）是一个对象还是多个对象。

（9）"线条"按钮：单击它会弹出一个菜单，该菜单有"任意绘制""直线"和"连接线" 3 个命令。单击"任意绘制"命令，即可允许用户在图像上任意绘制；单击"直线"命令，即可允许用户在图像上绘制一系列的线条，绘制时按住【Shift】键可以将线条的角度限制在 0°、45°、90°、135°、180°、225°、270°和 315°。单击"连接线"命令，即可允许用户在图像上绘制一系列连接的线条。若要结束绘制形状后可双击。

（10）"平板"按钮：在安装压力感平板后它变为有效。单击它可以弹出一个有压力感平板选项的菜单。

（11）"面板"按钮：单击它可弹出"工具设置 – 画笔"，如图 6-5-11 所示。利用该面板可以选择画笔的图案和图案大小等画笔属性。

（12）"添加"按钮：将选定工具的当前自定义设置保存到"百宝箱"中。

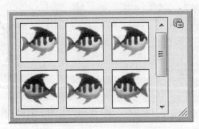
图 6-5-10　"印章"面板 2

图 6-5-11　"工具设置-画笔"面板

6.6　图像制作实例一

实例 1　网页元素

网页元素包括网页中常用的按钮、框架、横幅和花边图像等，如图 6-6-1～图 6-2-5 所示。它们的制作方法如下。

图 6-6-1　立体按钮 1

图 6-6-2　立体按钮 2

图 6-6-3　立体框架

图 6-6-4　横幅

图 6-6-5　花边

1. 网页按钮 1

（1）新建一幅画布为白色，宽度为 200，高度为 120 的图像。

（2）在"填充画廊－百宝箱"面板中，选择"填充画廊"→"艺术纹理"目录内的"AT19"图案，如图 6-6-6 所示。然后，双击该图案，画布中即可充满该图案，如图 6-6-7 所示。

（3）单击"Web"→"按钮设计器"→"矩形"命令，弹出"按钮设计器（矩形）"对话框，选中第 2 种样式，选中"向内"单选按钮，单击列表框中的"R04"号样式图案，按钮的宽度、透

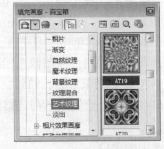
图 6-6-6　"填充画廊-百宝箱"面板

明度和色彩等均使用默认状态，其他设置如图 6-6-8 所示。最后，单击该对话框中的"确定"按钮，完成图 6-6-1 所示按钮的制作。

图 6-6-7　画布中的图案

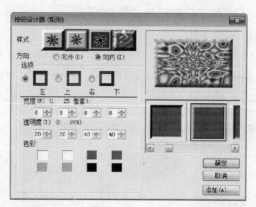

图 6-6-8　"按钮设计器（矩形）"对话框

（4）单击"文件"→"另存为"命令，弹出"另存为"对话框，利用该对话框将图像以名称"网页按钮 01. ufo"保存在"实例 1"文件夹中。UFO 格式是 PhotoImpact 的自带格式，可以在 PhotoImpact 中打开后进行修改。还可以保存为其他各种图像格式的文件。

2. 网络按钮 2

（1）单击"Web"→"部件设计器"命令，弹出"部件设计器"对话框。选中"按钮"目录下的"椭圆_ 2"选项，再单击第 2 行第 1 个按钮图案，如图 6-6-9 所示。

（2）单击"部件设计器"对话框中的"下一步"按钮，弹出"部件设计器"（大小）对话框，调整按钮的大小。单击左边栏内的"标题"选项，切换到"文本"选项卡，用来更改按钮文字，如图 6-6-10 所示。切换到"颜色"选项卡，可以设置文字颜色。

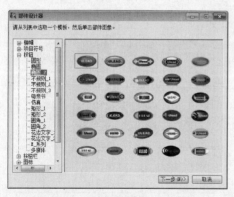

图 6-6-9　"部件设计器"对话框

图 6-6-10　"部件设计器"（文本）对话框

（3）单击左边栏内的"面板"选项，切换到"彩色"选项卡，如图 6-6-11 所示，可设计面板的颜色或纹理等。单击左边栏内的"面板"选项，可设计边框的颜色或纹理等。

（4）单击"部件设计器"对话框中左边栏内的"按钮"选项，再切换到"阴影"选项卡，利用它设置按钮的阴影，如图 6-6-12 所示。

（5）在"部件设计器"对话框中，切换到"超链接"选项卡，利用它可以设置单击按钮后链接的文件。

（6）单击"导出"按钮，弹出一个菜单。单击其中的"作为单独对象"命令，可生成一个新画布，其内有制作的按钮，画布大小与按钮图像一样大，如图 6-6-2 所示。

（7）将图像以名称"网页按钮 02. ufo"保存在"实例 1"文件夹中。

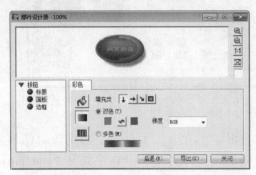

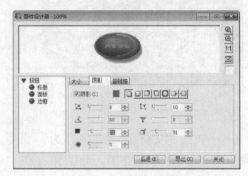

图 6-6-11　"部件设计器"（彩色）对话框　　图 6-6-12　"部件设计器"（阴影）对话框

3. 立体框架

（1）新建一幅宽为 400，高为 300 的白色画布。单击标准工具栏的"相片边框"按钮，弹出"相片边框"对话框"边框"选项卡，选中"边框"和"阴影"复选框，使所有选项变为有效，在"样式"下拉列表框中选择"相片边框（三维）"选项，如图 6-6-13 所示。

（2）单击"外侧形状"色块，弹出"自定义形状"对话框，单击其内的"Fr07"图案，如图 6-6-14 所示，单击"确定"按钮，关闭该对话框，设置框架的内侧形状。

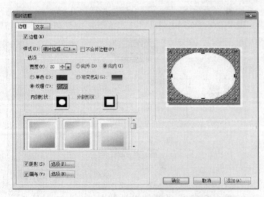

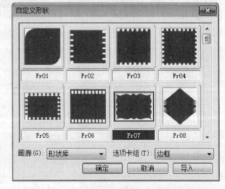

图 6-6-13　"相片边框"对话框　　　　图 6-6-14　"自定义形状"对话框

（3）单击"内侧形状"色块，弹出"自定义形状"对话框，单击其内的其内的"Fr07"图案，单击"确定"按钮，关闭该对话框，设置框架的内侧形状。

（4）单击"纹理"色块，弹出它的菜单，其内有 2 条命令，单击"自然纹理"命令，弹出"纹理库"对话框，单击选中其内列表框中的"MT35"图案，如图 6-6-15 所示。单击"确定"按钮，关闭该对话框，确定框架的纹理，返回"相片边框"对话框。

（5）单击"相片边框"的"边框"选项卡内"阴影"复选框右边的"选项"按钮，弹出"阴影选项"对话框，用来设置阴影的偏移量等参数，如图 6-6-16 所示。

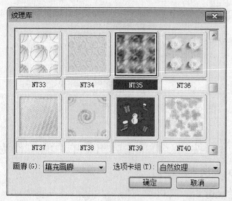

图 6-6-15　"纹理库"对话框　　　　　　　图 6-6-16　"阴影选项"对话框

（6）单击"确定"按钮，关闭"阴影选项"对话框，返回到"相片边框"对话框，如图 6-6-17 所示。切换到"文字"选项卡，如图 6-6-18 所示，利用它可以输入一些文字，此处没有输入。单击"确定"按钮，即可在画布中创建一个框架，如图 6-6-3 所示。

（7）将图像以名称"立体框架.ufo"保存在"实例 1"文件夹中。

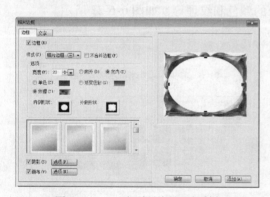
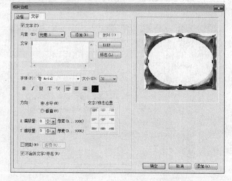

图 6-6-17　"相片边框"对话框　　　　　　　图 6-6-18　"文字"选项卡

4. 横幅

（1）单击"Web"→"部件设计器"命令，弹出"部件设计器"对话框。单击左边列表中"横幅"加号图标，展开"横幅"选项，单击一种横幅图案，如图 6-6-19 所示。

（2）单击"下一步"按钮，切换到另一个"部件设计器"对话框，调整横幅的大小、阴影、改变横幅图像的局部颜色和文字等。在左边列表框中选中"标题"选项，切换到"文本"选项卡，设置字体，输入文字，如图 6-6-20 所示。

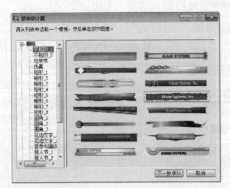

图 6-6-19　展开"横幅"选项　　　　　　图 6-6-20　　"部件设计器"对话框

（3）单击"部件设计器"对话框中的"导出"按钮，再单击弹出菜单中的"作为单独对象"命令，即可创建一个横幅图像，如图 6-6-4 所示。

（4）将图像以名称"横幅.ufo"保存在"实例 1"文件夹中。

5. 花边图案

（1）单击"Web"→"部件设计器"命令，弹出"部件设计器"对话框，单击左边列表中"分隔符"左边的加号图标，展开"分隔符"选项，再单击对话框右边的一种图案，如图 6-6-21 所示。

（2）单击"下一步"按钮，切换到另一个"部件设计器"对话框，用来调整花边的大小和阴影，以及组成花边的装饰和卷轴两部分的颜色和纹理等，如图 6-6-22 所示。

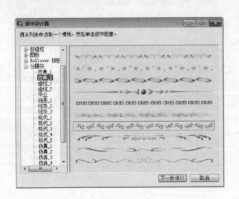
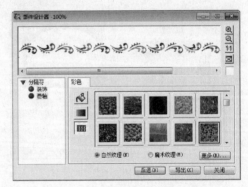

图 6-6-21　　"部件设计器"对话框 1　　　图 6-6-22　　"部件设计器"对话框 2

（3）单击"部件设计器"对话框中的"导出"按钮，再单击弹出菜单中的"作为单独对象"命令，即可创建一幅花边图案，如图 6-6-5 所示。

（4）将图像以名称"花边.ufo"保存在"实例 1"文件夹中。

实例 2　鲜花

"鲜花"图像如图 6-6-23 所示，是"鲜花"课件中使用的图像。它的制作方法如下。

1. 图像加工

（1）新建一个宽为 600，高为 460，白色画布。再以名称"实例 2 鲜花.ufo"保存在"素材"文件夹内。打开"鲜花 1.jpg"～"鲜花 6.jpg"6 幅图像，选中"鲜花 1.jpg"图像。

（2）单击工具栏中的"修剪工具" ⊠，在"鲜花 1.jpg"图像内拖动，裁剪出只需要保留的部分，按【Enter】键，完成图像裁剪。

（3）单击工具栏中的"变形工具"按钮▣，单击"鲜花 1.jpg"图像，图像四周出现有 8 个控制柄的矩形框，如图 6-6-24 所示。拖动控制柄，调整图像大小。也可以在属性栏内的"高度"和"宽度"数字框内分别输入 360 和 300，将图像调整为高 360，宽 300 整后的效果如图 6-6-25 所示。

（4）单击"标准选定范围工具"按钮▣，在其属性栏内的"形状"下拉列表框中选择"椭圆"选项，选中"固定大小"复选框，在"固定大小"的两个数字框内分别输入 260，在"柔化边缘"数字框内输入 120，单击"鲜花 1.jpg"图像内并不释放鼠标左键，创建一个圆形选区，移动圆形选区到如图 6-6-26 所示的位置，然后再释放鼠标左键。

图 6-6-23　"鲜花"图像　　　　图 6-6-24　调整图像大小　　　　图 6-6-25　调整后的图像

（5）拖动选区内柔化后的图像到"鲜花.jpg"图像的正中间，如图 6-6-27 所示。

（6）按照上述方法，将"鲜花 2.jpg"～"鲜花 6.jpg"的图像大小均调为宽和高分别为 360 像素和 300 像素，创建宽和高均为 260 像素，柔化边缘为 120 像素的圆形选区。再将选区内的图像移到"鲜花.jpg"图像内左上、左下、右上和右下边，相互衔接排列。使用工具栏中的"选取工具" ▶单击中间的"鲜花 1.jpg"图像，如图 6-6-28 所示。

 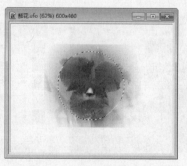

图 6-6-26　圆形选区　　　　　图 6-6-27　柔化图像边缘

（7）右击选中的"鲜花1.jpg"图像，调出它的快捷菜单，单击"排列"→"移到顶端"命令，将"鲜花1.jpg"图像上移到其他图像之上，如图6-6-29所示。

图6-6-28　调整画布中的新图像　　　　图6-6-29　将新图像置于"鲜花1"图像之下

2. 图层调整

（1）选中"鲜花6.jpg"图像，单击工具栏中的"变形工具"按钮囵，选中"鲜花6.jpg"图像，在属性栏内的"高度"和"高度"数字框内分别输入600和460像素。

（2）单击"标准选定范围工具"按钮囵，在其属性栏内的"形状"下拉列表框中选择"矩形"选项，选中"固定大小"复选框，在"固定大小"的两个数字框内分别输入600和460，在"柔化边缘"数字框内输入0，单击"鲜花6.jpg"图像内并不释放鼠标左键，创建一个矩形选区，将图像完全选中，如图6-6-30所示，然后再释放鼠标左键。

（3）按住【Ctrl】键，拖动矩形选区内的图像到"鲜花1.jpg"图像内，将"鲜花1.jpg"图像内的5幅图像完全覆盖。

（4）单击"工作区"→"面板"→"面层管理器"命令，调出"面板管理器"面板，如图6-6-31左图所示。拖动最上边的图层到"基底图像"图层的下边，如图6-6-31右图所示。也可以单击工具栏中的"选取工具"按钮▶，单击其属性栏内的"移到底端"按钮±。

（5）按住【Shift】键，单击"面板管理器"面板内的"对象-4"图层和"对象-2"图层，选中这两个图层和它们之间的所有图层，如图6-6-31右图所示。在"透明度"数字框内输入20，表示选中图层内5幅图像的透明度均调整为20%，使这些图像呈一定的透明效果。

图6-6-30　选中图像　　　　　　图6-6-31　"图层管理器"面板

（6）单击"面板管理器"面板内最下边的图层，取消选区。此时制作的"实例2 鲜花.jpg"图像如图6-6-23所示。单击"文件"→"保存"命令，将图像保存。

实例3　翻页图像和翻页动画

"翻页图像"动画是一个 GIF 格式的动画，该动画播放后的 2 幅图像如图 6-6-32 所示。"翻页图像"图像是 JPG 格式的图像，如图6-6-33所示。制作方法如下。

图 6-6-32　"翻页图像"动画播放时的 3 幅画面

（1）打开"别墅1.jpg"图像，如图6-6-34所示。调整它们的宽度均为400像素，高度均为300像素，以名称"实例3 翻页图像.ufo"保存在"第6章"文件夹中。

图 6-6-33　"翻页图像"图像　　　　　图 6-6-34　"别墅1.jpg"图像

（2）打开"百宝箱"面板。单击其内的"画廊"按钮，弹出它的菜单，单击该菜单内的"动画画廊"命令，使"百宝箱"面板右边显示相应的各种动画，单击选左边列表框内的"动画画廊"→"图像动画"命令，单击选中右边的"翻页"图案，如图6-6-35所示。

（3）双击"百宝箱"面板中的"翻页"图案，弹出"动画工作室"对话框，其中默认选择圆柱式翻页类型和透明翻页模式，单击右边按钮，如图6-6-36所示。

（4）在"关键帧控件"栏内，在"总帧数"数字框内输入30，将翻页图像动画的总帧数设置为30帧。单击时间线上的第2个关键帧菱形标记，使它变为蓝色，单击按钮，删除选中的关键帧。调整第2个关键帧菱形标记到第15帧处，选中它，向左上角拖动动画显示框中的蓝色方形控制柄，如图6-6-37所示。

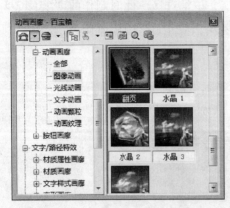

图 6-6-35 动画画廊—"百宝箱"面板

图 6-6-36 "动画工作室"对话框

（5）单击第 1 个关键帧菱形标记，使它变为蓝色，第 1 个关键帧成为当前关键帧。向右下角拖动动画显示框中的蓝色方形控制柄，使它如图 6-6-38 所示。

图 6-6-37 第 15 帧关键画面

图 6-6-38 第 1 关键帧动画

（6）单击时间线上的第 30 关键帧菱形标记，向右下角拖动动画显示框中的蓝色方形控制柄，也使它如图 6-6-38 所示。单击"关键帧控件"栏内的 ► 按钮，使动画开始播放，以检查动画播放效果。

（7）要增加关键帧，可拖动时间线上的矩形滑块或在当前帧文本框内输入当前帧的帧号码，再单击 ✚ 按钮。单击"确定"按钮，弹出它的菜单，单击该菜单中的"保存动画文件并创建新对象"命令，弹出"另存为"对话框。利用该对话框将制作的动画保存为"翻页动画.gif" GIF 格式的动画文件，并关闭"动画工作室"对话框。

（8）按照上述方法打开"别墅 1.jpg"图像，调整它们的宽度均为 400 像素，高度均为 300 像素，如图 6-6-34 所示，以名称"翻页图像.jpg"保存。

（9）打开"动画工作室"对话框，切换到"高级"选项卡，单击"背景"色块，弹出"友立色彩选取器"对话框，设置背景色为白色。关闭该对话框，返回"动画工作室"对话框"高级"选项卡，如图 6-6-39 所示。

（10）调整该图像的一个翻页画面，单击"确定"按钮，弹出它的菜单，单击该菜单中的"将当前帧效果应用到图像"命令，即可将图像加工成翻页图像，如图 6-6-33 所示。

图 6-6-39　"动画工作室"对话框"高级"选项卡

6.7　图像制作实例二

实例 4　"中国美景如画"立体文字

"中国美景如画"立体文字图像如图 6-7-1 所示。在课件和网页中常使用这种文字作标题，它的制作方法如下。

图 6-7-1　"中国美景如画"立体文字图像

（1）单击"文件"→"新建"→"新建图像"命令，弹出"新建图像"对话框，设置画布为白色，宽为 600 像素，高为 150 像素。然后，单击"确定"按钮。

（2）单击"文字工具"按钮 **T**，再单击画布，在该属性栏内可以设置字体为华文行楷，大小为 70，单击"加粗"按钮 **B**，单击"居中对齐"按钮，单击"色彩"色块，弹出"色彩"菜单，利用该菜单设置文字颜色为红色。在"模式"下拉列表框内选中"三维圆形"选项。其属性栏如图 6-7-2 所示。

图 6-7-2　文字工具的属性栏

（3）"文字工具"属性栏内不选中"边框"栏内的复选框，如果选中该复选框，可以给文字添加边框，设置文字边框的颜色和粗细。

（4）单击"面板"按钮，弹出"工具设置－文字"对话框"样式"选项卡，如图 6-7-3 所示。利用该对话框，可以重新设置文字的字体、大小和颜色等属性。切换到其他选项卡，还可以设置文字的其他属性。

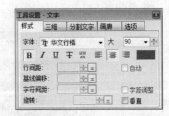

（5）单击画布中间，输入文字"中国美景如画"，如图 6-7-4 所示。然后单击工具栏内的"选取工具"按钮，单击文字对象，拖动移动文字对象到画布中间偏上的位置。

图 6-7-3　"工具设置-文字"对话框

图 6-7-4　画布中的"中国美景如画"文字

（6）单击"文字工具"属性栏内的"材质"按钮，弹出"材质"对话框。切换到"阴影"选项卡，再选中其内的"阴影"复选框，如图 6-7-5 所示。单击"预览"按钮，可以看到立体文字添加阴影的效果。单击"选项"按钮，弹出"阴影选项"对话框，利用该对话框，设置阴影的颜色、偏移量、透明度、大小和边缘柔化量等。单击"确定"按钮，关闭"阴影"对话框，回到"材质"对话框。

（7）切换到"斜角设置"选项卡，设置边框为 10，深度为 15，最大边框宽度为 20，如图 6-7-6 所示。单击"确定"按钮，即可完成阴影立体文字的制作。使用工具栏中的"选取工具"单击画布内空白处，取消文字的选取，效果如图 6-7-1 所示。

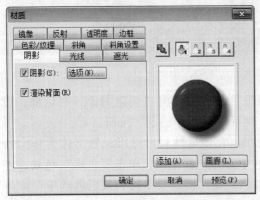

图 6-7-5　"材质"对话框"阴影"选项卡

图 6-7-6　"材质"对话框"斜角设置"选项卡

（8）单击"Web"→"背景设计器"命令，弹出"背景设计器"对话框，在"方案"下拉列表框中选择"纹理 15"选项，在下边的列表框中选中一个图案，如图 6-7-7 所示。

（9）单击"预览"按钮，给当前画布背景添加设置的背景纹理图案，再单击收缩的"背景设计器"对话框内的"确定"按钮，关闭该对话框。

（10）单击标准工具栏内的"亮度和对比度"按钮，弹出"亮度和对比度"对话框，设置背景图像的对比度和亮度，如图 6-7-8 所示。此时，画布中的图像如图 6-7-1 所示。

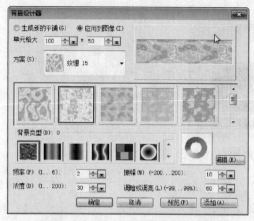

图 6-7-7　　"背景设计器"对话框

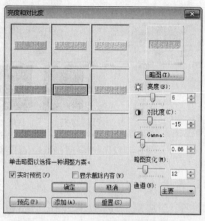

图 6-7-8　　"亮度和对比度"对话框

（11）单击"文件"→"另存为"命令，弹出"另存为"对话框，将图像以名称"实例 4 中国美景如画.UFO"保存在"第 6 章"文件夹内。

实例 5　　"烽火"火焰文字

"烽火"火焰文字图像如图 6-7-9 所示。在多媒体程序中为了突出主题，可以使用这种文字作标题，它的制作方法如下。

（1）新建一个颜色为白色，宽为 400 像素，高为 200 的画布。单击工具栏中的"文字工具"按钮 T，再单击画布，在其属性栏内设置文字颜色为红色、字体为隶书、字大小为 90 磅，然后输入文字"烽火"，因为默认是制作实例 1 的文字属性设置，所以文字是带阴影的立体文字，如图 6-7-10 所示。

图 6-7-9　　"烽火"火焰
文字图像

（2）打开"材质"对话框的"阴影"选项卡，取消选中"阴影"复选框，单击"确定"按钮，文字的阴影被取消，效果如图 6-7-11 所示。

图 6-7-10　　"烽火"带阴影的立体文字

图 6-7-11　　"烽火"立体文字

（3）选择工具栏中的"选取工具" ，按住【Ctrl】键的同时拖动"烽火"文字，复制一个"烽火"对象。然后将复制的"烽火"移出画布，此时会发现又产生一个新画布，画布内是移出的立体文字"烽火"。

（4）选中原画布中的"烽火"文字，在"百宝箱"面板中，单击"文字/路径特效"→

"字型画廊"→"火焰"目录内的"火焰3"图案,如图6-7-12所示。然后,2次双击该图案,使文字变为火焰文字。将火焰文字移到中间偏下处,如图6-7-13所示。

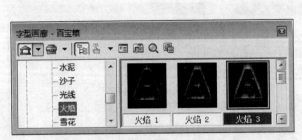

图6-7-12 "字型画廊–百宝箱"面板 图6-7-13 火焰文字

(5)右击火焰文字,弹出"对象"菜单,单击其内的"属性"命令,弹出"对象属性"对话框"常规"选项卡,在"名称"文本框内输入"火焰字1",如图6-7-14所示,给该对象命名为"火焰字1"。

按照上述方法,将复制的"火焰文字对象命名为"火焰字2"。

(6)使用工具栏中的"选取工具" ▶ 将复制的"烽火"文字拖动到原画布之中,使它位于火焰文字之上。

(7)单击"面板管理器"中的"图层管理器"按钮 ▣,弹出"图层管理器"面板,单击该对话框内左上角的"图层"按钮,该面板如图6-7-15所示。

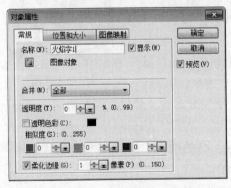

图6-7-14 "对象属性"对话框 图6-7-15 "图层管理器"面板

(8)右击画布,弹出其快捷菜单,再单击快捷菜单中的"全部合并"命令,将全部图层合并到"基底图层"图层内。此时画布中的火焰文字如图6-7-9所示。

(9)另外,从第3步后可以改为:单击"效果"→"创意"→"字型效果"命令,弹出"字型效果"对话框。单击其内"效果:火焰"列表框内的"火焰"图案,如图6-7-16所示,利用该对话框可以设置火焰的颜色、火焰的强度,单击"确定"按钮。

如果单击该对话框中的"动画"按钮,在该对话框中会弹出"关键帧控件"栏,可以设计火焰文字的动画效果。

图 6-7-16　"字型效果"对话框

实例6　"中华文化传承"透视文字

2 幅"中华文化传承"透视文字图像如图 6-7-17 所示。制作方法如下。

图 6-7-17　2 幅"中华文化传承"透视文字图像

（1）新建一个白色、宽 600、高 250 的画布。单击"文字工具"按钮，采用制作实例 4 的文字属性设置，在画布内输入"中华文化传承"立体文字，如图 6-7-18 所示。

图 6-7-18　"中华文化传承"立体文字

（2）右击输入的文字，弹出它的快捷菜单，单击该菜单内的"属性"命令，弹出"对象属性"对话框，如图 6-7-19 所示。在"大小"栏内的数字框中调整输入文字的高度和宽度。然后，单击"确定"按钮，关闭该对话框，完成输入文字高度和宽度的调整。

（3）单击工具栏中的"文字工具"按钮T，单击属性栏内的"材质"按钮，弹出"材质"对话框。切换到"光线"选项卡，再在"光源"数字框内输入 3，添加 3 个光源。依次调整 3 个光源的位置，如图 6-7-20 所示。单击"确定"按钮，使图形变得圆滑一些。

（4）再新建一个同样的画布，使用工具栏中的"选取工具"T，按住【Ctrl】键的同时拖动原画布内的"中华文化传承"文字到新画布内，复制一个"中华文化传承"文字对象。

（5）选中原画布。再单击中原画布中的文字，单击工具栏中的"变形工具"按钮。此时"中华文化传承"立体文字四周增加了一个有 8 个控制柄的黑线框。

（6）单击"变形方法"栏内的"透视"按钮，垂直向上拖动右上方的控制柄，使文字呈透视文字状，然后单击画布空白处。此时的透视文字如图 6-7-17 左图所示。

（7）新建一相同的图像，将复制文字窗口内的文字拖动到新建窗口内。在"百宝箱"面板中，单击"变形画廊"→"水平文字"目录内的"HT30"图案，如图 6-7-21 所示。然后双击该图案，使画布中的立体文字变形。

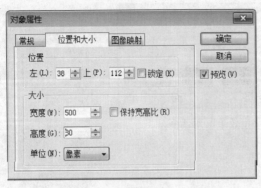

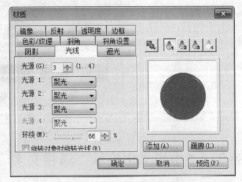

图 6-7-19 "对象属性"对话框 图 6-7-20 "材质"对话框

（8）单击工具栏中的"变形工具" ，单击"变形方法"栏内的"透视"按钮 ，水平向左拖动右上方的控制柄，水平向右拖动左上方的控制柄，使文字呈透视文字状。单击"变形方法"栏内的"调整大小"按钮 ，垂直向上拖动上边中间的控制柄，使文字对象在垂直方向增加，如图 6-7-22 所示。

（9）单击画布空白处，此时的透视文字如图 6-7-17 右图所示。然后，分别将两幅图像以名称"中华文化传承1. ufo"和"中华文化传承2. ufo"保存。

图 6-7-21 "百宝箱"面板

图 6-7-22 调整透视文字垂直方向的大小

实例7 "环保宣传"环绕文字

3 幅不同特点的"环保宣传"图像如图 6-7-23 所示，它们的制作方法不同，介绍如下。

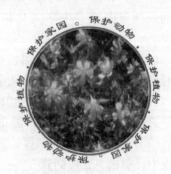

图 6-7-23 "环保宣传"图像

1．环绕文字 1

（1）新建一幅白色、宽为 400、高为 400 的图像，以名称"实例 7 环保宣传 1．ufo"保存在"第 6 章"文件夹中。单击工具栏中的"文字工具"按钮 **T**，再单击画布，在其属性栏内设置文字颜色为红色、字体为 Arial Black、大小为 32 磅、加粗。采用制作实例 4 的文字属性输入"保护大自然，保护生物，保护我们的家园。"立体字，如图 6-7-24 所示。

保护大自然，保护生物，保护我们的家园。

图 6-7-24　"环保宣传"立体文字

（2）打开"素材"文件夹内的"鲜花 1．jpg"图像，如图 6-7-25 所示。

（3）单击"标准选定范围工具"按钮，单击其属性栏内的"选项"按钮 ☑，弹出"选项"菜单，单击"移动选定范围选取框"命令，在"形状"下拉列表框内选择"椭圆"选项，不选中"固定大小"复选框，按住【Shift】键，在画布内拖出一个圆形选区。使用"选取工具" 拖动圆形选区，移到图像中间的位置，如图 6-7-25 所示。

（4）单击"标准选定范围工具"按钮，拖动选区内的图像到"环保宣传 1．ufo"图像画布的正中间，如图 6-7-26 所示。单击工具栏中的"轮廓绘制工具"按钮，单击画布，激活其属性栏。单击其属性栏内的"选取形状"按钮，弹出"形状"面板，单击其内的"圆形"图案 ○；色彩选择红色。按住【Shift】键，在画布中拖动绘制一个与圆形图像大小近似的圆形轮廓线，拖动移动圆形轮廓线到圆形图像的四周。

（5）单击工具栏中的"变形工具"按钮，单击"变形方法"栏内的"调整大小"按钮，调整圆形轮廓线的大小，使它刚好比圆形图像稍大一些，如图 6-7-27 所示。

　图 6-7-25　圆形选区　　　　图 6-7-26　圆形选区中的图像　　图 6-7-27　圆形红色轮廓线

（6）使用工具栏中的"选取工具" 选中前面输入的文字，右击，弹出它的快捷菜单，单击该菜单内"环绕"→"弯曲"命令，弹出"弯曲"对话框，单击该对话框内的"确定"按钮，即可使右击字符串成环绕状。拖动环绕状的字符串，将它移到圆形轮廓线外边，形成文字环绕圆形轮廓线的效果，如图 6-7-28 所示。

（7）右击环绕字符串，弹出它的快捷菜单，单击其内的"环绕"→"属性"命令，弹出"弯曲"对话框，如图 6-7-29 所示。调整"总量"数值框内的数值，调整环绕文字的形状。单击"预览"按钮，可以不关闭"弯曲"对话框，同时看到调整参数后的变化效果，单击"确定"按钮。

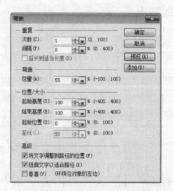

图 6-7-28　文字环绕　　　　　　　　图 6-7-29　"弯曲"对话框

（8）微调环绕文字的位置，右击画布空白处，弹出它的快捷菜单，单击其内的"全部合并"命令，将图像所有图层合并，以名称"实例7 环保宣传1. jpg"保存在"第6章"文件夹中。

2. 环绕文字2

（1）单击工具栏内的"撤销"按钮 ↻，以名称"实例7 环保宣传2. ufo"保存。

（2）右击环绕字符串，弹出它的快捷菜单，单击该菜单内的"环绕"→"属性"命令，弹出"弯曲"对话框。调整"次数"数值框数值为2，表示环绕文字出现次数；调整"总量"数值框数值为100，是环绕文字围成一圈；调整"起始高度"和"结束高度"数值框数值均为150，调整文字大小，如图 6-7-30 所示。单击"预览"按钮，可看到调整的变化效果，如图 6-7-31所示。

（3）单击"确定"按钮，关闭该对话框。然后，微调环绕字符串的位置，再单击画布空白处，效果如图 6-7-23 左图所示。

（4）单击"面板管理器"中的"图层管理器"按钮 ▣，弹出"图层管理器"面板。按住【Ctrl】键，选中圆形图形和圆形图形所在的图层，如图 6-7-32 所示。

（5）单击工具栏中的"变形工具" ▦，单击"变形方法"栏内的"调整大小"按钮 ▦，再调整圆形轮廓线的大小，使它刚好比圆形图像稍大一些，如图 6-7-27 所示。

图 6-7-30　"弯曲"对话框　　　　　　图 6-7-31　环绕文字

（6）单击工具栏中的"变形工具" ，单击"变形方法"栏内的"调整大小"按钮 ，在属性栏内的"宽度"和"高度"文本框中分别输入275，调整圆形轮廓线和圆形图像的大小，使它刚好比环绕文字稍小一些，如图6-7-33所示。

（7）将图像以名称"实例7 环保宣传2.ufo"保存。

图 6-7-32　"图层管理器"面板

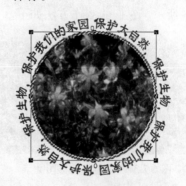

图 6-7-33　调整图形和图像大小

3. 环绕文字 3

（1）将图像以名称"实例7 环保宣传3.ufo"保存，选中环绕文字，按【Delete】键，将文字删除。

（2）右击圆形路径轮廓线，弹出它的快捷菜单，单击该菜单内"环绕"→"将文字添加到活动路径"命令，即可在右击的圆形路径周围添加一圈文字，如图6-7-34所示。注意，文字输入光标（垂直线）定位在环绕文字内的下边。

（3）6次按【Delete】键，删除环绕文字，如图6-7-35所示。输入文字"保护动物，保护植物，保护家园。"，为了使文字头尾衔接好，可在标点符号前边添加空格，如图6-7-36所示。还可以转圈拖动以选中所有文字，再在其属性栏内进行文字属性的修改。

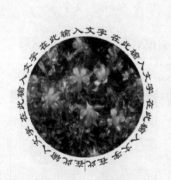

图 6-7-34　环绕文字

图 6-7-35　删除环绕文字

图 6-7-36　输入环绕文字

（4）使用"选取工具" 右击环绕文字，弹出它的快捷菜单，单击该菜单内的"环绕"→"获取环绕路径"命令，将圆形路径和圆形图形显示出来。再调整圆形路径轮廓线和圆形图形的位置和大小，最后效果如图6-7-23 右图所示。

（5）单击"文件"→"保存"命令，将图像以名称"实例7 环保宣传3.ufo"保存。

实例8 "诚信"透明文字

填充不同材质的透明文字如图6-7-37（单色填充）、图6-7-38（多色填充）和图6-7-39（图像填充）所示。它们的制作方法如下。

图6-7-37 单色填充透明文字　　　　　　图6-7-38 多色填充透明文字

1. 透明文字1

（1）打开"素材"文件夹内的"鲜花5.jpg"图像，将它调整为宽400像素，高300像素，以名称"实例8 诚信1.ufo"保存在"第6章"文件夹中。

（2）使用"文字工具"T单击画布，在其属性栏内设置颜色为红色、字体为华文琥珀、大小为200磅、模式为"三维圆形"。输入"诚信"文字，如图6-7-40所示。

图6-7-39 图像填充透明文字　　　　　　图6-7-40 输入"诚信"文字

（3）单击属性栏内的"材质"按钮，调出"素材"对话框，切换到"斜角设置""光线"和"透明度"选项卡，设置如图6-7-41所示。

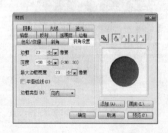 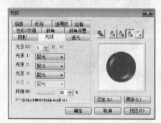 

图6-7-41 "斜角设置""光线"和"透明度"选项卡

（4）单击"材质"对话框内的"确定"按钮，关闭"材质"对话框。

（5）单击"文字工具"按钮**T**，将文字颜色改为蓝色。单击工具栏内的"选取工具"按钮，单击文字外边，图像效果如图6-7-37所示。

（6）将图像以名称"实例8 透明文字1. ufo"保存。

2. 透明文字2

（1）打开"实例8 透明文字2. ufo"图像，使用"选取工具"单击透明文字，单击工具栏中的"文字工具"按钮**T**。单击属性栏内"材质"按钮，弹出"材质"对话框，切换到"色彩/纹理"选项卡，选中其内的"渐变色"单选按钮，如图6-7-42所示。

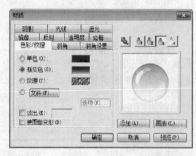

图 6-7-42　"材质"对话框

（2）单击"渐变色"单选按钮右边的色块，弹出"渐变填充"对话框，选中其内的"多色"单选按钮，其他设置如图6-7-43所示。

（3）单击"多色"单选按钮下边的色块，弹出"色盘环编辑器"对话框，如图6-7-44所示。利用该对话框可以设置色盘环颜色和颜色分布规律，单击"确定"按钮。

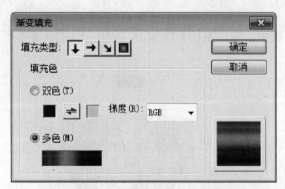

图 6-7-43　"渐变填充"对话框

图 6-7-44　"色盘环编辑器"对话框

（4）单击"渐变填充"对话框中的"确定"按钮，返回"材质"对话框，单击"确定"按钮。此时，图像如图6-7-38所示。保存该图像。

3. 透明文字3

（1）打开"实例8 透明文字3. ufo"图像，使用"选取工具"单击透明文字，单击工具栏中的"文字工具"按钮**T**，单击属性栏内"材质"按钮，弹出"材质"对话框，切换到"色彩/纹理"选项卡。

（2）选中其内的"文件"单选按钮，同时弹出"打开"对话框，利用该对话框选择一幅"素材"文件夹内的"鲜花3. jpg"图像。单击该对话框中的"确定"按钮，返回"材质"对话框"色彩/纹理"选项卡，如图6-7-45所示。

（3）单击"选项"按钮，弹出"纹理选项"对话框，选中"平铺纹理"单选按钮，如图6-7-46所示。单击"确定"按钮，返回"材质"对话框"色彩/纹理"选项卡。

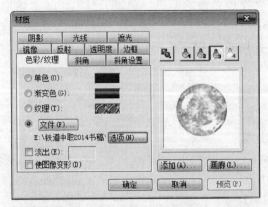

图 6-7-45　"材质"对话框"色彩/纹理"选项卡

图 6-7-46　"纹理选项"对话框

（4）切换到"材质"对话框"透明度"选项卡，再重新设置透明度为 7，最小透明度为 0，此时如图 6-7-47 所示。单击"确定"按钮，此时的图像如图 6-7-39 所示。

（5）单击"文件"→"保存"命令，保存"实例 8 透明文字 4. ufo"图像文件的修改。

实例 9　"中国足球冲向世界"图像

"中国足球冲向世界"图像如图 6-7-48 所示。它的制作方法如下。

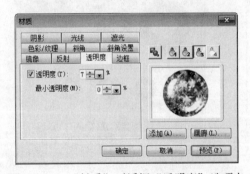

图 6-7-47　"材质"对话框"透明度"选项卡

图 6-7-48　"中国足球冲向世界"图像

（1）单击"文件"→"新建"→"新建图像"命令，弹出"新建图像"对话框，设置画布为白色，图像大小为 300×290。单击"确定"按钮，新建一个图像文件。

（2）在"百宝箱"面板中，单击"对象库"按钮，选择"对象库"内"图像库"→"特殊"目录中的"足球"图案，如图 6-7-49 所示。双击该图案，在新建图像的画布窗口内添加一幅"足球"图像，如图 6-7-50 所示。

（3）单击工具栏中的"文字工具" T ，在其属性栏内设置字体为华文行楷、40 磅、红色、居中对齐、加粗、三维圆形模式，然后输入"中国足球冲向世界"文字。

（4）在"文字工具"属性栏中，单击"材质"按钮，弹出"材质"对话框，切换到"斜角设置"选项卡，选取"平滑弧线"，再设置边框和深度分别为 99 和 30（均为最大值），如图 6-7-51 所示。单击该对话框中的"确定"按钮，此时的画布如图 6-7-52 所示。

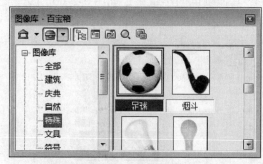

图 6-7-49　"百宝箱"面板

图 6-7-50　添加的"足球"图像

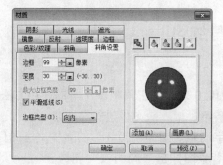

图 6-7-51　"材质"对话框"斜角设置"选项卡

图 6-7-52　画布中的图像

（5）选择"文字工具"属性栏"模式"下拉列表框中的"水平变形"选项。此时，文字被一个带 8 个红色控制柄的路径所包围，如图 6-7-53 所示。

（6）单击右下方的节点控制柄，显示切线，垂直向下拖动切线左端的控制柄；单击左下方的节点控制柄，显示切线，垂直向下拖动切线右端的控制柄。单击右上方的节点控制柄，显示切线，垂直向上拖动切线左端的控制柄；单击左上方的节点控制柄，显示切线，垂直向上拖动切线右端的控制柄，效果如图 6-7-54 所示。

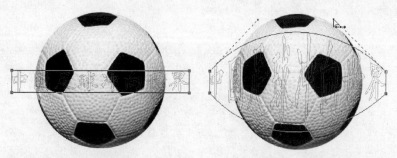

图 6-7-53　文字被路径所包围　　　　图 6-7-54　调整路径

（7）单击"对象"→"全部合并"命令，将所有图层合并，如图 6-7-55 所示。

（8）在"百宝箱"面板中选择"创意照明画廊"→"烟花"目录内的"烟花 2"图案，如图 6-7-56 所示。然后，双击该图案，使画布中的图像增加一些蓝色和粉红色的小星星。然后，再双击"烟花 5"图案，增加一些其他颜色的小星星，如图 6-7-60 所示。

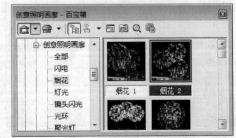

图 6-7-55　画布中的图像　　　　　　　图 6-7-56　"百宝箱"面板

思考与练习

操作题

1. 进行实际操作，了解中文 PhotoImpact 10.0 软件各工具栏中工具的使用方法。
2. 制作一组立体按钮、图像框架和标题。给一幅人头图像进行艺术加工，加一个框架。
3. 制作 4 个立体按钮。制作一个火焰文字动画。制作一幅变形的立体文字图像。
4. 制作一幅"火烧圆明园"火焰文字，背景图像是"圆明园"图像。
5. 制作一幅有 3 个不同颜色立体彩球的图形。制作一幅透明的透视文字图像。
6. 制作一幅宣传我国美食文化的环绕文字。制作一组透明文字，如习题图 1 所示。

习题图 1　单色填充透明文字、多色填充透明文字和纹理填充透明文字

第 **7** 章 动 画 制 作

本章主要介绍使用中文 GIF Animator 5 软件加工制作 GIF 动画的方法，并配有 5 个实例。还介绍了使用中文 Ulead COOL 3D 软件加工制作三维立体动画的方法，并配有 6 个实例。可以结合实例学习该软件的使用方法和使用技巧。

7.1　中文 GIF Animator 5 工作界面和工作模式

Ulead GIF Animator 是友立公司出版的 GIF 动画制作的优秀软件之一，是中文 Ulead PhotoImpact 软件的一个附属软件，它内建的许多现成的特效可以套用，可以将 AVI 文件转成动画 GIF 文件，而且还能将 GIF 动画最佳化，以便让人能够更快速地浏览网页。

目前较流行的中文版本是 Ulead Gif Animator 5，功能强大、操作简单，导入和导出功能大大增强了，目前常见的图像格式均能够被顺利的导入，一些格式的视频和动画文件也可以导入，导出格式包括 PSD、UFO、GIF、AVI、SWF、FLC、MOV 和 MPEG 等。

7.1.1　工作界面

1. "启动向导" 对话框

运行中文 GIF Animator 5，弹出 "启动向导" 对话框，如图 7-1-1 所示，给出了 5 种操作方式，单击其中一个按钮，即可进入相应的操作方式。单击 "关闭" 按钮或 "空白动画" 按钮，即可进入中文 GIF Animator 工作界面，同时新建一个空白的工作区窗口。单击 "动画向导" 按钮，可以弹出 "动画向导" 对话框，按照对话框中的提示一步步进行操作，直到完成整个动画的制作。选中 "下一次不显示这个对话框" 复选框后，以后再运行中文 GIF Animator 5 时，不会弹出该对话框，直接进入中文 GIF Animator 工作界面。

在中文 GIF Animator 工作界面单击 "文件" → "参数选择" 命令，弹出 "参数选择" 对话框，切换到 "普通" 选项卡，如图 7-1-2 所示。选中 "开始使用向导" 复选框，单击 "确定" 按钮，关闭该对话框，以后再运行中文 GIF Animator 5，又会弹出 "启动向导" 对话框。

2. 打开图像文件和视频文件

（1）利用 "启动向导" 对话框：在 "启动向导" 对话框内，单击 "打开一个现有的图像文件" 按钮，可以弹出 "打开图像文件" 对话框，利用该对话框可以调出中文 GIF Animator 5 的工作界面，同时打开选中的图像文件，图像文件类型如图 7-1-3 所示；单击 "打开一个现有的视频文件"按钮，可以弹出"打开视频文件"对话框，利用该对话框可以调出中文 GIF Animator 5 的工作界面，同时打开选中的视频文件，视频文件类型如图 7-1-4 所示。

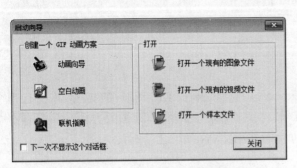

图 7-1-1　"启动向导"对话框

图 7-1-2　"参数选择"对话框

（2）利用菜单命令：在中文 GIF Animator 5 的工作界面内，单击菜单栏的"文件"→"打开图像"命令，也可以弹出"打开图像文件"对话框。单击菜单栏的"文件"→"打开视频文件"命令，也可以弹出"打开视频文件"（Open Video File）对话框。

在 Windows 7 下，有时利用上述两种方法打开"打开图像文件"对话框，选中一幅图像文件后，会使 GIF Animator 5 停止工作，此时可以采用下面介绍的方法。

（3）鼠标拖动：打开中文 GIF Animator 5 的工作界面，再打开 Windows "资源管理器"或"计算机"窗口，在其内找到要导入的图像或视频文件，选中一个或多个文件，将它们拖动到中文 GIF Animator 5 的工作界面的标题栏或菜单栏，即可将拖动的图像或视频添加到帧面板和工作区内，替代原来的图像或视频，创建一个新的动画方案。

如果将要导入的图像文件或视频文件拖动到中文 GIF Animator 5 的工作界面内其他位置，则会弹出"插入帧选项"对话框，如图 7-1-5 所示。根据提示选择单选按钮和复选框，再单击"确定"按钮，将拖动的图像或视频文件添加到帧面板和工作区内，替换当前帧或在当前帧的左边插入图像或视频文件。

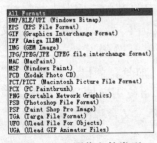

图 7-1-3　图像文件类型

图 7-1-4　视频文件类型

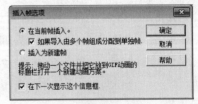

图 7-1-5　"插入帧选项"对话框

3. 中文 GIF Animator 5 的工作界面简介

打开中文 GIF Animator 5 的工作界面，将一幅图像文件和一个 GIF 格式的动画文件依次导入到中文 GIF Animator 5 的工作界面内，如图 7-1-6 所示。具体操作方法如下。

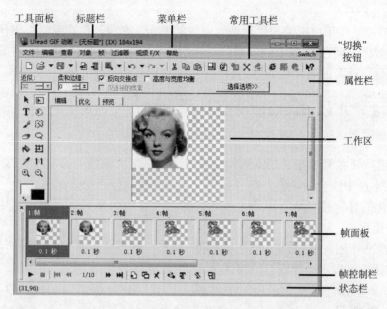

图 7-1-6 中文 GIF Animator 5 的工作界面

将一幅图像文件拖动到该工作界面内，打开图 7-1-5 所示的"插入帧选项"对话框，选中"在当前帧插入"单选按钮，单击"确定"按钮，将图像插入当前帧。再将一个 GIF 格式的动画拖动到该工作界面内，弹出"插入帧选项"对话框，选中"插入为新建帧"单选钮，单击"确定"按钮，将 GIF 格式动画的各帧依次插入当前帧的后边，形成新的多个帧。

中文 Animator 5 工作界面由标题栏、菜单栏、常用工具栏、属性栏（也叫属性工具栏）、工作区、工具面板、帧面板和状态栏等组成。动画中的每帧列在帧面板内。单击帧面板内动画的某一帧时，该帧图像可在工作区内显示出来。

单击"文件"→"参数选择"命令，可以弹出"参数选择"对话框，利用该对话框，可以设置默认值。按住【Ctrl】键，选中帧面板中的一个或多个帧，右击选中的帧，弹出一个菜单，列出所有可用于操作或编辑选中帧的命令。

7.1.2 工作模式

工作区包括当前图像层面的编辑窗口，它被分为 3 个选项卡，可以方便地在 3 种工作模式之间切换。3 种工作模式简介如下。

1."编辑"模式

"编辑"模式是 GIF Animator 中默认的操作模式。在这种模式下，工具面板内所有工具会变为有效，利用工具面板内的工具可以在工作区画布上绘制图形、输入文字和裁剪图形与图像，导入的外部图像会显示在工作区内，可以操作和移动对象来创作与编辑动画。还可以创建选定区域，以便将效果应用到动画中特定的部分。将鼠标指针移到工具面板内的工具按钮之上，会显示该工具的名称。工具面板内的工具与中文 PhotoImpact 工具面板中工具的使用方法基本相同。

2. "优化"模式

"优化"模式是供用户压缩与优化动画文件的模式，在这种模式下，可以优化动画，减少动画的字节数，以便在 Web 上传输它们。在这种模式下，可以使用此时的属性栏来对动画文件进行优化。此时的属性栏如图 7-1-7 所示。优化方法简介如下。

图 7-1-7 "优化"模式下的属性栏

（1）"预设"下拉列表框：用来选择一种预设值，在"颜色"文本框中改变色彩数值，在"抖动"文本框中改变抖动值，在"损耗"文本框中改变有损数据等。

（2）"优化向导"按钮：单击该按钮，弹出"优化向导"对话框，利用该对话框可以对动画进行优化。

（3）"按尺寸压缩"按钮：单击该按钮，调出"按尺寸压缩"对话框，如图 7-1-8 所示。利用该对话框可以对动画进行压缩优化。

（4）单击"显示/隐藏优化面板"按钮：弹出"优化面板"面板。单击"显示/隐藏颜色面板"按钮，弹出"颜色调色板"面板，如图 7-1-9 所示，用来对动画进行优化。

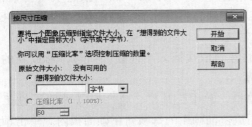

图 7-1-8 "按大小压缩导"对话框

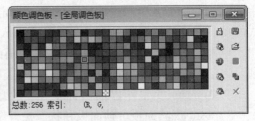

图 7-1-9 "颜色调色"面板

3. "预览"模式

"预览"模式下可以在 GIF Animator 工作区中预览 GIF 格式的动画。打开 Windows "资源管理器"或"计算机"窗口，在其内找到要导入的图像或视频文件，选中一个或多个文件，再用鼠标将要导入的图像文件或 GIF 格式文件拖动到中文 GIF Animator 5 的工作界面"预览"模式下的工作区内，可以直接浏览图像或 GIF 格式动画。

7.2 中文 GIF Animator 5 制作实例

实例 1 唐诗文字移动显示

"唐诗文字移动显示"动画播放时，先有"花间一壶酒"文字从右向左移入画面，再从左向右移出画面，如图 7-2-1 左图所示。接着"独酌无相亲"文字从下向上移入画面，再从上向下移出画面，其中的一个画面如图 7-2-1 右图所示。再接着，"举杯邀明月"从上向下移入画面，再从下向上移出画面，其中的一幅画面如图 7-2-2 左图所示。最后，"对影成三人"文字逐渐显示出来，其中的一幅画面如图 7-2-2 右图所示。

花 间 一 壶 酒　独 酌 无 相 亲

图 7-2-1　"唐诗文字移动显示"动画播放时的 2 幅画面

举 杯 邀 明 月　对 影 成 三 人

图 7-2-2　"唐诗文字移动显示"动画播放时的 2 幅画面

1. 制作第 1 个文字动画

（1）单击菜单栏内的"文件"→"新建"命令，弹出"新建"对话框。利用该对话框设置画布的宽度为 400 像素，高度为 80 像素，选中"纯背景对象"单选钮，如图 7-2-3 所示。单击"确定"按钮，创建一个新画布。

（2）单击"帧"→"添加条幅文本"命令，弹出"添加文本条"对话框，如图 7-2-4 所示（还没有设置）。利用该对话框，可以制作各种文字移动等动画。

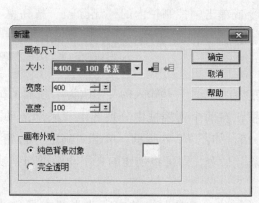 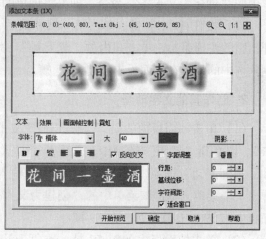

图 7-2-3　"新建"对话框　　　　图 7-2-4　"添加文本条"对话框

（3）在"字体"下拉列表框内选择字体为楷体，在"大小"列表框内选择文字大小为 40；单击"居中"按钮 ≣，单击"加粗"按钮 B；单击色块，弹出"颜色"快捷菜单，单击该菜单中的"Windows 颜色选择器"命令，弹出"颜色"对话框，单击其内红色色块，定义文字颜色为红色。再在文本框内输入"花间一壶酒"（各字间添加一个空格）。

（4）单击"阴影"按钮，弹出"阴影"对话框，选中"阴影"复选框，设置阴影的偏移量和透明度等参数，如图 7-2-5 所示。单击"确定"按钮，完成阴影设置。

（5）在"添加文本条"对话框中单击"效果"标签，切换到"效果"选项卡，如图 7-2-6 所示。选中"进入场景"和"退出场景"复选框，在两个列表框中分别选中"左侧移动"和"右侧移动"选项，在两个数字框内均输入 15，如图 7-2-6 所示。利用该对话框还可以设置其他特点的文字移入画面和移出画面的动画效果。

"画面帧控制"和"霓虹"选项卡内选项采用默认设置，文字四周有黄色霓虹光。

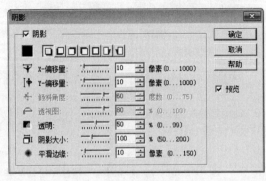

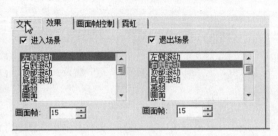

图 7-2-5　"阴影"对话框　　　　　　　图 7-2-6　"效果"选项卡

（6）单击"添加文本条"对话框中的"开始预览"按钮，可以看到文字动画效果，单击"停止预览"按钮，可使动画播放停止。单击"确定"按钮，弹出一个菜单，单击该菜单中的"创建为文本条"命令，即可将创建的文字动画添加到帧面板中。

（7）按住【Ctrl】键，单击第 1 帧和最后一帧（这 2 帧内没有内容），右击选中的帧，弹出它的快捷菜单，单击其内的"删除帧"命令或单击帧控制栏内的"删除帧"按钮 ✗，删除选中的帧，在帧面板内创建了 29 帧。

2. 制作其他文字动画

（1）单击帧面板内的第 29 帧，以后重复上边的操作，只是输入的文字改为"独酌无相亲"。切换到"效果"选项卡，选中两个复选框，在两个列表框中分别选中"底部滚动"和"顶部滚动"选项，在两个数字框内均输入 15，如图 7-2-7 所示。单击"确定"按钮，弹出一个菜单，单击该菜单中的"创建为文本条"命令，即可将创建的文字动画添加到帧面板中第 29 帧和其后边，共 59 帧。

（2）单击帧面板内的第 59 帧，重复上边的操作，只是输入的文字改为"举杯邀明月"，在两个列表框中分别选中"顶部滚动"和"底部滚动"选项，如图 7-2-8 所示。单击"确定"按钮，弹出一个菜单，单击其中的"创建为文本条"命令，即可将创建的文字动画添加到帧面板中第 59 帧和其后边，共 89 帧。

（3）单击帧面板内的第 89 帧，重复上边的操作，只是输入的文字改为"对影成三人"，在两个列表框中分别选中"减弱"和"画面"选项，如图 7-2-9 所示。单击"确定"按钮，弹出一个菜单，单击其中的"创建为文本条"命令，即可将创建的文字动画添加到帧面板中第 89 帧和其后边，共 111 帧。

（4）切换到"添加文本条"对话框中的"画面帧控制"选项卡，如图 7-2-10 所示，可以调整延迟时间和帧的延迟时间。

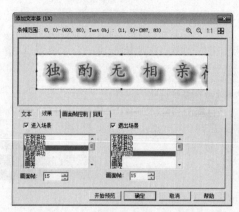

图 7-2-7　"添加文本条"对话框 1

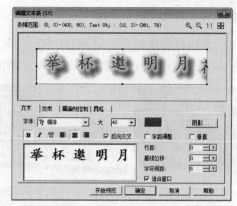

图 7-2-8　"添加文本条"对话框 2

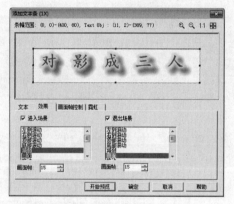

图 7-2-9　"添加文本条"对话框 3

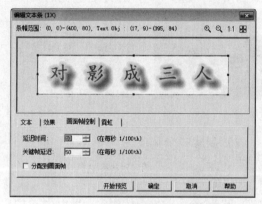

图 7-2-10　"添加文本条"对话框 4

（5）单击帧控制栏内的"添加文本条"按钮 ，也可以弹出"添加文本条"对话框。单击帧控制栏内的第 1 帧，单击"帧"→"帧属性"命令，弹出"画面帧属性"对话框，如图 7-2-11 所示（还没有设置）。利用该对话框，可以设置选中帧的属性。

（6）单击"文件"→"另存为"→"GIF 文件"命令，弹出"另存为"对话框，在"保存在"下拉列表框中选中保存文件的文件夹，在"文件名"文本框中输入文件名"实例 1 唐诗文字移动显示"，如图 7-2-12 所示，单击"保存"按钮，将制作好的动画以名称"实例 1 唐诗文字移动显示 . gif"保存。

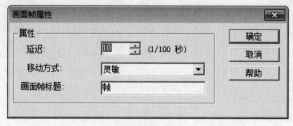

图 7-2-11　"画面帧属性"对话框

图 7-2-12　"另存为"对话框

实例 2　风景图像切换显示

"风景图像切换显示"动画播放后，从右边向左边开门式依次显示"风景 1.jpg"～"风景 4.jpg"4 幅风景图像。动画的 4 幅画面如图 7-2-13 所示。

图 7-2-13　"风景图像切换显示"动画播放时的 4 幅画面

（1）利用中文 PhotoImpact 10.0 制作 4 幅一样大小（宽 300 像素、高 200 像素）的 JPG 格式的图像，如图 7-2-14 所示，它们的文件名分别是"风景 1.jpg"～"风景 4.jpg"。

图 7-2-14　4 幅风景图像

（2）新建一个宽度为 300 像素、高度为 200 像素的画布，打开"计算机"窗口，将"风景 1.jpg"～"风景 4.jpg"图像文件依次拖动到中文 GIF Animator 5 工作界面帧面板内，如果帧面板中最左边有空白帧，右击该空白帧，弹出一个快捷菜单，单击该菜单中的"删除帧"命令，将空白帧删除。此时中文 GIF Animator 5 工作界面和帧面板如图 7-2-15 所示。单击"查看"→"对象管理器面板"命令，弹出"对象管理面板"面板，如图 7-2-16 所示。

图 7-2-15　中文 GIF Animator 5 工作界面和帧面板　　　　图 7-2-16　"对象管理面板"面板

（3）如果要调整"对象管理面板"面板中图像的顺序，可以单击帧面板内第 1 帧图像，同时该面板中相应的图像对象的眼睛图标 显示，用鼠标将该对象拖动到最上边。也可以通过单击属性栏内"顺序"栏中的 按钮，将该图像对象移到最上边。按照上述方法，可将 4 幅图像重新排列。如果帧面板中的各帧图像顺序不正确，可用鼠标拖动帧图像来调整。

（4）右击帧面板中的第 1 帧图像，弹出其快捷菜单，再单击该菜单中的"相同的帧"命令，将第 1 帧图像复制一份在帧面板中。用鼠标拖动复制的图像到第 4 帧图像的右边，如图 7-2-17 所示。

图 7-2-17　中文 GIF Animator 5 工作环境中的帧面板

（5）单击帧面板中的第 1 帧图像。单击"视频 F/X"（视频滤镜）→"3D"（三维）→"通道 – 3D"命令，弹出"添加效果"对话框，如图 7-2-18 所示（还没有设置）。在"效果类型"下拉列表框中选中的是"通道 – 3D"选项。单击按钮 ，表示从右向左开门；调整"画面帧"数字框中的数据为 15，表示该动画为 15 帧；调整"延迟时间"数字框中的数据为 6，表示每帧播放 0.06；设置边框颜色为蓝色，边框宽度为 1 像素；其他设置如图 7-2-18 所示。然后，单击"确定"按钮，关闭该对话框。

（6）单击帧面板中最右边的第 2 幅小风景图像。单击"视频 F/X"（视频滤镜）→"3D"（三维）→"通道 – 3D"命令，弹出"添加效果"对话框。按照上述方法进行设置，如图 7-2-19 所示。然后，单击"确定"按钮，关闭该对话框。

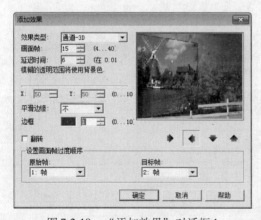

图 7-2-18　"添加效果"对话框 1

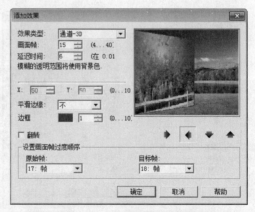

图 7-2-19　"添加效果"对话框 2

（7）单击帧面板中最右边的第 3 幅小风景图像，重复上述操作。单击帧面板中最右边的第 4 幅小风景图像，重复上述操作。

（8）单击"文件"→"另存为"→"GIF 文件"命令，弹出"另存为"对话框，利用该对话框可以将制作的动画以名称"实例 2 风景图像切换显示 . gif"保存为 GIF 各式动画文件。

实例 3　图像翻页显示

"图像翻页显示"动画播放后的 3 幅画面如图 7-2-20 所示，可以看到，是 3 幅风景图像不断翻页展示的动画。

图 7-2-20　"翻页图像"动画播放时的 3 幅画面

（1）新建一个宽为 300 像素、高 200 像素的画布，然后导入"风景 1. jpg""风景 2. jpg"和"风景 3. jpg"3 幅图像到帧面板中，删除帧面板中最左边的空白帧，再将帧面板中的第 1 幅图像复制到第 3 幅图像的右边。此时的帧面板如图 7-2-21 所示。

图 7-2-21　帧面板

（2）单击帧面板中第 1 幅"风景 1. jpg"图像，单击"视频 F/X"→"电影"→"翻转页面 – 电影"命令，弹出"添加效果"对话框，单击按钮，按照图 7-2-22 所示进行设置，单击"确定"按钮。

（3）单击帧面板中的第 2 幅"风景 2. jpg"图像，弹出"添加效果"对话框，按照图 7-2-23 所示进行设置，单击"确定"按钮，制作"风景 2. jpg"图像的翻页动画效果。

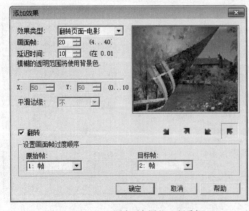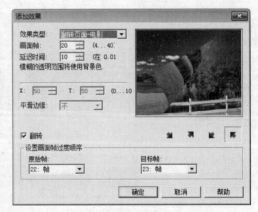

图 7-2-22　"添加效果"对话框 1　　　　图 7-2-23　"添加效果"对话框 2

单击帧面板中的第 3 幅"风景 3. jpg"图像，按照上述方法制作"风景 3. jpg"图像的翻页动画效果。

（4）对动画进行优化，再单击"文件"→"另存为"→"GIF 文件"命令，弹出"另存为"对话框，用来将制作的动画以名称"实例 3 图像翻页显示 . gif"保存为 GIF 动画文件。

（5）单击"文件"→"另存为"→"视频文件"命令，弹出"另存为"对话框，利用该对话框可以将制作的动画以名称"实例 3 图像翻页显示 . avi"保存为 AVI 动画文件。

（6）单击"文件"→"另存为"→"Macromedia Flash（SWF）"→"使用 JPEG"命令，弹出"另存为"对话框，将动画以名称"实例 3 图像翻页显示 . swf"保存为 SWF 动画文件。

实例 4　图像特效显示

"图像特效显示"动画播放后，一幅图像以照相机镜头效果展示，另一幅图像以刮风效果展示。动画播放中的两幅画面如图 7-2-24 和图 7-2-25 所示。

图 7-2-24　相机镜头效果动画的一幅画面　　　　图 7-2-25　刮风效果动画的一幅画面

（1）按照实例 2 所述的方法，新建一个宽为 300 像素、高 200 像素的画布。然后导入"风景 1. jpg"和"风景 2. jpg"图像到帧面板中。

（2）单击帧面板中的第 1 帧"风景 01. jpg"图像。再单击"视频 F/X"→"照相机镜头"→"缩放动作"命令，弹出"应用过滤器"对话框。在该对话框的数字文本框中设置动画的帧数 30，如图 7-2-26 所示。

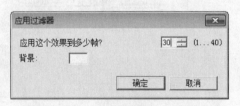

图 7-2-26　　"应用过滤器"对话框

（3）单击"应用过滤器"对话框内的"确定"按钮，弹出"缩放动作"对话框。选中"照相机"单选按钮；单击"原始"栏内时间线上的第 1 帧（菱形标记），在"速度"栏内拖动滑块调整为 1，如图 7-2-27 所示。单击"原始"栏内时间线上的最后一帧，在"速度"栏内拖动滑块调整为 30，如图 7-2-28 所示。

（4）单击按钮，弹出它的菜单，单击该菜单内的命令，可以设置不同类型的变化方式，通过实验可以观看到其效果；单击"播放/停止"按钮，可以在播放和停止动画播放之间切换。然后单击"确定"按钮，完成该动画的制作。

图 7-2-27 "缩放动作"对话框 1

图 7-2-28 "缩放动作"对话框 2

（5）单击帧面板中的第 2 幅图像"风景 02. jpg"图像，再单击"视频 F/X"→"特殊"→"风"命令，弹出"应用过滤镜"对话框，利用该对话框设置动画的帧数为 30。单击该对话框内的"确定"按钮，弹出"风"对话框。单击时间线上的第 1 帧，将级别调整为 12，再选中"到右"和"爆炸"单选按钮。此时"风"对话框如图 7-2-29 所示。

（6）单击时间线上的最后一帧，将级别调为 30，选中"到右"和"强"单选按钮。单击按钮▶，可以看到动画效果。单击"确定"按钮，此时"风"对话框如图 7-2-30 所示。

（7）对动画进行优化，再按照前面介绍的方法导出"实例 4 图像特效显示 . gif"文件。

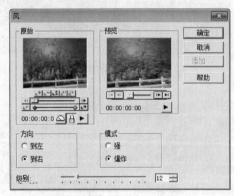
图 7-2-29 "风"对话框 1

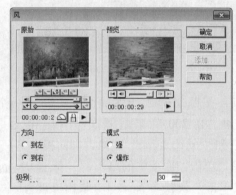
图 7-2-30 "风"对话框 2

实例 5 飞鹰

"飞鹰"动画播放后，显示一只飞鹰不断地扇动翅膀，好似飞鹰在原处飞翔。动画的 8 幅画面如图 7-2-31 所示（没有下边的文字）。

图 7-2-31 "飞鹰"动画播放后的 8 幅画面

（1）在"飞鹰图像"文件夹内保存有"飞鹰 0. jpg"～"飞鹰 7. jpg"8 幅图像，它们的宽均为 121 像素、高均为 150 像素，如图 7-2-31 所示（不包括图像的名称）。

（2）启动中文 GIF Animator 5，新建一个宽 121 像素、高 150 像素的画布。在"计算机"窗口打开"飞鹰图像"文件夹，按住【Shift】键，单击"飞鹰 0. jpg"和"飞鹰 7. jpg"图像文件图标，同时选中"飞鹰 0. jpg"～"飞鹰 7. jpg"8 个图像文件。拖动选中的 8 个图像文件到中文 GIF Animator 5 的工作界面帧面板内，工作区和帧面板如图 7-2-32 所示。

（3）单击"查看"→"对象管理面板"命令，调出"对象管理面板"面板。单击帧面板内的第 1 帧图像；单击"对象管理面板"面板内最上边的对象，如图 7-2-33 所示。

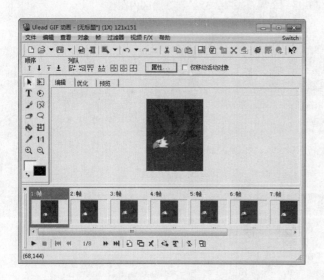

图 7-2-32　中文 GIF Animator 5 工作界面和帧面板

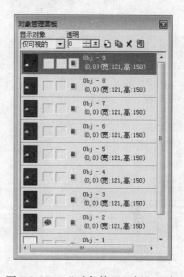

图 7-2-33　　"对象管理面板"面板

（4）单击工具面板内的"选择工具－魔术棒"按钮，在其属性栏内"近似"数字框中输入 20，选中"仅连接的像素"复选框，单击工作区内的飞鹰图像中的灰色背景，创建选中灰色背景的选区，如图 7-2-34 所示。

单击工具面板内的"选择工具－长方形"按钮，按住【Shift】键，在应该创建选区而没有创建选区处拖动，增添选区；按住【Alt】键，在不应该创建选区的选区处拖动，减少选区。

（5）保证在"对象管理面板"面板内选中最上边的飞鹰图像，如图 7-2-33 所示。按【Delete】键，删除选区内的背景图像，效果如图 7-2-35 所示。

（6）单击帧面板内最左边第 2 帧图像，单击"对象管理器"面板内从上向下的第 2 幅飞鹰图像。单击工具面板内的"选择工具－魔术棒"按钮，单击图像外边，取消原来的选区。然后，按照上述方法，删除第 2 幅图像的灰色背景图像。

（7）按照上述方法，将其他图像的灰色背景图像删除。此时的中文 GIF Animator 5 工作界面内工作区和帧面板如图 7-2-36 所示。"对象管理面板"面板如图 7-2-37 所示。

图 7-2-34　选中灰色背景选区　　　　图 7-2-35　删除选区内图像

图 7-2-36　中文 GIF Animator 5 工作界面内工作区和帧面板　　图 7-2-37　"对象管理面板"面板

　　（8）按住【Shift】键，单击帧面板内的第 1 帧和第 7 帧图像，选中所有图像。然后，右击选中的图像，弹出快捷菜单，单击该菜单中的"画面帧属性"命令，弹出"画面帧属性"对话框，如图 7-2-38 所示。在该对话框的"延时"文本框中输入 30，再单击"确定"按钮，即可将每帧图像的播放时间设置为 0.15 秒。

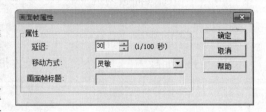

图 7-2-38　"画面帧属性"对话框

　　（9）右击选中的图像，弹出快捷菜单，单击该菜单中的"相同的帧"命令，将选中的帧图像在右边复制一份，如图 7-2-39 所示。右击帧面板内复制的帧，弹出它的快捷菜单，单击该菜单内的"反向帧顺序"命令，弹出"反向帧顺序"对话框，保证选中"选定帧相反顺序"单选按钮，如图 7-2-40 所示。单击"确定"按钮，将帧面板内选中的帧反向。

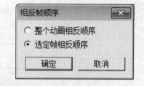

图 7-2-39　复制选中的 7 帧图像　　　　图 7-2-40　"相反帧顺序"对话框

（10）可以单击"编辑"→"修剪画布"命令，将动画中画布调整的与图像大小一样。

（11）对动画进行优化，再按照前面介绍的方法导出"实例 5 飞鹰 . gif"文件。

7.3　中文 Ulead COOL 3D 软件的基本使用方法

Ulead COOL 3D 是 Ulead 公司的产品，用来方便地制作三维文字和图形动画。因界面简洁、操作容易，受到广大用户的喜爱。目前比较流行的是中文 COOL 3D 3.5 和中文 Ulead COOL 3D Production Studio 1.0。该款软件拥有强大方便的图形和标题设计工具、有多种动画特效、很好的整合输出，可以制作出新颖的 3D 动画和视频、动态按钮、动态文字等。本节主要介绍了使用该软件制作三维立体动画的方法。

7.3.1　中文 COOL 3D 软件简介和工作界面

1. Ulead COOL 3D Production Studio 对话框

启动中文 Ulead COOL 3D Studio 1.0 后，弹出进入中文 Ulead COOL 3D Studio 1.0 的工作界面，即工作环境，同时弹出 Ulead COOL 3D Production Studio 对话框，如图 7-3-1 所示。该对话框给出了 5 种操作方式，单击其中一个按钮，即可进入相应的操作方式。单击"确定"按钮，即可进入中文 Ulead COOL 3D Studio 1.0 的工作界面，同时新建一个空白的设计演示窗口。

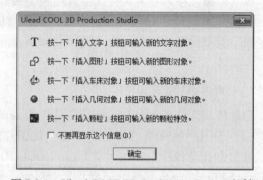

图 7-3-1　Ulead COOL 3D Production Studio 对话框

选中"不要再显示这个信息"复选框，单击"确定"按钮后，以后再运行中文 Ulead COOL 3D Studio 1.0，不会弹出"Ulead COOL 3D Production Studio"对话框，直接进入中文 Ulead COOL 3D Studio 1.0 工作界面。

2. 中文 Ulead COOL 3D Studio 1.0 的工作环境简介

中文 Ulead COOL 3D Studio 1.0 工作界面如图 7-3-2 所示（还没有打开 GIF 格式动画文件），它主要由标题栏、菜单栏、常用工具栏、导航栏、位置工具栏、表面工具栏、百宝箱、设计演示窗口（简称演示窗口）、时间轴面板和状态栏等组成。

图 7-3-2　中文 Ulead COOL 3D Studio 1.0 工作环境

　　单击常用工具栏内的"重排配置"按钮⚓，弹出"重排配置"菜单，如图 7-3-3 所示。其内第 1 栏中有"初级""中级"和"高级"命令选项，单击其中一个命令选项，可以切换一种相应的工作环境。

　　将鼠标指针移到各工具栏或工具面板的按钮之上时，会显示它的中文名称。单击"查看"→"工具面板管理"命令，弹出"工具面板管理"菜单，该菜单和图 7-3-3 所示"重排配置"菜单内第 2 栏中的命令完全一样，单击其内各命令，可以取消或调出某个工具栏或工具面板。

3.　打开 C3D 格式文件

　　C3D 格式文件是 Ulead COOL 3D 软件自身的动画文件格式，打开该文件后，可以在中文 Ulead COOL 3D Studio 1.0 工作界面内编辑修改。打开 C3D 格式文件的方法介绍如下。

　　(1) 利用菜单命令：在中文 Ulead COOL 3D Studio 1.0 工作界面内，单击菜单栏的"文件"→"打开"命令，弹出"打开"对话框，在"查找范围"下拉列表框中选择要打开文件所在的文件夹，例如"GIF 动画 1"，在列表框内选中要打开的文件，如图 7-3-4 所示。单击"预览"按钮，可在按钮处显示选中动画的首帧画面；单击按钮 ▶，可以在"预览"按钮处播放选中的动画。

　　单击"打开"按钮，即可关闭"打开"对话框，在中文 Ulead COOL 3D Studio 1.0 工作界面内显示新的设计演示窗口，其内显示要打开的动画画面。

　　(2) 鼠标拖动：打开中文 Ulead COOL 3D Studio 1.0 工作界面，再打开 Windows "资源管理器"或"计算机"窗口，在其内选中一个要打开的 C3D 格式文件，再用鼠标将要导入的图像文件拖动到中文 Ulead COOL 3D Studio 1.0 工作界面内，即可在中文 Ulead COOL 3D Studio 1.0 工作界面内显示新的设计演示窗口，其内显示要打开的动画画面。

图 7-3-3 "重排配置"菜单

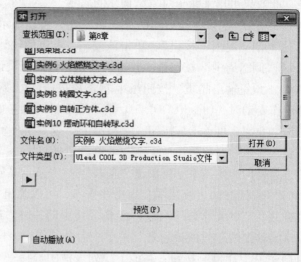

图 7-3-4 "打开"对话框

7.3.2 常用、表面、位置和导览工具栏

1. 常用工具栏

常用工具栏也叫标准工具栏，如图 7-3-5 所示，其中各工具的作用简介如下。

图 7-3-5 常用工具栏

（1）"新建"按钮：单击该按钮可以新建一个设计演示窗口。

（2）"打开"按钮：单击该按钮可以弹出"打开"对话框，利用该对话框可以打开一个 COOL 3D 的文件（扩展名为 c3d）。

（3）"保存"按钮：单击该按钮可以调出"另存为"对话框，利用该对话框可以将制作的图像或动画保存，文件的扩展名为 c3d。

（4）"删除"按钮：单击该按钮，可以将当前对象删除。

（5）"剪切"按钮：单击该按钮，可以将当前对象剪切到剪贴板中。

（6）"复制"按钮：单击该按钮，可以将当前对象复制到剪贴板中。

（7）"粘贴"按钮：单击该按钮，可以将剪贴板中的对象粘贴到设计演示窗口内。

（8）"撤销"按钮：单击该按钮，可以取消刚刚进行过的操作。

（9）"重复"按钮：单击该按钮，可以恢复刚刚取消的操作。

（10）"从对象清单中选取对象"下拉列表框：在设计演示窗口可以加入多个对象（字符、文字和图形等），加入一个对象，就自动在此下拉列表框内加入它的名字。利用该下拉列表框可以选择某一个对象，然后对该对象进行操作。

（11）"框架结构"按钮：单击该按钮，可以渲染不带表面色彩和纹理的对象，这样它们可以代表几何模型，将它们显示为由直线和曲线组成的框架。可以让用户更全面地查看对象。此效果可用来赋予对象结构化的质感。

（12）"显示/隐藏"按钮 ：单击该按钮，可以显示或隐藏设计演示窗口中当前对象。

（13）"调亮周围"按钮 ：单击该按钮，可以使设计演示窗口中的所有对象变亮。

（14）"调暗周围"按钮 ：单击该按钮，可以使设计演示窗口中的所有对象变暗。

（15）"预览输出品质"按钮 ：单击该按钮，可以具有预览输出质量的功能。每次将对象外观作变动时，Ulead COOL 3D 都需要更新对象。如要使更新的动作简化，处理速度更快，提高效率，可单击该按钮。它与单击"查看"→"输出预览"命令的作用一样。

若要让显示的对象更快地更新，可单击"项目"→"显示品质"→"草稿"命令。如要查看最精确的产生结果，可单击"项目"→"显示品质"→"最佳"命令。

（16）"重排配置"按钮 ：单击该按钮，可以弹出一个菜单，利用其内的命令，可以选择"初级""中级"和"高级"工作环境中的一种，还可以弹出或关闭相应的工具栏或面板，这与单击"工具面板管理"菜单中命令的作用一样。

（17）"查看比例"按钮：在该下拉列表框中选择一个百分数或者输入一个数值，即可按照设置的百分数显示设计演示窗口中的对象。

（18）"友立首页"按钮 ：联网后，单击该按钮可进入友立系统主页，了解友立最新消息、友立新技巧和友立新产品。

（19）"帮助"按钮 ：单击该按钮后，鼠标指针变为带"?"的箭头，将鼠标指针移至某一工具按钮之上，单击该工具按钮，即可调出该工具的使用说明。

2. 导航工具栏

导航工具栏在位置工具栏上面，参见图 7-3-2，其中各工具的作用简介如下。

（1）"播放"按钮 ：单击该按钮可播放动画，同时使"停止"按钮有效。

（2）"停止"按钮 ：单击该按钮暂停动画的播放，同时使"播放"按钮有效。

（3）"开始帧"按钮 ：单击该按钮，会使演示窗口中显示动画的开始帧画面。

（4）"上一帧"按钮 ：单击该按钮，会使演示窗口中显示动画的上一帧画面。

（5）"下一帧"按钮 ：单击该按钮，会使演示窗口中显示动画下一帧的画面。

（6）"开始帧"按钮 ：单击该按钮，会使演示窗口中显示动画的结束帧画面。

（7）"往返模式开启/关闭"按钮 ：单击该按钮，可进入往返模式状态，动画是从第 1 帧开始一帧帧播放到最后 1 帧，然后再往回一帧帧倒着播放到第 1 帧。再单击该按钮，该按钮弹起。可退出往返模式状态，动画只从第 1 帧开始一帧帧播放到最后 1 帧。

（8）"循环模式打启/关闭"按钮 ：单击该按钮，可进入循环模式状态，动画播放是从从第 1 帧开始一帧帧播放到最后 1 帧，再回到第 1 帧，重复播放。

3. 表面工具栏

表面工具栏在位置工具栏下面，如图 7-3-6 所示，其中各工具的作用简介如下。

（1）"选择正面"按钮 ：单击该按钮，在进行各种效果制作（着色、加纹理等）时，可对所选择对象的前表面进行加工。

（2）"选择斜角前面"按钮 ：单击该按钮，可对所选对象的前斜角表面进行加工。

（3）"选择斜角侧面"按钮 ：单击该按钮，可对所选对象的侧表面进行加工。

（4）"选择斜角后面"按钮▦：单击该按钮，可对所选对象的后斜角表面进行加工。

（5）"选择背面"按钮▦：单击该按钮，可对所选对象的后表面进行加工。

4. 位置工具栏

位置工具栏在常用工具栏下面，如图 7-3-7 所示，其中各工具的作用简介如下。

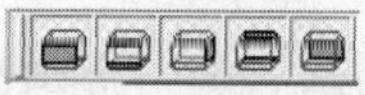

图 7-3-6　表面工具栏 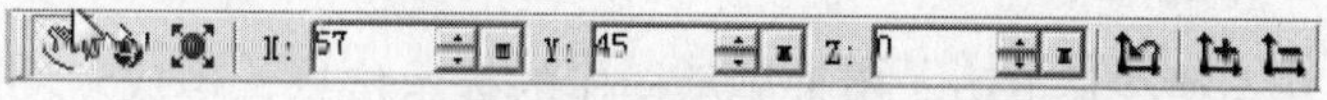　　　　　　　　图 7-3-7　位置工具栏

（1）"移动对象"按钮▣：单击该按钮，将鼠标指针移至显示窗口内，则鼠标指针会变为一个小手状。这时，拖动对象，可以改变对象的位置。

（2）"旋转对象"按钮▣：单击该按钮，将鼠标指针移至显示窗口内，则鼠标指针会变成 3 个弯箭头围成一圈状。这时拖动对象，可以使对象旋转。

（3）"大小"按钮▣：单击该按钮，将鼠标指针移至显示窗口内，则鼠标指针会变成十字形。这时用鼠标拖动对象，可使对象的大小发生改变。如果在按住【Shift】键的同时拖动对象，可在保持对象比例不变的情况下，调整对象的大小。

（4）"X:"数字框：用来精确确定当前对象的水平坐标位置。

（5）"Y:"数字框：用来精确确定当前对象的垂直坐标位置。

（6）"Z:"数字框：用来精确确定当前对象的 Z 坐标位置，同时调整当前对象的大小。

单击数字框内的数字，可直接输入新数值，也可单击它的上、下两个小箭头按钮来调整其数值。在移动对象、旋转对象和改变对象大小的不同状态下，X、Y、Z 的含义不一样。读者可通过上机实践得出结论。

（7）"重置变形"按钮▣：单击该按钮，可将当前对象变形重置。

（8）"加入固定变形"按钮▣：单击该按钮，可给当前对象加入固定变形。

（9）"移动固定变形"按钮▣：单击该按钮，可将当前对象的固定变形移除。

7.3.3　百宝箱、状态栏和对象工具栏

1. 百宝箱

百宝箱在设计演示窗口的右边或下边，其中左边是制作效果分类窗口，右边是相应类别的样式窗口，选择不同类别时，样式窗口中会显示不同的内容，如图 7-3-2 所示。样式窗口中的每一个图像或动画都会形象地提示用户选择该样式后会达到的制作效果。在单击某一制作效果的分类项（即选中它）后，再双击样式窗口中的某一图像或动画，即可开始对演示窗口内的字符或文字进行相应的制作加工。单击制作效果分类窗口内左边的"＋"按钮，可将全部类型名称展开；单击"－"按钮，可将全部类型名称收缩。

右击百宝箱内右边的列表框内，弹出一个快捷菜单，单击其内的"导入"命令，可弹出"导入缩图"对话框，利用该对话框可导入外部制作好的扩展名为 .uez 和 .upf 的对象和特效文件（可以从 Ulead 网站免费下载大量的对象和特效文件）、对象组合、动画特效等。

右击百宝箱内右边的列表框中的图案，弹出一个快捷菜单，单击该快捷菜单内的"导出"命令，可弹出"导出缩图"对话框，利用该对话框可导出用户制作的对象、对象组合、动画特效等导出成相应的文件（扩展名为 . uez）。利用快捷菜单内的命令，还可对百宝箱内右边列表框中的图案进行删除等操作。

2. 状态栏

状态栏在最下边，用来显示操作的提示信息，生成新图像或动画时的进展情况，以及演示窗口中对象的尺寸大小、光标位置等信息。

3. 对象工具栏

对象工具栏如图 7-3-2 所示左边一列。从上到下各工具的作用简介如下。

（1）"插入文字"按钮 **T**：单击该按钮，弹出"插入文字"对话框，如图 7-3-8 所示。用来输入字符或文字。用户可在选定字体和字大小后，单击该文本框，使光标在文本框中出现，然后输入字符或文字，再按【Enter】键，设计演示窗口内显示相应的三维文字。同时，在常用工具栏内的"从对象清单中选取对象"下拉列表框中会增加该文字对象的名称。

单击"插入文字"对话框中的"字体"下拉列表框用来选择字体。当鼠标移到"字体"列表内一字体名称时，在该字体右边会显示该字体字样。如果选择 Webdings、Westwood LET、Wingdings、Wingdings 2、Wingdings 3 等字体，则输入字符时，可输入各种小图案。

（2）"插入图形"按钮 ⬛：单击该按钮，弹出"矢量绘图工具"对话框，如图 7-3-9 所示。利用该对话框可以绘制矢量图形，导入扩展名为 . EMF 和 . WMF 格式的矢量图形，以及将点阵图像转换为矢量图形。将鼠标指针移到该对话框内的按钮或文本框之上，可显示它的名称。单击该对话框标题栏中的按钮 ▣?，再单击按钮或文本框，可显示相应的帮助信息。使用这两种方法，再加上读者的操作试验，一般都可以很快地掌握该对话框的使用方法。

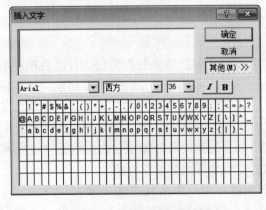

图 7-3-8 "插入文字"对话框

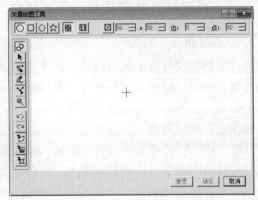

图 7-3-9 "矢量绘图工具"对话框

（3）"插入车床对象"按钮 ⬛：单击该按钮，可弹出"车床对象编辑工具"对话框，如图 7-3-10 所示。利用该对话框也可以绘制矢量图形，导入矢量图形和将点阵图像转换为矢量图形。该对话框"矢量绘图工具"对话框基本一样，使用方法也一样，只是单击"确定"按钮后，在设计演示窗口内形成的对象不一样，形成相应的车床对象。

图 7-3-10　"车床对象编辑工具"对话框

在"百宝箱"面板中，单击选中左边列表框内的"对象"选项，展开"对象"列表，选中"车床对象"选项，即可在右边列表框中显示系统提供的车床对象，如图 7-3-11 所示。可以看到车床对象的立体三维特点。

（4）"插入几何对象"按钮 🔩 ▼：单击该按钮右下角的箭头按钮，可弹出"几何对象"面板，如图 7-3-12 左图所示。单击该面板内的一个按钮，可在演示窗口内插入相应的立体几何图形对象。

（5）"插入颗粒特效"按钮 ▓ ▼：单击该按钮右下角的箭头按钮，弹出"颗粒特效"面板，如图 7-3-12 右图所示。单击其内一个按钮，即可在演示窗口内插入相应的立体颗粒特效对象。

（6）"编辑对象"按钮 ▩：单击该按钮，可弹出"车床对象编辑""矢量绘图工具"或"插入文字"对话框，同时在该对话框内打开当前对象的轮廓路径图形或文字。

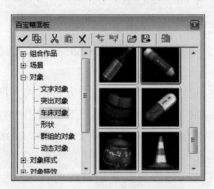

图 7-3-11　"百宝箱"面板内的车床对象

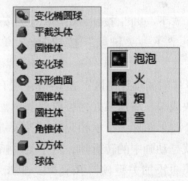

图 7-3-12　"几何对象"和"颗粒特效"面板

7.3.4　动画和文本工具栏

1．文本工具栏

文本工具栏如图 7-3-13 所示。从左到右工具的作用如下。

（1）"增加字符间距"按钮 ♙：单击该按钮，可使字符间的水平间距增加。

（2）"减少字符间距"按钮 ♙：单击该按钮，可使字符间的水平间距减少。

（3）"增加行间距"按钮 ⬍：单击该按钮，可使字符或文字的行距增加。

（4）"减少行间距"按钮 ☰：单击该按钮，可使字符或文字的行距减小。

（5）"居左"按钮 ≣：单击该按钮，可使文字左对齐。

（6）"居中"按钮 ⚏：单击该按钮，可使文字居中对齐。

（7）"居右"按钮 ≣：单击该按钮，可使文字右对齐。

（8）"分割文字"按钮 ⅍：单击该按钮，可使当前一串文字分割为一些独立的字。

（9）"转换文字为图形"按钮 ⚙：单击该按钮，可使当前文字转换为图形。

2．动画工具栏

动画工具栏如图 7-3-14 所示。该工具栏中从左至右各工具的作用如下。

图 7-3-13　文本工具栏

图 7-3-14　动画工具栏

（1）"时间轴面板"按钮 ⊞：单击该按钮，可弹出"时间轴"面板。

（2）"从对象清单中选取对象"下拉列表框：该下拉列表框用来选择设计演示窗口内的对象，使该对象成为选中的当前对象。

（3）"从特性菜单中选取特性"下拉列表框：该下拉列表框用来选择制作动画的属性，即动画画面一帧帧变化时，是对象的哪项属性在改变。动画的属性有方向、大小、色彩、材质、斜角、透明度、纹理、显示/隐藏、光线、相机和背景等。

（4）"上一帧"按钮 ◀▌：单击该按钮，会使演示窗口中显示动画的上一帧画面。

（5）"上一关键帧"按钮 ◂：单击该按钮，会使演示窗口中显示动画上一关键帧画面。

（6）"下一帧"按钮 ▐▶：单击该按钮，会使演示窗口中显示动画下一帧的画面。

（7）"下一关键帧"按钮 ▸：单击该按钮，会使演示窗口中显示动画下一关键帧画面。

（8）"时间轴控制区"滑动槽：它有 2 个滑动槽，上边滑动槽内有一个方形滑块，拖动方形滑块或单击滑槽某处，可以使演示窗口中显示动画的某一帧画面。下边的滑动槽内有一个或多个菱形图标，指示相应的帧为关键帧，蓝色的菱形图标表示当前帧是关键帧。所谓关键帧，就是动画中的转折帧，两个关键帧之间的各个画面可由中文 COOL 3D 自动产生。

（9）"添加关键帧"按钮 ✚：单击该按钮，会在时间轴控件的下边滑槽中，对应上边滑动槽内方形滑块处增加一个蓝色菱形图标，指示该帧为关键帧。

（10）"删除关键帧"按钮 ▬：单击关键帧的蓝色菱形图标，再单击该按钮，可以删除一个关键帧，选中的关键帧蓝色菱形图标会被删除。

（11）"反向"按钮 ⟍：单击该按钮，会使动画朝相反的方向变化。即原来从第 1 帧到最后一帧的变化，现在改为从最后一帧向第 1 帧变化。

（12）"让移动路径平滑"按钮 ⟳：单击该按钮，可使移动动画各帧间的变化更平滑。

（13）"当前帧"文本框 ：单击数字文本框的上、下箭头按钮，或单击它的文本框，再输入数字，可改变该文本框内的数字时，从而改变当前帧。

（14）"总帧数"文本框 ：可用来确定数字电影（动画）的总帧数。

（15）"每秒帧数"文本框 ：可用来确定动画播放的速度，即每秒钟的帧数。

7.3.5　对象管理面板和"属性"面板

1. 对象管理面板

对象管理面板如图 7-3-15 所示。它给出了当前动画中的对象组成情况，使用方法如下。

（1）选中对象管理面板内的一个对象名称，即可选中设计演示窗口内相应的对象。

（2）单击一个对象名称，再按住【Ctrl】键，同时单击其他对象名称，可以同时选中多个对象，如图 7-3-15 所示。单击一个对象名称，再按住【Shift】键，同时单击另一个对象名称，可同时选中这两个对象之间的所有对象。此时"群组对象"按钮 会变为有效，单击该按钮，即可将选中的多个对象组合成一个组合对象，如图 7-3-16 所示。

（3）单击组合对象，单击"解散群组对象"按钮，可将选中组合对象分解为多个对象。

（4）在对象管理器中选中一或多个对象，单击"删除对象"按钮，可删除选中的对象。

（5）在对象管理器中选中一个或多个对象，再单击"锁定/解锁对象"按钮，可锁定或解锁选中的对象。锁定对象名称的左边会显示一个小锁图案，如图 7-3-17 所示，不可以改变锁定对象的属性，也不可以删除锁定对象。再单击该按钮，可解锁该对象，锁定对象名称左边的小锁图案消失，此时可以删除该对象。

（6）在对象管理面板中选中一或多个对象，单击"启用/停用对象"按钮，可停用（即隐藏）选中对象，此时对象名称左边小图案显示，如图 7-3-18 所示，设计演示窗口内该对象隐藏。再单击按钮，可启用对象，小图案消失，设计演示窗口内这个对象会重新显示。

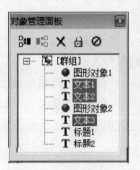 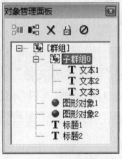  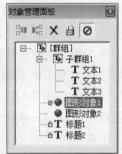

图 7-3-15　对象管理器　　图 7-3-16　对象管理器　　图 7-3-17 对象管理器　　图 7-3-18　对象管理器

2. "属性"面板

"属性"面板如图 7-3-19 所示，利用"属性"面板可以设置当前对象的属性。单击该面板内的"添加外挂特效"按钮，弹出"添加外挂特效"菜单，如果当前选中的对象是一个群组对象时，则"添加外挂特效"菜单如图 7-3-20 所示。如果当前选中对象是一个单一对象时，则"添加外挂特效"菜单如图 7-3-21 所示。

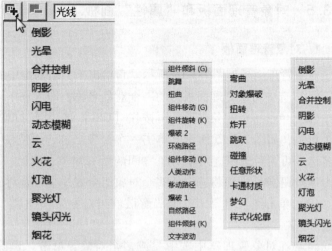

图 7-3-19　"属性"面板　图 7-3-20　"添加外挂特效"菜单 1　图 7-3-21　"添加外挂特效"菜单 2

单击该对话框内的命令，则"属性"面板会显示相应的调整参数选项，用来调整选中对象的属性。在"属性清单"下拉列表框中可以选择属性的类别。

在添加一种外挂特效后，"删除外挂特效"按钮，可删除添加的外挂特效。单击其内下边的"查看缩图"按钮，会在"百宝箱"面板内切换到相应选项，列出相应的样式图案。

7.3.6　创建文件和导入文件

1. 创建图像和 GIF 动画文件

（1）创建图像文件：制作好图像或动画后，单击"文件"→"创建图像文件"命令，可弹出它的联级菜单，如图 7-3-22 所示。单击该菜单中的一项命令，即可弹出相应的对话框，利用该对话框，可以将制作的动画当前帧画面保存为相应格式的图像文件。

（2）创建 GIF 动画文件：单击"文件"→"创建动画文件"命令，弹出"创建动画文件"菜单，如图 7-3-23 左图所示。单击其内的"GIF 动画文件"命令，弹出"存成 GIF 动画文件"对话框。利用该对话框进行相关的设置，再单击"保存"按钮，即可将动画保存为 GIF 格式的动画文件。

2. 创建 SWF 格式动画文件和 AVI 格式视频文件

（1）单击"文件"→"导出动画文件"→"输出致 Macromedia Flash（SWF）"命令，弹出它的联级菜单，如图 7-3-23 右图所示。单击该菜单中的一项命令，即可将制作的动画保存为 SWF 格式的 Flash 文件。执行"用 JPG"命令，可以使生成的文件较小。

（2）创建 AVI 视频文件：单击"文件"→"创建视频文件"命令，弹出"存成视频文件"对话框。在该对话框内的"保存类型"下拉列表框中选中"Microsoft AVI 文件（*.avi）"选项，选择"第 7 章"文件夹，如图 7-3-24 所示。然后，在"文件名"文本框内输入文件名称，再单击"保存"按钮，即可将动画存为 AVI 格式的视频文件。

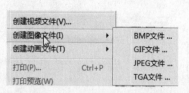

图 7-3-22　"创建图像文件"菜单

图 7-3-23　"创建动画文件"菜单

单击"选项"按钮，可弹出"视频保存选项"对话框，切换到"一般"选项卡，如图 7-3-25 所示。用来设置帧速度和帧大小等。切换到其他选项卡，还可以进行其他设置。

图 7-3-24　"存成视频文件"对话框

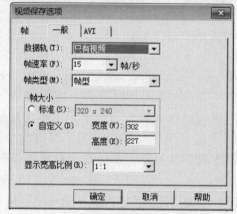

图 7-3-25　"视频保护选项"对话框

3. 导入文件

（1）单击"文件"→"导入图形"命令，即可弹出"打开"对话框，利用该对话框可以导入 AI、EMF 或 WMF 格式的图形文件。

（2）单击"文件"→"导入 3D 模型"命令，调出它的联级菜单，如图 7-3-26 所示。单击该菜单内的命令，可弹出相应的"打开"对话框，利用该对话框可以导入 DirectX 或 3D Studio 格式的模型文件。这种格式的文件在 Ulead 网站上免费提供。

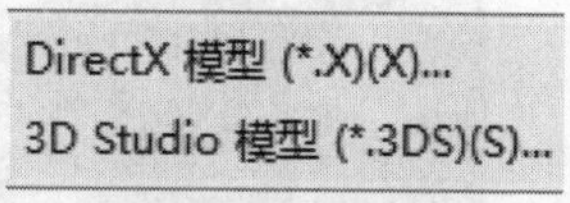

DirectX 模型 (*.X)(X)...
3D Studio 模型 (*.3DS)(S)...

图 7-3-26　菜单

7.4　Ulead COOL 3D 动画制作实例

实例 6　抗日烽火

"抗日烽火"火焰文字动画播放后，在一幅抗日烽火图像之上，有一个"抗日烽火"立体文字，文字的火焰大小不断变化。该动画播放后的一幅画面如图 7-4-1 所示。

（1）单击"文件"→"新建"命令，新建一个演示窗口。单击"项目"→"尺寸"命令，弹出"尺寸"对话框，设置演示窗口的宽为 420 像素，高为 240 像素，如图 7-4-2 所示。单击"确定"按钮，即可看到演示窗口的尺寸已改变。

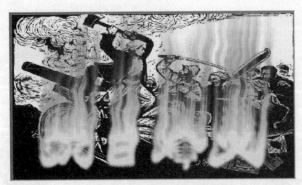

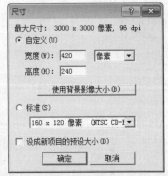

图 7-4-1　"抗日烽火"动画画面　　　　　　图 7-4-2　"尺寸"对话框

（2）单击"项目"→"背景"→"图像"命令，弹出"打开"对话框，利用该对话框打开一幅"抗日.jpg"图像作为动画画面的背景图像，如图 7-4-3 所示。

（3）单击对象工具栏中的"插入文字"按钮 **T**，弹出"插入文字"对话框。在文本框内输入"抗日烽火"文字，再按【Enter】键。选中文字，选择隶书字体，大小为 26 磅。单击"确定"按钮，演示窗口内会显示"抗日烽火"三维文字。同时，在常用工具栏内的"从对象清单中选取对象"下拉列表框中会增加该文字对象的名称"抗日烽火"。

（4）单击位置工具栏内"移动对象"按钮：将鼠标指针移至演示窗口内，鼠标指针变为一个小手状，拖动立体文字对象到演示窗口内的最下边，如图 7-4-4 所示。

图 7-4-3　"抗日.jpg"图像　　　　　　图 7-4-4　"抗日烽火"文字

（5）单击百宝箱中的"对象样式"→"物料属性"→"图像材质"分类名称，弹出图形样式库，双击该样式库中如图 7-4-5 所示的材质图案，给文字表面添加材质。

图 7-4-5　材质图案

（6）单击"位置工具"栏内的"方向"按钮，垂直向上拖动"抗日烽火"文字，该文字稍稍向上倾斜。此时的演示窗口如图 7-4-6 所示。

（7）单击百宝箱中的"整体特效"→"火焰"分类名称，弹出图形样式库，双击该样式库中如图 7-4-7 所示的火焰样式图案，给文字表面添加火焰效果。

图 7-4-6 演示窗口内的"抗日烽火"文字

图 7-4-7 火焰样式图案

（8）打开动画工具栏，利用该工具栏设置动画的总帧数为 50 帧，帧速率为 10 帧/秒，如图 7-4-8 所示。单击"时间轴控件"滑动槽中的第 1 个关键帧（即第 1 帧），将其属性面板按照图 7-4-9 所示进行调整，其中"火焰色彩"栏的颜色依次设置为黄色、金色和红色。即可看到演示窗口内的"抗日烽火"4 个文字加上了较弱的火焰效果。

（9）单击"时间轴控件"滑动槽中的第 2 个关键帧（即第 50 帧）。再将其属性栏按照图 7-4-10 所示进行调整，其中"火焰色彩"栏的颜色依次设置为黄色、金色和红色。在演示窗口内的"抗日烽火"4 个文字加上了较弱的火焰效果。

图 7-4-8 总帧数和帧速率设置　　图 7-4-9 第 1 帧属性设置　　图 7-4-10 第 50 帧属性设置

动画第 1 帧演示窗口内的"抗日烽火"4 个文字如图 7-4-11 所示，动画第 50 帧演示窗口内的"抗日烽火"4 个文字如图 7-4-12 所示。再以名称"实例 6 抗日烽火 .gif"保存。

图 7-4-11 "抗日烽火"动画第 1 帧画面　　　图 7-4-12 "抗日烽火"动画第 50 帧画面

实例7 立体旋转文字

"立体旋转文字"动画播放后的3幅画面如图7-4-13所示。

图7-4-13 "立体旋转文字"动画播放后的3幅画面

（1）单击百宝箱中的"组合作品"→"影片"分类名称，弹出影片库，如图7-4-14所示。双击其中第1个组合图案。此时会新建一个演示窗口，如图7-4-15所示。

图7-4-14 "百宝箱"面板影片库　　　　　图7-4-15 加入组合动画后的画面

（2）单击"查看"→"工具面板管理"→"对象管理面板"命令，弹出"对象管理面板"面板，如图7-4-16所示。选中其内一个对象名称，再单击单击"启用/停用对象"按钮 ⊘ ，可隐藏选中的对象，从而可以确定对象名称所指的对象。再单击"启用/停用对象"按钮 ⊘ ，可显示选中的对象。

（3）2次单击"对象管理面板"面板内的"COOL"文字选项，进入对象名称编辑状态，将文字改为"数字媒体"。再将"3D STUDIO"对象名称改为"SHUZIMEITI"。此时的"对象管理面板"面板如图7-4-17所示。

（4）单击选中"对象管理面板"面板内的"数字媒体"文字选项，单击对象工具栏中的"编辑文字"按钮 ，弹出"插入文字"对话框。将对话框中的"COOL"文字改为"数字媒体"。选中该文字，将字体改为"隶书"，字大小改为50，如图7-4-18所示。然后，单击"确定"按钮。

（5）选中"对象管理面板"面板内的"Ulead COOL 3D"文字选项，单击对象工具栏中的"编辑文字"按钮 ，弹出"插入文字"对话框，将对话框中的"COOL 3D""文字改为"SHUZIMEITI"，字大小改为12，字体为宋体。然后，单击"确定"按钮。

此时，演示窗口内立体动画中的文字自动改变，如图7-4-19所示。

图 7-4-16 "对象管理面板"面板 1

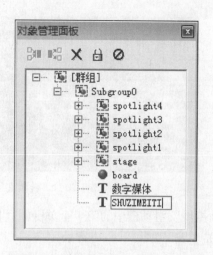

图 7-4-17 "对象管理面板"面板 2

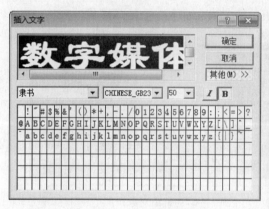

图 7-4-18 "插入文字"对话框

图 7-4-19 立体文字修改

（6）单击百宝箱中的"场景"→"图像背景"分类名称，弹出图形样式库，双击图像背景库中的第 3 个图案，在设计演示窗口内会加入选中的背景图像，如图 7-4-13 左图所示。至此，整个动画制作完毕。然后，将动画以名称"实例 7 立体旋转文字 . swf"保存在"第 7 章"文件夹内。

实例 8 转圈文字

"转圈文字"动画播放后，"热爱保护养育我们的地球"文字不断围绕地球转圈，该动画播放中的 2 幅画面如图 7-4-20 所示。

（1）单击"文件"→"新建"命令，新建一个演示窗口。单击"项目"→"尺寸"命令，弹出"尺寸"对话框，利用它设置图像的演示窗口宽为 320 像素、高为 240 像素。

（2）在动画工具栏内，设置动画的总帧数为 80 帧，播放速度设置为 6 帧/秒。单击

图 7-4-20　　"转圈文字"动画播放中的 2 幅画面

"时间轴控件"滑动槽中的第 1 个关键帧（即第 1 帧）。

（3）单击"项目"→"背景"→"图像"命令，弹出"打开"对话框，利用该对话框打开一幅"风景 4. jpg"图像作为动画画面的背景图像，如图 7-4-21 所示。此时设计演示窗口内会加入选中的"风景 4. jpg"图像作为背景图像。

（4）单击百宝箱中左边列表框中的"对象"→"群组的对象"分类名称选项，双击形状样式库中如图 7-4-22 所示图案。此时设计演示窗口内会加入一个地球图像。

图 7-4-21　图像背景图案　　　　　　图 7-4-22　群组对象图案

（5）单击常用工具栏内的"移动对象"按钮 ，在其属性栏内 X、Y、Z 数字框中均输入 0，使导入的星球图像位于演示窗口的正中间。单击"大小"按钮 ，在其位置栏内 X、Y、Z 数字框中均输入 160，使导入的对象放大，保持一个球体。此时演示窗口内的背景和星球图像如图 7-4-23 所示。

（6）单击"编辑"→"插入文字"命令，弹出"插入文字"对话框，在文本框内输入"热爱保护养育我们的地球"文字，选中输入的文字，设置字体为隶书、大小为 20 磅、加粗，如图 7-4-24 所示。单击"确定"按钮，演示窗口内会显示立体文字。

（7）单击百宝箱中的"对象样式"→"物料图库"→"塑料"分类名称，弹出图像材质库，双击其内倒数第 5 个图案，给文字添加蓝色塑料材质，如图 7-4-25 所示。

（8）打开"对象管理面板"面板，选中文字的对象名称，将该名称改为"转圈文字"。单击选中"转圈文字"对象的名称。同时，在动画工具栏内的"从对象清单中选取对象"下拉列表框中会选中该对象名称。

图 7-4-23 演示窗口内的图像

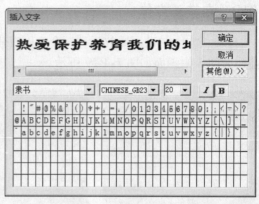

图 7-4-24 "插入文字"对话框

（9）单击百宝箱中的"文字特效"→"自然路径"分类名称，弹出图形样式库。双击该样式库中倒数第 2 个如图 7-4-26 所示的路径动画图案。此时动画工具栏内的"时间轴控件"滑动槽如图 7-4-27 所示，演示窗口内的文字已经环绕地球，只是第 4 关键帧的画面中文字向右移出，需要进行调整。

图 7-4-25 演示窗口内的文字

图 7-4-26 路径动画图案

图 7-4-27 调整好的动画工具栏

（10）在动画工具栏的"时间轴控件"滑动槽中，单击第 4 个菱形图标，单击"删除关键帧"按钮 ，删除该菱形图标。调整右边 2 个关键帧菱形图标的位置，如图 7-4-28 所示。至此，整个动画制作完毕，然后将动画以名称"实例 8 转圈文字 . gif"保存。

图 7-4-28 "时间轴控件"滑动槽

实例 9　自转正方体

"自转正方体"动画播放后，一个 6 面有建筑图像的正方体不断旋转并从小变大，该动画播放后的 3 幅画面如图 7-4-29 所示。

图 7-4-29　"自转正方体"动画播放后的 3 幅画面

（1）单击"文件"→"新建"命令，新建一个演示窗口。单击"项目"→"尺寸"命令，弹出"尺寸"对话框，利用它设置图像的演示窗口宽和高均为 260 像素。在动画工具栏内，将动画的总帧数设置为 80 帧，播放速度调为 6 帧/秒。

（2）打开"属性"面板，在上边的下拉列表框中选中"背景"选项，在"背景模式"下拉列表框中选择"图像"选项。单击"加载背景影像文件"按钮，弹出"打开"对话框，利用该对话框导入一幅图像作为背景图像，参看图 7-4-29 所示。

（3）单击百宝箱中的"对象"→"形状"分类名称，弹出图形样式库，双击该样式库中如图 7-4-30 所示的正方体图案。此时演示窗口内会加入一个可以自转的正方体。

（4）单击位置工具栏内的"位置"按钮，在其属性栏内 X、Y、Z 文本框中均输入 0，使导入的正方体形状对象位于设计演示窗口的正中间，且一面朝向读者。单击位置工具栏内的"大小"按钮，在其属性栏内 X、Y、Z 文本框中均输入 320，使导入的正方体形状对象放大。此时演示窗口内的正方体形状对象如图 7-4-31 左图所示。

（5）打开"属性"面板，在下拉列表框中选中"材质"选项，在"环绕"栏内，单击按下"将宽度调成外框大小"和"将高度调成外框大小"2 个按钮，如图 7-4-32 所示。

（6）打开表面工具栏，单击按钮组中的按钮，可在按下和抬起按钮之间切换，保证只单击按下第 1 个按钮，使其他按钮弹起。单击"属性"面板内的"加载材质影像文件"按钮，弹出"打开"对话框，导入"JZ1. jpg"图像，设计演示窗口内的正方体如图 7-4-31 右图所示。

（7）只单击按下按钮组中的第 2 个按钮。再导入"JZ2. jpg"图像，然后，依次给不同的表面导入不同的"JZ3. jpg"～"JZ6. jpg"图像。

（8）单击按下位置工具栏内的"方向"按钮，拖动设计演示窗口内的正方体图像，此时演示窗口内的正方体图像如图 7-4-29 所示。

（9）在"属性"面板内的"环绕"栏内，单击"将宽度调成外框大小"和"将高度调成外框大小"2 个按钮，使这两个按钮呈抬起状态。垂直向下拖动"属性"面板下边框，可以将该面板在垂直方向调大，使该面板内下边的选项展示出来，如图 7-4-32 所示。

图 7-4-30　正方体图案　　　　图 7-4-31　正方体贴图　　　　图 7-4-32 "属性"面板

（10）单击"对应"栏中的"改变材质大小"按钮，再在图像材质上拖动，可以调整图像材质的大小；单击"移动纹理"按钮，再在图像材质上拖动，可调整图像材质的位置；单击"旋转纹理"按钮，在图像材质上拖动，可旋转调整图像材质。

（11）将"时间轴控件"滑动槽中的滑块拖动到第 30 帧处，再单击"添加关键帧"按钮，将第 40 帧设置为关键帧。然后，单击位置工具栏内的"方向"按钮，将自转正方体一定角度；单击位置工具栏内的"大小"按钮，在动画工具栏内的 X、Y 和 Z 文本框中分别输入 210，将正方体调小。

（12）将"时间轴控件"滑动槽中的滑块拖动到第 60 帧处，再单击"添加关键帧"按钮，将第 50 帧设置为关键帧。选中该帧，单击"方向"按钮，将正方体旋转一定角度；单击"大小"按钮，在 X、Y 和 Z 文本框中分别输入 350，将正方体调大一些。

然后，将动画以名称"实例 9 自转正方体 . swf"保存在相应文件夹内。

实例 10　摆动环和自转球

"摆动环和自转球"动画播放后，一个金色球四周发出金色光芒且不断自转，一个金色圆环围绕金色球上下摆动。该动画播放后的 3 幅画面如图 7-4-33 所示。

1. 制作圆环立体图形

（1）单击"文件"→"新建"命令，新建一个演示窗口。单击"项目"→"尺寸"命令，弹出"尺寸"对话框，利用它设置图像的演示窗口宽和高均为 300 像素。在动画工具栏内，将动画的总帧数设置为 60 帧，播放速度调为 8 帧/秒。

（2）打开"属性"面板，单击该面板内的"加载背景影像文件"按钮，弹出"打开"对话框，利用该对话框导入一幅图像，此时演示窗口内的图像如图 7-4-34 所示。

图 7-4-33　"摆动环和自转球"动画播放后的 3 幅画面

（3）单击"对象"→"插入图形"命令，弹出"矢量绘图工具"对话框。单击其内的"形状"按钮和"椭圆形"按钮。然后拖动绘制一幅正圆形图形，如图 7-4-35 所示。

图 7-4-34　演示窗口内的背景图像

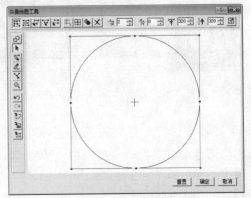

图 7-4-35　"矢量绘图工具"对话框内圆形

（4）单击"对象"按钮，即可选中绘制的圆形图形；单击"保持宽高比"按钮，在"宽度"或"高度"数字框内输入 240；在"水平位置"与"垂直位置"数字框内分别输入 0，如图 7-4-36 所示，调整正圆形图形的位置与大小，水平与垂直位置都为 0，与正圆外切的矩形的宽与高均为 240。

（5）单击该对话框中的"确定"按钮，即可在演示窗口内插入在"矢量绘图工具"对话框内图形确定的立体图像。单击位置工具栏内的"大小"按钮，在该栏内的 X、Y 和 Z 数字框中分别输入 240、240 和 240，调整图像大小，效果如图 7-4-36 所示。

图 7-4-36　演示窗口中的图形

（6）打开"属性"面板，在上边的下拉列表框中选中"色彩"选项，此时的"属性"面板如图 7-4-37 所示。单击其内"表面色彩"栏内的"色彩"按钮，弹出"颜色"对话框，单击其内的橙色色块，单击"确定"按钮，设置文字表面颜色为橙色。

（7）在位置工具栏内单击"移动对象"按钮，在 X、Y 和 Z 数字框中均输入 0，使图像处于画面正中间。单击"旋转对象"按钮，在动画工具栏内的 X、Y 和 Z 文本框中

分别输入 –155、296 和 0，使图像旋转一定角度。

（8）单击百宝箱中的"对象样式"→"物料图库"→"金属"分类名称，弹出金属物料图库。双击其内的第 8 个金属图案，给圆柱形图形表面填充该金色金属纹理，此时设计演示窗口内的圆柱形图形如图 7-4-38 所示。

（9）将动画以名称"实例 10 摆动环和自转球 . c3d"保存在"第 7 章"文件夹内。

图 7-4-37 属性面板

图 7-4-38 演示窗口中的图形

2. 制作自转金球和摆动圆环

（1）单击百宝箱中的"组合作品"→"影片"分类名称，弹出影片库，如图 7-4-39 所示。双击其中第 1 个组合图案。此时会新建一个设计演示窗口。

（2）单击位置工具栏内的"位置"按钮 ，选中金色自转圆球对象，或者单击选中"对象管理面板"面板内的"Subgroup2"选项，或者在动画工具栏内"从对象清单中选取对象"下拉列表框中选择"Subgroup2"选项，选中金色自转圆球对象。

（3）单击"编辑"→"复制"命令，将选中的金色自转圆球对象复制到剪贴板内。单击"实例 10 摆动环和自转球 . c3d"设计演示窗口的标题栏，使它成为当前设计演示窗口。

（4）单击"编辑"→"粘贴"命令，将剪贴板内的金色自转圆球对象粘贴到当前设计演示窗口内。单击位置工具栏内的"位置"按钮 ，拖动调整粘贴的金色自转圆球对象，使它居于金色圆柱体图形的中间。

（5）单击位置工具栏内的"大小"按钮 ，在该栏内的 X、Y 和 Z 数字框中分别输入130、130 和 130，调整图像大小，如图 7-4-40 所示。

（6）在动画工具栏内，将"时间轴控件"滑动槽中的滑块拖动到第 30 帧处，再单击"添加关键帧"按钮 ，将第 30 帧设置为关键帧。选中金色圆柱形图形对象，然后，单击"旋转对象"按钮 ，拖动鼠标，将圆柱图形旋转一定角度。

（7）按照上述方法，在动画工具栏内，再增加第 3 个关键帧（第 60 帧），并将该关键帧的圆柱图形适当旋转一定角度。

（8）在动画工具栏内，单击"时间轴控件"滑动槽中的第 1 个关键帧（即第 1 帧）。再单击百宝箱中的"整体特效"→"光晕"分类名称，弹出图形样式库，双击该样式库中如图 7-4-41 所示的黄色光晕图案。

然后，在其属性面板中设置"宽度""透明度"和"柔边"文本框中的数值，光晕的颜色保持为黄色，如图 7-4-42 所示。此时演示窗口内的图像如图 7-4-43 所示。

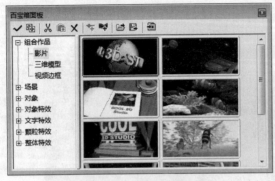

图 7-4-39　百宝箱面板影片库

图 7-4-40　添加金色圆球图形

图 7-4-41　光晕图案

图 7-4-42　属性面板

图 7-4-43　加入光晕后的图像

（9）用鼠标将"时间轴控件"滑动槽中的滑块拖动到第 30 帧处，再单击"添加关键帧"按钮，将第 30 帧设置为关键帧。在其"属性"面板内，设置"宽度"数字框的值为 12。至此，整个动画制作完毕。以名称"摆动环和自转球 1. gif"保存。

思考与练习

操作题

1. 启动中文 GIF Animator 5 软件，初步了解该软件的工具的使用方法。启动中文 Ulead COOL 3D Production Studio 1.0 软件，初步了解该软件各工具的使用方法。

2. 制作一个"文字变化"GIF 格式动画，该动画播放后，先有一行文字从右向左移入画面，再从左向右移出画面；接着另一行文字从下向上移入画面，再从上向下移出画面。

3. 制作另一个图像切换 GIF 格式动画。制作另一个"图像翻页显示"GIF 格式动画。

4. 制作另一个"图像特效显示"GIF 格式动画。要求特效切换的图像有 6 幅。

5. 制作一个小鸟飞的 GIF 格式动画。制作一个"火烧赤壁"火焰字动画。

6. 修改"实例 8 转圈文字"动画,使该动画的文字改为一串环绕文字围绕一个不断自转的正方体转圈。

7. 修改"实例 9 自转正方体"动画,使该动画中正方体各表面是不同的风景图像。

8. 制作一个"结束语"动画,该动画播放后,"世界名花展示结束"文字以垂直形式在下边出现,慢慢向上移至顶部,移动中会来回水平摆动旋转;移到顶部后,旋转 90°展开。同时,"再见"文字以垂直形式慢慢从中间旋转 90°展开。

第 **8** 章 ╱ 绘声绘影视频制作一

"会声会影" 也叫 VideoStudio，它最早是 Ulead 公司的一款一体化视频编辑软件。本章介绍中文 "会声会影 X5" （Corel VideoStudio X5） 软件的工作界面，介绍插入媒体文件、修改参数、创建项目文件、修改项目属性和影片制作步骤等的方法，同时还介绍了 3 个实例的制作方法，可以结合实例学习软件的使用方法和使用技巧。

8.1 音频和视频软件与 "会声会影" 软件简介

8.1.1 音频和视频软件简介

1. 几款音频软件简介

下面介绍的数字音频和视频文件软件都具有文件格式转换和简单编辑的功能，而且它们都是国产中文或汉化版本。它们的应用平台有 Windows XP/2003/7 等。

（1）"音频编辑大师" 软件：该软件是一款功能强大的国产中文音频编辑工具，使用它，可以对 WAV、MP3 等多种格式的音频文件进行格式处理。例如，剪贴、复制、粘贴、合并和混音等处理，对音频波形进行 "反转" "扩音" "淡入" "淡出" "混响" "颤音" 等特效处理；支持 "槽带滤波器" "带通滤波器" "高通滤波器" "低通滤波器" "高频滤波器" "低通滤波器" "FFT 滤波器" 滤波处理，获得与成名歌手一样的圆润滑展。

（2）AVS Audio Editor 是一个功能强大的高级全功能数码音频编辑工具，可以使用它录制音频，然后利用内置强大的音频编辑功能进行混音操作，还可以为录制的音乐增加多种不同的音频特效，制作好的音乐还可以利用内置的压缩功能制作成高品质的 MP3 文件，AVS Audio Editor 支持所有的音频文件格式，还可以通过 PLug - In 无限扩充功能，AVS Audio Editor 还可以允许你直接通过频率分析界面对录制的音乐直接进行分析和编辑操作。AVS Audio Editor 最新汉化版本是 AVS Audio Editor 7.1。

（3）Cool Edit Pro：是一款非常出色的数字音乐编辑器和 MP3 制作软件。人们形容它为音频 "绘画" 软件，可以用声音来 "绘制" 歌曲的一部分、声音、音调、弦乐、颤音、噪音、低音、静音和电话信号等。它还提供了放大、降低噪音、压缩、扩展、回声、失真、延迟等多种特效，可以同时处理多个文件，进行剪切、粘贴、合并、重叠声音操作。

（4）Adobe Audition：该软件是专业音频编辑工具，它提供了音频混合、编辑、控制和效果处理功能。它支持 128 条音轨、多种音频特效和多种音频格式，可以很方便地对音频文件进行修改和合并。该软件支持跨平台和简体中文。最新版本是 Adobe Audition CS6。

（5）Total Recorder Editor（声音编辑）软件：可以录制所有通过声卡和软件发出的声音然后编辑发布，轻松实现录制、编辑和刻录的一体化服务。目前最新版本是 Total Recorder Editor V8.5 Build 865，有汉化特别版。

2. 几款视频编辑软件简介

（1）AVS Video Editor：AVS Video Editor 是一款超强的视频编辑、媒体剪辑软件，可以将影片、图片、声音等素材合成为视频文件，并添加多达 300 个的绚丽转场、过渡、字幕、场景效果。AVS Video Editor 集视频录制、编辑、特效、覆叠、字幕、音频与输出于一体，是一款简约而不简单的非线性编辑软件，几步简单的拖放操作就可以制作专业效果的视频文件，另外它的视频输出功能也异常强大，支持完全的自定义输出设置。

（2）Premiere：是美国 Adobe System 公司推出的一种专业级的数字视频编辑软件。它可以配合硬件进行视频的捕捉、编辑和输出，在普通的微机上，配以比较廉价的压缩卡或输出卡可以制作出专业级的视频作品和 MPEG 压缩影视作品。从 DV 到未经压缩的 HD，几乎可以获取和编辑任何格式，并输出录像带、DVD 和 Web 格式。较流行的中文版本有 Adobe Premiere Pro CS4 等。

（3）Ulead MediaStudio Pro：是 Ulead 公司推出的一套数字视频和音频处理软件。

3. "会声会影"软件简介

"会声会影"软件是一款功能强大、操作简单的视频编辑软件，具有图像抓取和编辑、屏幕图像捕捉、录屏和编辑修改功能，可以导出多种常见的视频格式，进行影片剪辑，提供了多种编制功能与效果，可以直接制作成 DVD 和 VCD。支持音频和视频等各种类型的编码，是一套专业的 DV，HDV 影片剪辑软件，能够完全满足个人和家庭所需的影片剪辑功能，且操作简单，一般用户也能很方便地使用该软件编辑出专业水准的视频。

"会声会影"软件的版本很多，在 2013 年 3 月，Corel 公司发布了会声会影 X6 旗舰版，现只有繁体中文版和英文版。2014 年 11 月在北京由 Corel 公司发布会声会影 X7 简体中文版，2015 年 12 月 X8 简体中文版、2016 年 4 月 X9 简体中文版也相继发布。目前较流行的中文版有 Corel VideoStudio Pro X4/X5，本章主要介绍中文"会声会影"Corel VideoStudio Pro X5，即中文"会声会影 X5"版本，它的功能和特点简介如下。

（1）简单易用的界面：可以让循序渐进的界面指引用户完成创作。具有灵活的工作区，可扩展工作区，可以采用用户喜欢的任何方式进行移出、拖动和放置等操作。

（2）提供 1 个"视频"轨道、21 个"覆叠"轨道和其他轨道。可以方便地切换轨道。

（3）超多丰富的模板库：可以拖动各种即时项目到视频画面中，快速制作视频。可以将模板库直接加到媒体素材库，可以从 www.PhotoVideoLife.com 或其他 Video Studio 用户处导入模板到媒体素材库中，创建自己的模板。

（4）导入多图层图形：导入分层的 PaintShop Pro 文件，在 PaintShop 中创建多层模板和效果并将其导入到多个轨道中，这对复合模板和多轨合成来说非常快捷方便。

（5）完整的屏幕录制：为用户提供了完整屏幕或局部屏幕的捕获功能，可以共享幻灯片、演示文稿或教程等。可以添加标题、效果、滤镜、转场和视频特效等。

（6）便捷的导入和输出：可以从光盘、设备或文件导入各种格式的媒体文件，可以输出各种常用格式的文件，可以输出到 iPad、iPhone、PSP、蓝光光盘和其他移动设备。支持超高清视频和变速度等。

（7）高速运行：针对 Intel、AMD 和 NVIDIA 的新型 CPU 和 CPU/GPU 处理做了进一步优化，可进一步发挥多核 CPU 的优势，明显提高运行速度。

（8）DSLR：可以制作 DSLR 定格动画和进入 DSLR 放大模式。

（9）HTLM5 支持：可以立即创建和输出真正的 HTML5 网络作品、特效图像、标题和视频均可排列用于或用作 HTML 5 网页，支持输出 MP4 和 WebM HTML 5 视频格式。

（10）DVD 制作：增加了 DVD 刻录功能和工具，可以记录 DVD 影片字幕、打印光盘标签或直接将 ISO 刻录到光盘。

8.1.2 "会声会影" 工作界面介绍

双击 Windows 桌面上的 Corel VideoStudio Pro X5 图标，弹出中文 "会声会影 X5"（Corel VideoStudio Pro X5）软件的工作界面，单击 "文件" → "将媒体文件插入到时间轴" → "插入视频" 命令，弹出 "浏览视频" 对话框，利用该对话框导入一个视频文件。此时的 "会声会影 X5" 软件的工作界面如图 8-1-1 所示。可以看出，它主要由 "步骤" 面板、"预览" 面板、"媒体素材" 面板、"时间轴和故事" 面板等组成。将鼠标指针移到工作界面各面板内的按钮图标和缩略图之上时，会显示它的名称和作用等文字信息。"会声会影 X5" 软件工作界面各部分的作用简介如下。

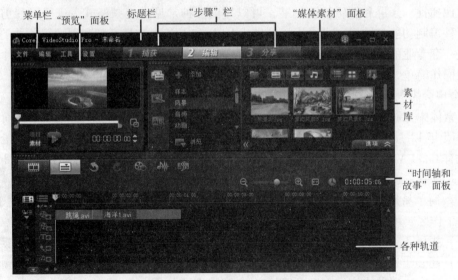

图 8-1-1　"会声会影 X5" 软件的 Corel VideoStudio Pro 工作界面

1. "预览" 面板

"预览" 面板如图 8-1-2 所示（还没有调整开始标记和结束标记），用来预览素材库、"故事" 面板或 "时间轴" 面板内选中的媒体素材。选中 "时间轴" 面板、"故事" 面板或素材库内的一个素材缩略图，即可在 "预览" 面板预览窗口中看到选中的视频第 1 帧画面、图像或音乐图标。选中素材库内的即时项目、标题、转场或滤镜选项，也可在 "预览" 面板内显示相应的效果。"预览" 面板内各按钮等选项的作用简介如下。

（1）"项目"和"素材"模式切换：单击"项目"按钮，可以播放整个项目内的所有内容；单击"素材"按钮，可以播放选中素材的内容。

（2）"播放"按钮：单击该按钮，即可在预览窗口内播放选中的视频、图像或音频媒体文件，同时"播放"按钮变为"暂停"按钮，播放头会向右移动；单击"暂停"按钮，可以暂停媒体文件的播放，同时"暂停"按钮变为"播放"按钮，播放头暂停移动。

（3）修整栏：水平拖动滑轨上左边的黄色起始修整标记滑块（飞梭）到要裁剪的视频起始位置处，水平拖动滑轨上右边的黄色结束修整标记滑块到要裁剪的视频结束位置处，即可设置好裁剪出来的视频片断，即修整栏，如图 8-1-2 所示。另外，拖动播放头到要裁剪的视频起始位置处，单击"开始标记"按钮，即可将黄色起始修整标记移到播放头所处的位置；拖动播放头到要裁剪的视频结束位置处，单击"结束标记"按钮，即可将黄色结束修整标记移到播放头所处的位置。

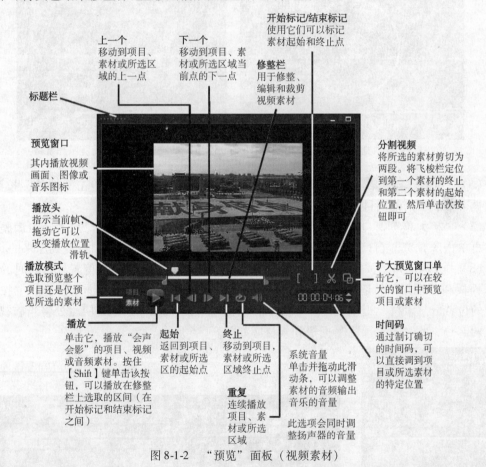

图 8-1-2 "预览"面板（视频素材）

当播放头位于修整栏内时，单击"起始"按钮，播放头会移到起始修整标记处；再单击"起始"按钮，播放头会移到滑轨最左边。当设置修整栏且播放头位于修整栏内时，单击"终止"按钮，播放头会移到终止修整标记处；再单击"终止"按钮，播放头会移到滑轨最右边。

在创建修整栏后，单击"播放"按钮，可以从修整栏标记处播放，到标记处为止；按住【Shift】键，单击“播放”按钮▶，可从滑轨最左边开始播放到滑轨最右边为止。

（4）按钮组：从左到右分别是“起始”“上一个”“下一个”和“终止”按钮。单击“起始”按钮，播放头移到最左边；单击“终止”按钮，播放头移到最右边。单击“上一个”按钮，播放头向左移动一个最小单位；单击“下一个”按钮，播放头向右移动一个最小单位。时间码内的数值会减少或增加一个最小单位。

（5）选中音频和图像素材后的“预览”面板：单击“时间轴”面板、“故事”面板或素材库内的一个音乐或声音图标，则“预览”面板（音频素材）如图 8-1-3 所示。在预览窗口内显示的是音频图案，其他和图 8-1-2 所示“预览”面板（视频素材）一样。

单击“时间轴”面板等内的一个图像图案，则“预览”面板如图 8-1-4 所示。在预览窗口内显示的是选中的图像，没有标记和，按钮、和都变为无效。

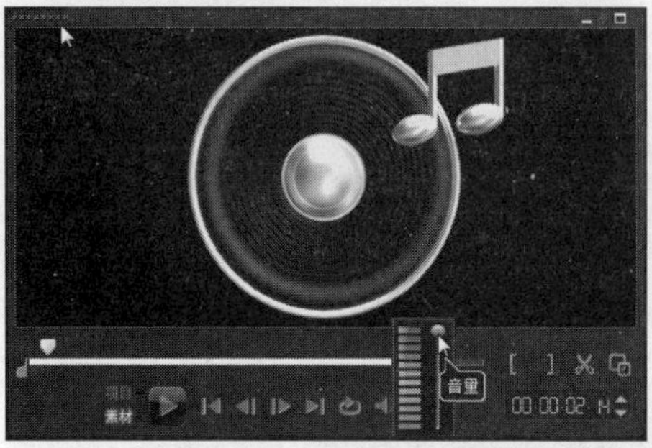

图 8-1-3 “预览”面板（音频素材）

图 8-1-4 “预览”面板（照片素材）

（6）“重复”按钮：单击该按钮，即可设置循环播放，以后再单击“播放”按钮▶，可以循环播放当前的项目内容，或者视频、音频和图像等素材。

（7）“扩大预览窗口”按钮：单击该按钮，可将“预览”窗口放大，占满整个屏幕；再单击“预览”窗口内的“最小化”按钮，可使“预览”窗口恢复到原来的状态。

（8）“分割视频”按钮：拖动播放头到要裁剪的视频切割点位置处，此时的“预览”面板和“视频”轨道如图 8-1-5 所示。将鼠标指针移到该按钮之上，会显示“按照飞梭栏的位置分割素材”提示文字。单击“分割视频”按钮，在播放头处将当前视频切割成两部分，此时的“预览”面板和素材库如图 8-1-6 所示。

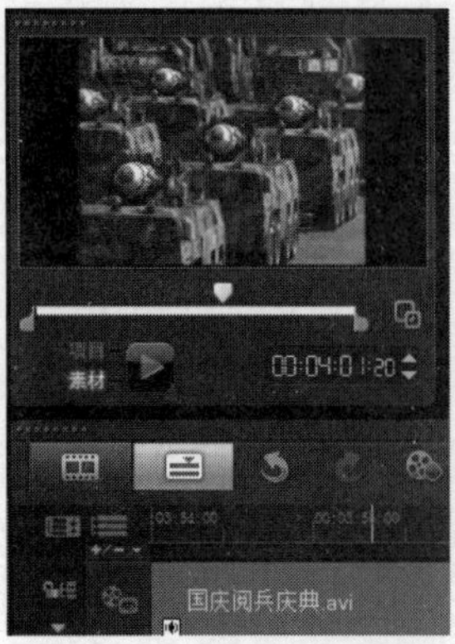

图 8-1-5 “预览”面板和“视频”轨道

图 8-1-6 “预览”面板和素材库

（9）"系统音量"按钮█：单击该按钮，会弹出一个多彩色的音量调节器，垂直拖动右边滑槽内的圆形滑块，可以调整音量的大小。

（10）时间码█：它左边的数字框内由"："分割为 4 组两位数字，双击其内一组数字，即可选中该组数字，通过键盘输入数字，可以改变选中的数字，也可以单击时间码右边的按钮█，可以增加选中的数字；单击按钮█，可以减少选中的数字。

2. "媒体素材"面板

"媒体素材"面板中的素材库用来保存图像、视频、音频等媒体素材，还保存有制作影片所需的即时项目、转场效果、动画标题文字、色彩（图形）和滤镜素材等。单击"媒体"按钮█，"媒体素材"面板如图 8-1-7 所示。"媒体素材"面板内各按钮等选项的作用，以及基本使用方法简介如下。

图 8-1-7 "媒体素材"面板（视频素材）

（1）素材库显示类型切换栏：该栏位于素材库的左边，其内有 6 个垂直排列的按钮，从上到下分别是"媒体"按钮█、"即时项目"按钮█、"转场"按钮█、"标题"按钮█、"图形"按钮█和"滤镜"按钮█，这些按钮用来切换素材库内显示内容的类型。

（2）"媒体"素材库：单击"媒体"按钮█，该按钮变为黄色按钮█，同时素材库内显示系统自带的"媒体"素材内容，如图 8-1-7 所示。

（3）媒体类型切换栏：其内的 3 个按钮用来切换素材库内显示的素材类型。

单击"显示视频"按钮█，该按钮变为黄色的"隐藏视频"按钮█，素材库内素材的第 1 帧画面，再单击该按钮，按钮还原，素材库内的视频素材隐藏。单击"显示照片"按钮█或"隐藏照片"按钮█，可以显示或隐藏素材库内的图像素材；单击"显示音频文件"按钮█或"隐藏音频文件"按钮█，可以显示或隐藏素材库内的音频素材图案。

单击媒体类型切换栏内的"列表视图"按钮█，该按钮变成黄色，其右边的"编辑图视图"按钮█由黄色变为灰色，素材库内列表显示素材内容。单击媒体类型切换栏内的"编辑图视图"按钮█，该按钮变成黄色，其右边的"列表视图"按钮█由黄色变为灰色，素材库内列表显示素材内容，如图 8-1-1 所示。

（4）"导入媒体文件"按钮█：单击该按钮，弹出"浏览媒体文件"对话框，在该对话框可以选中外部的视频、音频、图像或图形媒体文件，再单击"打开"按钮，即可将选中的素材文件导入到素材库中。另外，还可直接从 Windows 的"资源管理器"或"计算机"窗口内将素材文件直接拖动到素材库中，以将该素材添加到素材库中。还可以利用"文件"菜单中的命令来将外部素材添加到素材库中。

单击"对素材库中的素材排序"按钮█，弹出它的菜单，单击其内的命令，可以设置素材库内素材文件排顺序的依据。

单击"添加"按钮，即可在下面的"素材管理"栏内新建一个名称为"文件夹"的文件夹。右击该名称，弹出它的快捷菜单，单击该菜单内的"重命名"命令，可以将该名称进行修改，例如改为"风景"；单击该菜单内的"删除"命令，可以删除该文件夹。

（5）素材库中的素材对象：在素材库中，单击一个素材对象，可以选中该素材，同时在"预览"面板内显示该素材的画面或图案。按住【Ctrl】键，单击素材库中的多个素材对象，可以同时选中这些素材对象；按住【Shift】键，单击素材库中的起始素材对象和终止素材对象，可以选中从起始素材对象到终止素材对象的多个素材对象。

将鼠标指针移到素材库中的素材对象之上右击，弹出它的快捷菜单，单击其内的命令，可以查看素材的属性，以及复制、删除和粘贴素材对象，还可以按转场分割素材等。

（6）添加素材到"故事"或"时间轴"面板：拖动素材库中的素材对象到"故事"面板或"时间轴"面板中，即可将该素材对象添加到"故事"面板和"时间轴"面板中。

单击"时间轴"面板内左上角的"故事板视图"按钮　，可以将"时间轴"面板切换到"故事"面板；单击"故事"面板内左上角的"时间轴视图"按钮　，可将"故事"面板切换到"时间轴"面板。单击"浏览"按钮，弹出 Windows 的资源管理器，利用它可以选择要添加的素材文件，将选中的素材文件拖动到素材库内，即可添加该素材。

（7）"即时项目"素材库：就是"模板"素材库。单击"即时项目"按钮　，该按钮变为黄色按钮　，同时素材库内显示系统自带的"即时项目"素材内容，如图 8-1-8 所示。也可以添加外部项目文件到素材库内。

（8）导入项目模板：单击"导入一个项目模板"按钮　，弹出"选择一个项目模板"对话框。利用它可以导入外部项目模板文件（扩展名为".vpt"）到指定文件夹内。

（9）Corel Guide 面板：单击"获取更多内容"按钮　，弹出 Corel Guide 面板（首页），如图 8-1-9 所示。Corel Guide 面板提供了有关应用程序的最新信息、查找技巧、教程和帮助，可以下载新的视频样式、字体、音乐和项目模板，可以获得用于视频编辑的新工具、免费试用软件和优惠软件等，还提供了最新的 Corel VideoStudio 版本更新，各种帮助和视频教程等。Corel Guide 面板有 4 个选项卡。

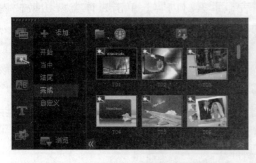

图 8-1-8　"媒体素材"面板（即时项目）

图 8-1-9　Corel Guide 面板（首页）

"首页"选项卡内有一个介绍会声会影新功能的视频，下边提供了软件下载网页的链接，单击"单击此处"超链接文字即可进入网页。"了解详情"选项卡内有一个介绍该软件使用方法的视频，单击列表框内的选项可切换视频内容。"实现更多功能"选项卡内提供了大量免费的项目样本等资源，供用户下载。"消息"选项卡内会显示软件的最新消息。

（10）"转场"素材库：单击"转场"按钮 ，该按钮变为黄色，同时素材库内显示系统自带的转场效果内容，如图 8-1-10 所示。

选中素材库内的一个转场效果动画，即可在"预览"面板内显示该转场效果画面，单击"播放"按钮 ，可以看到转场的动画效果。拖动一种转场效果动画到"故事"面板或"时间轴"面板中，即可将选中的转场效果添加到"故事"面板和"时间轴"面板中，将转场效果动画插入到轨道中两个图像或视频素材之间，完成两个媒体素材之间的转场切换。上述操作基本也适用于后边要介绍的"标题""图形"和"滤镜"效果。

将鼠标指针移到上边的下拉列表框之上，会显示"画廊"提示文字，单击该下拉列表框（即"画廊"下拉列表框），会弹出它的"画廊"列表，如图 8-1-11 所示。单击该列表中的选项，可以切换其下边素材库内的转场效果类型。如果选中"画廊"下拉列表框列表中的"全部"选项，可以在素材库内展示全部转场效果动画。

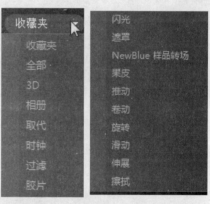

图 8-1-10　"媒体素材"面板（转场）　　　图 8-1-11　"画廊"下拉列表框列表

在"画廊"下拉列表框下边有一行 4 个按钮，选中一个转场效果动画画面后，这 4 个按钮（没选中转场效果动画画面前，只有右边两个按钮有效） 都变为有效。这4 个按钮从左到右依次是"添加到收藏夹"按钮 、"对视频轨应用当前效果"按钮 、"对视频轨应用随机效果"按钮 和"获取更多内容"按钮 。

在"画廊"下拉列表框右边有一个滑槽与滑块，拖动滑块，可以调整素材库内转场效果动画画面的大小。

单击"添加到收藏夹"按钮 ，即可将当前选中的转场效果保存到收藏夹内，以后选择"画廊"下拉列表框列表中的"收藏夹"选项后，即可在素材库内显示收藏夹内保存的转场效果；单击"对视频轨应用当前效果"按钮 ，即可将当前转场效果应用于"视频"轨道；单击"对视频轨应用随机效果"按钮 ，即可将素材库内一个随机的转场效果应用于"视频"轨道；单击"获取更多内容"按钮 ，可调出 Corel Guide 面板。

（11）"标题"素材库：单击"标题"按钮 ，该按钮变为黄色，同时素材库内显示系统自带的动画标题文字内容，如图 8-1-12 所示。有一个"画廊"下拉列表框，其内有"收藏夹""标题"和"添加文件夹"选项，表示有"收藏夹"和"标题"文件夹。选中"添加文件夹"选项，可弹出"标题库"对话框，利用该对话框，可以在"画廊"下拉列表框内创建新的文件夹、编辑和删除新建的文件夹。

"画廊"下拉列表框下边（或右边）有"添加到收藏夹"按钮■和"获取更多内容"按钮■。在"画廊"下拉列表框右边有一个滑槽与滑块，拖动滑块。单击"添加到收藏夹"按钮■，可以将选中的标题素材添加到收藏夹内。

（12）"图形"素材库：单击"图形"按钮■，该按钮变为黄色。在"画廊"下拉列表框右边有一个"导入媒体文件"按钮■、一个"对素材库中的素材排序"按钮■和一个滑槽与滑块。在"画廊"下拉列表框内有"色彩""对象""边框"和"Flash 动画"选项。选择"色彩"选项后的"媒体素材"（图形）面板如图 8-1-13 所示。

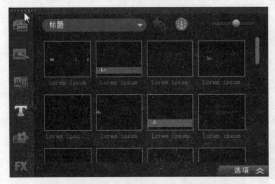
图 8-1-12 "媒体素材"面板（标题）

图 8-1-13 "媒体素材"面板（图形-色彩）

选择"对象"选项后的"媒体素材"（图形）面板如图 8-1-14 所示。选择"边框"选项后的"媒体素材"（图形）面板如图 8-1-15 所示。

图 8-1-14 "媒体素材"面板（图形-对象）

图 8-1-15 "媒体素材"面板（图形-边框）

选择"Flash 动画"选项后的"媒体素材"（图形）面板如图 8-1-16 所示

（13）"滤镜"素材库：单击"滤镜"按钮■，该按钮变为黄色，同时素材库内显示系统自带的滤镜效果动画，如图 8-1-17 所示。在"画廊"下拉列表框右边有一个"获取更多内容"按钮■和一个滑槽与滑块。

图8-1-16 "媒体素材"面板（图形-Flash 动画）

图8-1-17 "媒体素材"面板（滤镜）

3. "时间轴和故事"面板

（1）"时间轴和故事"面板组成："时间轴和故事"面板有"时间轴"和"故事板"两种模式。单击"时间轴视图"按钮 ；切换到"时间轴"模式，此时的"时间轴和故事"面板也叫"时间轴"面板，如图8-1-18所示。时间轴实质是项目时间轴，也是项目中素材的编辑区域。

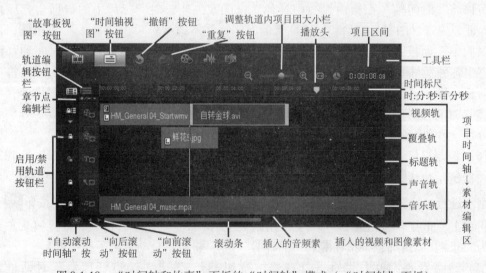
图8-1-18 "时间轴和故事"面板的"时间轴"模式（"时间轴"面板）

单击"故事板视图"按钮 ，切换到"故事板视图"模式，此时的"时间轴和故事"面板也叫"故事板"面板，如图8-1-19所示。

"时间轴和故事"面板内不管切换到何种模式，该面板内的上边都有1行控制按钮。第2行右边都有调整轨道内项目图案大小栏和时间区间，如图8-1-18所示。

（2）"时间轴"模式："时间轴"面板由独立的"视频""覆叠""标题""声音"和"音乐"轨道（从上到下）组成，如图8-1-18所示。它还包含时间标尺、播放头等。使用它可以精确地处理影片的流程。

时间轴模式允许微调效果并执行精确到帧的修整和编辑。时间轴模式可以根据素材在每个轨上的位置准确地显示影片中事件发生的时间和位置，在此显示为较短的序列。可以方便地从素材库中将各种素材拖动到时间轴上相应的轨道，还可以通过直接用鼠标拖动来调整这些素材的前后位置。

"轨道管理器"按钮

"启用/禁用连续编辑"按钮

图 8-1-19　"时间轴和故事"面板的"故事板"模式（"故事板"面板）

（3）"故事板"模式："故事板"面板内给出"视频"轨道内的所有视频和图像素材，以及素材之间的转场效果图案，如图 8-1-19 所示。也从素材库中将视频和图像素材拖动到"故事板"面板内，还可以通过直接用鼠标拖动来调整这些素材的前后位置。

（4）调整轨道内项目图案大小栏：在"时间轴"面板内该栏中，单击"缩小"按钮，可以将"时间轴"面板内轨道中各种素材图案缩小，时间标尺中的数据会相应地变化，保证原来素材图案的起始和终止位置的时间标注不改变；单击"放大"按钮，可以将"时间轴"面板内轨道中各种素材图案放大；拖动滑块，也可以调整"时间轴"面板内轨道中各种素材图案的大小。单击"将项目调到时间轴窗口大小"按钮，可以将"时间轴"面板内轨道中各种素材图案的大小调整到接近将整个轨道占满。

（5）时间区间：其内显示整个项目的播放时间长度，从左到右 4 组两位数字分别为小时、分钟、秒和百分秒。

（6）控制按钮：左边两个按钮是"故事板视图"按钮和"时间轴视图"按钮。单击"撤销"按钮，可以撤销刚刚进行过的一步操作，再单击"撤销"按钮，可以撤销刚刚进行过的倒数第 2 步操作……；在单击"撤销"按钮后，"重复"按钮变为有效，单击"重复"按钮，可以重复刚刚撤销后的一步操作。右边的 3 个按钮从左到右依次为"录制/捕获选想"按钮、"混音器"按钮和"自动音乐"按钮。

（7）轨道管理：单击"轨道管理器"按钮，弹出"轨道管理器"对话框，如图 8-1-20所示。利用该对话框可以设置"覆叠"轨道、"标题"轨道、"音乐"轨道的个数。"覆叠"轨道可以最多有 21 个，"标题"轨道最多可以有 2 个，"音乐"轨道最多可有 3 个。

将鼠标指针移到"禁用视频轨"按钮之上，该按钮会变亮，单击该按钮，"视频"轨道内的素材和"预览"面板内的素材都会隐藏，再单击该按钮，素材又会显示出来；单击"禁用/启动覆叠轨"按钮，可以在显示和隐藏"覆叠"轨道内素材之间切换；单击"禁用/启动标题轨"按钮，可以在显示和隐藏"标题"轨道内标题素材之间切换；单击"禁用/启动声音轨"按钮，可以在显示和隐藏"声音"轨道内声音素材之间切换；单击"禁用/启动音乐轨"按钮，可以在显示和隐藏"音乐"轨道内音乐素材之间切换。

（8）每个轨道左边都有一个小锁按钮 🔒，单击该按钮，都可以启用或禁用相应轨道的连续编辑功能。单击视频轨小锁按钮 🔒 上边的"连续编辑选项"按钮 📋，可以弹出它的菜单，显示各轨道的连续编辑状态，如图 8-1-21 所示。选中其内的"启用连续编辑"复选框，可以启用和禁用所有选中轨道的连续编辑功能；选中第 2 栏内的复选框，只有在"启用连续编辑"选项的情况下才有效，可以在启用和禁用相应轨道之间切换；第 3 栏内的两条命令分别用来选择是否全选和全不选所有第 2 栏中的选项。

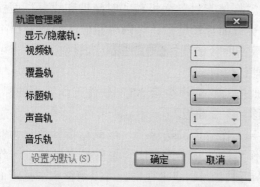

图 8-1-20 "轨道管理器"对话框

图 8-1-21 "连续编辑选项"菜单

4. 各种轨道

"时间轴和故事"面板内切换到"时间轴"模式，此时的"时间轴"（即"项目时间轴"）就是项目中素材的编辑区域，它由独立的"视频""覆叠""标题""声音"和"音乐"轨道（从上到下）组成，如图 8-1-22 所示。几个轨道的特点简介如下。

（1）"视频"轨道 🎬：用来放置图像和视频素材。"视频"轨道最多可有 1 个轨道。

（2）"覆叠"轨道 🎬：可以将视频和图像素材放置在"覆叠"轨道中，"覆叠"轨道中的素材会覆叠"视频"轨中相同位置处的素材，制作画中画等效果。放置在此轨道中的素材会被自动应用 Alpha 通道，以获得透明效果。可以使"覆叠"轨道和"视频"轨道中的两个素材交织。在"覆叠"轨道内插入有声音的视频素材时，音频与视频会自动分开。"覆叠"轨道最多可以有 21 个轨道。

要创建带有透明背景的覆叠素材，可创建 32 位 Alpha 通道 AVI 视频文件或带有 Alpha 通道的图像文件。可以使用 CorelDRAW 和 Photoshop 等软件来创建这些素材文件。

（3）"标题"轨道 🅣：标题是决定视频作品成败的关键因素。在视频作品中通常缺少不了各种文字（如副标题和字幕等）。它们可以贯穿于整个项目，作为开幕和闭幕的字幕、转场标题和文字介绍等。通过"会声会影"软件可以在几分钟内就创建出带动画效果的专业化标题。"标题"轨道最多可以有 2 个轨道。

（4）"声音"轨道 🔊：用来放置声音和音乐素材。该轨道最多可以有 1 个轨道。

（5）"音乐"轨道 🎵：用来放置背景音乐和声音素材。该轨道最多可以有 3 个轨道。

5. 自定义工作界面

"会声会影 X5"软件的默认工作界面如图 8-1-1 所示，用户还可以根据自己的习惯进行工作界面的自定义。自定义工作界面主要是调整"预览"面板、"媒体素材"面板和"时间轴和故事"面板的大小和位置，再以一个名称保存，供以后切换使用。自定义工作界面的具体操作方法简介如下。

（1）工作界面控制：单击工作界面的"最小化"按钮，可以将工作界面最小化到 Window 的状态栏；单击"最大化"按钮，可以使工作界面占满全屏幕，可以进行全屏幕编辑；单击"还原"按钮，可以使工作界面还原为原大小，此时可以调整工作界面位置和的大小。单击工作界面的"关闭"按钮，可以关闭"会声会影 X5"软件。

（2）调整面板的位置："预览"面板、"媒体素材"面板和"时间轴和故事"面板内的左上角都有一个图标 ███████，拖动该图标或面板标题栏，可以将相应的面板移出工作界面内默认的位置，使面板处于活动状态。双击面板的图标 ███████ 或面板标题栏，可以将面板移出原来的默认位置，或移回原来的默认位置。

如果 3 个面板都在系统默认的状态，则拖动"会声会影 X5"软件工作界面的标题栏，可以在移动工作界面框架的同时，也同步移动 3 个面板。

（3）调整面板的大小：将鼠标指针移到工作界面的边缘处，当鼠标指针呈现为双箭头状时拖动鼠标，即可在拖动的方向调整工作界面的宽度或高度。将鼠标指针移到工作界面内水平排列面板之间的边缘处，当鼠标指针呈██状时，水平拖动，可以调整水平排列面板的宽度比例，总宽度不变；将鼠标指针移到工作界面内垂直排列面板之间的边缘处，当鼠标指针呈██状时，垂直拖动，可以调整垂直排列面板的高度比例，总高度不变。

当面板处于活动状态时，可以进行面板的最小化和最大化调整，还可以调整各个面板的大小。将鼠标指针移到面板的边缘处，当鼠标指针呈现为双箭头状时，拖动鼠标，即可在拖动的方向调整面板的宽度或高度。

（4）移动面板：拖动图标 ███████ 或面板标题栏，可以移动该面板，在将面板移动时，会有一个浅蓝色矩形框随之移动，随着鼠标指针的移动，会在工作界面区域或面板内的 4 边中点出现 4 个停靠标记，用来指示移动面板的停靠位置，将浅蓝色矩形框移到一个停靠标记之上，即可将该面板停靠相应的位置。例如，拖动"预览"面板到"媒体素材"面板之上，会在"媒体素材"面板内出现 4 个停靠标记，如图 8-1-22 所示。将浅蓝色矩形框移到右边的停靠标记之上，即可将"预览"面板停靠到"媒体素材"面板的右边。

图 8-1-22　4 个停靠指南标记

（5）保存自定义工作界面布局：单击"设置"→"布局设置"→"保存至"命令，弹出"保存至"子菜单，单击其内的命令，即可将当前自定义工作界面布局保存。

（6）切换自定义工作界面布局：单击"设置"→"布局设置"→"切换到"命令，调出"切换到"子菜单，单击其内的命令，即可切换到相应的自定义工作界面布局状态。

8.2 参数选择和项目

8.2.1 参数选择

单击"设置"→"参数选择"命令，弹出"参数选择"对话框，该对话框有 5 个选项卡，用来进行各种参数的设置，包括一些项目文件等的默认参数设置。

1."界面布局"选项卡设置

切换到"界面布局"选项卡，如图 8-2-1 所示，可以用来进行界面布局设置，即切换自定义工作界面布局。

2."常规"选项卡设置

切换到"常规"选项卡，如图 8-2-2 所示，其内主要参数设置的作用简介如下。

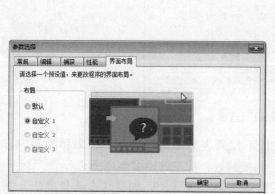

图 8-2-1 "界面布局"选项卡

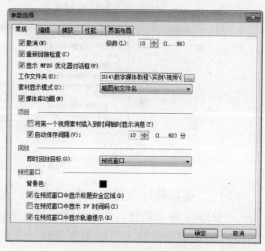

图 8-2-2 "常规"选项卡

（1）设置默认的撤销级数，即单击工具栏上的"撤销"按钮 ![撤销] 可以撤销的操作步数。

（2）重新链接检查：选中该复选框后，在将素材库内的素材拖动到"时间轴"面板内时，会自动检查该素材是否还存在，如果断链，则会弹出一个提示框，提示重新连接。

（3）工作文件夹：单击该按钮，可以弹出"浏览文件夹"对话框，用来设置项目制作工作过程中临时文件保存的文件夹。通常选择非 C 硬盘内的文件夹，例如"临时文件夹"。

（4）素材显示模式：在该下拉列表框内可以选择素材在"时间轴"面板内的显示模式，即设置"时间轴"面板内个素材显示"图像和名称""图像"或"名称"。

（5）媒体库动画：选中"媒体库动画"复选框后，素材库内的转场切换和滤镜图案是动画画面，否则是一幅图像。

（6）自动保存间隔：就是项目文件自动保存的间隔时间，即在创建项目文件后，系统可以在经过一点时间后自动保存项目文件，默认时间是 10 分钟，可以修改该数值。

（7）背景色：可以更改"预览"窗口内的背景色，默认是黑色，单击"背景色"色块，弹出一个颜色面板，单击其内的一个色块，即可修改"预览"窗口内的背景色。

（8）"在预览窗口中显示轨道提示"复选框：选中该复选框后，"预览"窗口内显示"覆叠"轨道内的素材时，会显示"覆叠"轨道的编号。

3. "编辑"选项卡设置

切换到"编辑"选项卡，如图 8-2-3 所示，该选项卡内主要参数设置的作用简介如下。

（1）"应用色彩滤镜"复选框：选中该复选框后，右边的两个单选按钮才变为有效，选中一种单选按钮，用来设置电视信号制式。

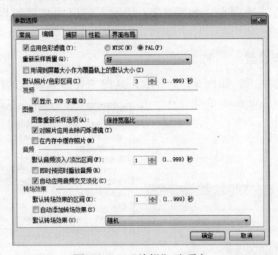

图 8-2-3　"编辑"选项卡

（2）"重新采样质量"下拉列表框：在该下拉列表框中可以选择一种采样品质，有"好""更好"和"最佳"3 种采样品质可选，品质越好，加工的速度会越慢。

（3）"用调到屏幕大小作为覆叠轨道上的默认大小"复选框：如果选中该复选框，则将素材库内的图像或视频素材拖动到"覆叠"轨道上时，在"预览"窗口内的显示和屏幕大小一样，否则显示为原大小，通常不选中该复选框。

（4）"默认照片/色彩范区间"复选框：设置默认照片/色彩范区间的秒数大小，即将素材库内的照片或色彩素材拖动到轨道内后，在轨道内占据的长度（即秒数）。

（5）在下边的"视频""图像""音频"和"转场效果"栏内可以设置相应的一些默认参数选项，例如，可以设置转场区间在轨道上放置时默认的秒数大小等。

4. "捕获"选项卡设置

切换到"捕获"选项卡，如图 8-2-4 所示，利用该选项卡主要可以设置捕获前后的默认参数，例如，捕获图像时图像的默认格式等。

5. "性能"选项卡设置

切换到"性能"选项卡，如图 8-2-5 所示，利用该选项卡主要可以进行如下参数设置。

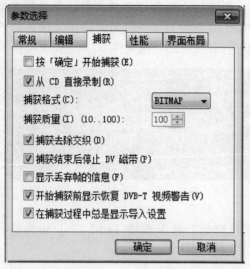

图 8-2-4　"捕获"选项卡

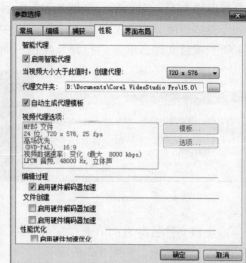

图 8-2-5　"性能"选项卡

（1）用来设置是否启用智能代理，默认是启用智能代理。

（2）设置当视频画面分辨率大于多少时，可以自动创建代理，以及设置代理文件夹。

（3）如果选中"自动生成代理模板"复选框，则可以设置自动生成代理模板；如果不选中"自动生成代理模板"复选框，则下边的选项变为有效，单击"模板"按钮，可以人工设置模板。

（4）用来设置在编辑过程中和文件创建时是否启用硬件解码器加速和硬件加速优化。

8.2.2　创建项目文件和修改项目属性

1. 创建、打开和保存项目文件

项目文件（＊.VSP）是未完成的影片，只可以在"会声会影"软件中打开。可以随意编辑项目中的素材，所有的修改（如剪辑、编辑、转场效果等）均保存在项目文件中。多个不同的项目可以使用相同的素材。

（1）创建新项目文件：在启动"会声会影 X5"软件后，会自动打开一个新项目，用来制作视频作品。新项目的默认名称为"未命名"。如果是第一次使用会声会影，那么新的项目将使用初始默认设置。否则，新项目将重新使用上次使用的项目设置。

在新项目保存后，如果要创建另一个新项目，则可以单击"文件"→"项目"命令或按【Ctrl＋N】组合键，都可以创建一个名称为"未命名"的新项目。

（2）创建新 HTML5 项目：单击"文件"→"HTML5 项目"命令或按【Ctrl＋M】组合键，可弹出 Corel VideoStudio Pro 提示框，如图 8-2-6 所示。

单击该提示框内的"确定"按钮，可创建一个新的 HTML5 项目。如果选中该提示框内的复选框后，以后不会再出现该对话框。HTML5 项目和普通项目的不同之处是，原来的"视频"轨道变为背景轨道#1，如图 8-2-7 所示；还可以建立具有链接交互功能的项目。

（3）打开已有的项目文件：单击"文件"→"打开项目"命令或按【Ctrl＋O】组合

键，会弹出"打开"对话框，如图 8-2-8 所示。在该对话框内"文件类型"下拉列表框中选中一个类型选项，在"文件"列表框内选中要打开的项目文件（VSP 格式文件）如"球球 1. VSP"项目文件，单击"打开"按钮，即可打开选中的项目文件。

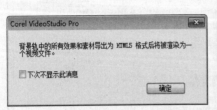

图 8-2-6　提示框

图 8-2-7　"时间轴"面板中的项目时间轴

（4）项目文件另存为：单击"文件"→"另存为"命令或按【Ctrl + O】组合键，弹出"另存为"对话框，如图 8-2-9 所示。

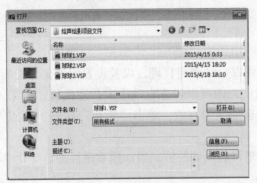

图 8-2-8　"打开"对话框

图 8-2-9　"另存为"对话框

在该对话框内"文件类型"下拉列表框中选中一个类型选项，项目文件以 VSP 文件格式保存，HTML5 视频项目以 VSH 文件格式保存。在"文件名"文本框内输入项目文件的名字，如"球球 3. VSP"项目文件，单击"保存"按钮，即可将当前的项目文件以名称"球球 3. VSP"保存。"文件类型"下拉列表框中的类型有 Corel VideoStudio X3、Corel Video Studio X4 和 Corel Video Studio X5 三个选项。

（5）保存项目文件：单击"文件"→"保存"命令或按【Ctrl + S】组合键，即可将已经保存过的并进行修改后的项目文件以原来的名称保存。如果在此之前项目没有进行过保存，则也会弹出如图 8-2-9 所示的"另存为"对话框。

（6）使用智能包保存项目：如果要备份项目或传输项目到其他计算机，则对视频项目打包会很有用。还可以使用"智能包"功能中包含的 WinZip 的文件压缩技术，将项目打包为压缩文件或文件夹，准备上传到在线存储位置。

打开一个项目或者将当前制作好的项目保存。然后，单击"文件"→"智能包"命令，弹出 Corel VideoStudio Pro 提示框，提示是否确实保存项目。单击"是"按钮，弹出"智能包"对话框，如图 8-2-10 所示。在该对话框内选择将项目打包为一个文件夹或压缩文件，设置保存压缩文件或文件夹的路径，命名新建项目文件夹的名称和项目文件的名称。

单击"确定"按钮，关闭该对话框，创建压缩后的文件或文件夹。

2. 修改项目属性

单击"文件"→"项目属性"命令，弹出"项目属性"对话框，如图8-2-11所示，利用它可以重新设置该项目的属性，包括主题名称和文件格式等。单击"编辑"按钮，弹出"项目选项"对话框Corel VideoStudio选项卡，该选项卡用来设置电视制式和音频声道等。

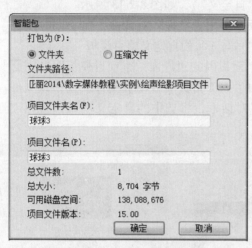

图 8-2-10 "智能包"对话框

图 8-2-11 "项目属性"对话框

切换到"常规"选项卡，如图8-2-12左图所示，利用该选项卡可以设置帧速率、帧类型、帧大小与显示宽高比等。切换到"压缩"选项卡，如图8-2-12右图所示，用来设置介质类型、质量大小（质量大，速度就小）、视频数据速率、音频格式、音频类型和音频频率等。

在进行自定义项目设置时，建议将自定义项目设置与捕获视频镜头的属性设置相同，以避免视频图像变形，从而可以进行平滑回放，而不会出现跳帧现象。

3. 使用"即时项目"模板

可以使用"即时项目"模板来创建视频项目或自定义模板，具体方法简介如下。

（1）打开"即时项目"模板："即时项目"模板就是前面介绍的"即时项目"素材库内的素材，单击"即时项目"按钮，在素材库内即可弹出系统的"即时项目"模板，即"即时项目"素材，也包含用户自己创建的"即时项目"模板。

（2）应用"即时项目"模板：在"添加"按钮下边的文件夹列表框内选中一个文件夹，即选择一个模板类别。再将"即时项目"模板缩略图拖动到时间轴轨道内原有素材的前面或后边，即可将拖动的项目内容插入到各个轨道的相应位置。

另外，也可以右击项目模板缩略图，弹出它的快捷菜单，单击该菜单内的"在开始处添加"或"在结尾处添加"命令，即可在时间轴轨道的开始处或结尾处添加该项目模板内容的缩略图。只有在右击的项目模板是自定义模板时，快捷菜单内的"删除"命令才有效，单击该命令，可以删除右击的自定义项目。

（3）创建"即时项目"模板：打开想要保存为模板的视频项目，或者将制作好的项目保存。然后，单击"文件"→"导出为模板"命令，弹出 Corel VideoStudio Pro 提示框，提示是否确实保存项目。单击"是"按钮，弹出"将项目导出为模板"对话框，如图 8-2-13 所示。移动滑块可以显示不同的画面，选择想要用于模板缩略图的画面。

在该对话框内，单击按钮 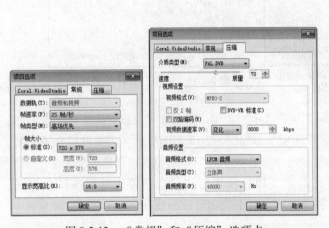，弹出"浏览文件夹"对话框，利用该对话框选择保存自定义模板的路径文件夹，单击"确定"按钮，关闭"浏览文件夹"对话框，返回"将项目导出为模板"对话框。接着设置自定义项目模板的名称（此处为"球球 1"），在"类别"下拉列表框中选择一种模板类别（此处为"自定义"），如图 8-2-13 所示。

最后，单击"确定"按钮，关闭"将项目导出为模板"对话框，在"即时项目"素材库内"自定义"文件夹中创建一个名称为"球球 1"的自定义项目模板。

（4）导入项目模板：单击"媒体素材"面板内的"导入一个项目模板"按钮，弹出"选择一个项目模板"对话框，查找要导入的 VPT 格式项目模板文件，选中该文件，单击"打开"按钮，关闭"选择一个项目模板"对话框，将选中的自定义项目模板导入到素材库当前文件夹内。

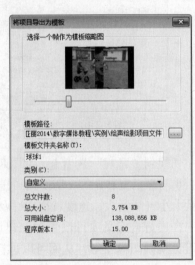

图 8-2-12 "常规"和"压缩"选项卡 图 8-2-13 "将项目导出为模板"对话框

8.3 插入媒体素材

前面介绍了单击"导入媒体文件"按钮，弹出"浏览媒体文件"对话框，利用该对话框导入外部的视频、音频、图像或图形媒体文件到素材库中的方法和直接拖动的方法相同。素材库中只是保存了其内素材和计算机路径文件夹下的一个同名文件的链接，当该文件夹内的素材文件移出后，素材库中虽然还有该素材的图案，但是已经无法使用，需要重新建立链接。下面介绍利用菜单命令导入外部的各种素材到素材库中的方法。

8.3.1 插入素材到素材库

1. 插入视频到素材库

（1）在"媒体素材"面板内添加一个用来保存插入的外部视频素材的文件夹（如"视

频素材"文件夹），方法是：单击"添加"按钮，即可在下面栏内新建一个名称为"文件夹"的文件夹，再将该名称修改为"视频素材"，选中该文件夹。

另外，单击媒体类型切换栏内的"显示视频"按钮▆▆后，该按钮变为黄色按钮▆▆。

（2）单击"文件"→"将媒体文件插入到素材库"→"插入视频"命令，弹出"浏览视频"对话框。在"查找范围"下拉列表框中选中要导入的视频文件所在的文件夹（如"视频"文件夹，单击"文件类型"下拉按钮，弹出它的列表框，其内列出可插入的视频素材类型，有 AVI、SWF、FLC、FLV、GIF、WMV、MP4、MOV（需播放器 QuickTime）和 VSP（Corel VideoStudio 项目文件）等，此处选中"所有格式"选项，在"文件"列表框中选中要插入的视频文件，例如"精彩的头球比赛.mp4"，如图 8-3-1 所示。

（3）如果选中"自动播放"复选框，以后在"文件"列表框中选中一个视频文件后，可马上自动播放选中视频文件中的画面和自带的声音。选中"静音"复选框后，在播放选中的视频文件时，不会播放视频中的声音。

（4）如果没有选中"自动播放"复选框，则该对话框内会显示一个"预览"按钮和"播放"按钮▶•，单击该按钮，可以显示选中的视频文件的画面，同时"预览"按钮消失，同时"播放"按钮▶•变为"暂停"按钮▐▐•，如图 8-3-1 所示；单击"暂停"按钮▐▐•，可以暂停视频的播放，同时"暂停"按钮▐▐•变为"播放"按钮▶•。

（5）如果视频文件中有标题和描述的文字，则会在"主题"文本框和"描述"列表框中显示相应的内容。单击"最近使用的目录"按钮◀，弹出它的菜单，其内列出最近使用过的目录，单击其内的选项，可在"查找范围"下拉列表框中填入相应的目录。

（6）在"文件"列表框中选中一个视频文件（如"精彩的头球比赛.mp4"），单击"打开"按钮，将选中的视频文件插入素材库内当前文件夹（如"视频"文件夹）中，如图 8-3-2 所示。按住【Ctrl】键，单击"文件"列表框中多个视频文件，可以选中多个视频文件；按住【Shift】键，单击起始和终止视频文件，可以选中连续的多个视频文件。单击"打开"按钮，可将选中的多个视频文件一次插入素材库当前文件夹内。

图 8-3-1 "浏览视频"对话框

图 8-3-2 素材库"视频素材"文件夹内插入的素材

2. 插入图像到素材库

（1）在"媒体素材"面板内，单击"添加"按钮，在下面栏内新建一个名称为"风景"的文件夹，选中该文件夹，保证插入的外部图像素材添加到"风景"文件夹中。

（2）单击媒体类型切换栏内的"显示照片"按钮■，使该按钮变为黄色。

（3）单击"文件"→"将媒体文件插入到素材库"→"插入照片"命令，弹出"浏览照片"对话框，如图 8-3-3 所示。在"文件类型"下拉列表框内可以看到可以打开的文件类型。

（4）选中一个或多个图像文件，单击"打开"按钮，即可将选中的图像文件一次插入素材库内"风景"文件夹中。

图 8-3-3　"浏览照片"对话框

3. 插入音频到素材库

（1）在"媒体素材"面板内，单击"添加"按钮，在下面栏内新建一个名称为"音频"的文件夹，选中该文件夹，保证插入的外部音频素材添加到"音频"文件夹中。

（2）单击媒体类型切换栏内的"显示音频文件"按钮■后，该按钮变为黄色按钮。

（3）单击"文件"→"将媒体文件插入到素材库"→"插入音频"命令，弹出"浏览音频"对话框。选中保存音频素材的文件夹，选中一个或多个音频文件，单击"打开"按钮，即可将选中的音频文件一次插入素材库内"音频"文件夹中。

4. 插入数字媒体到素材库

（1）在"媒体素材"面板内，单击"添加"按钮，在其下面栏内新建一个名称为"数字媒体"的文件夹，选中该文件夹，保证插入的外部素材添加到该文件夹中。

（2）单击"文件"→"将媒体文件插入到素材库"→"插入数字媒体"命令，弹出"从数字媒体导入"对话框，如图 8-3-4 所示（在列表框中还没有添加下边 2 个文件夹）。

（3）单击该对话框内的"选取'导入源文件夹'"■或文字，或双击列表内的选项，都可以弹出"选取'导入源文件夹'"对话框，在该对话框内的列表框中找到存放数字媒体文件的文件夹，选中文件夹名称左边的复选框，如图 8-3-5 所示。

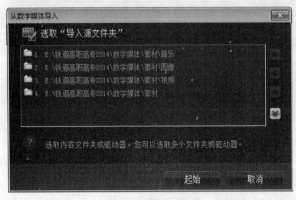

图 8-3-4　"从数字媒体导入"对话框

图 8-3-5　"选取'导入源文件夹'"对话框

（4）单击"确定"按钮，关闭该对话框，返回"从数字媒体导入"对话框，如图 8-3-4 所示。选中列表框中一个或多个源文件夹路径名称。

（5）单击按钮 ⬆，可以上移选取的源文件夹选项；单击按钮 ⬇，可以下移选取的源文件夹选项；单击按钮 ✖，可以删除选取的源文件夹项目（此处删除前两个源文件夹选项）；单击按钮 ⬇，可以展开列表框，同时该按钮变为按钮 ⬆；单击按钮 ⬆，可以收缩列表框。

（6）选中一条源文件夹项目（例如"风景"文件夹），单击"起始"按钮，切换到下一个"从数字媒体导入"对话框，如图 8-3-6 所示（还没有选择素材）。

图 8-3-6　"从数字媒体导入"对话框

（7）在"从数字媒体导入"对话框内的列表框中，将鼠标指针移到上边一排的按钮之上，会显示按钮的名称，从名称就可以了解按钮的作用。单击"显示图片"按钮 🔳，使该按钮变亮，可以在下边的列表框中显示选中的源文件夹内的图像。

（8）选中要插入图像左上角的复选框 ☑，单击"开始导入"按钮，即可将选中的多个图像文件（也可以是其他文件）插入到素材库内"数字媒体"文件夹中。此时，素材库内"数字媒体"文件夹中的素材画面如图 8-3-7 所示。

图 8-3-7　素材库内"数字媒体"文件夹内的素材

8.3.2 插入媒体到时间轴

1. 插入视频到时间轴

（1）单击"文件"→"将媒体文件插入到时间轴"→"插入视频"命令，弹出"浏览视频"对话框。

（2）按照前面介绍的方法选择一个或多个视频文件，再单击"打开"按钮，即可将选中的视频文件按照次序插入到"时间轴"面板或"故事"面板内的"视频"轨道中。

2. 插入图像、字幕、音频到时间轴

（1）单击"文件"→"将媒体文件插入到时间轴"→"插入照片"命令，弹出"浏览图片"对话框，选择文件夹、文件类型，再选中要插入的图像，选中要插入的一个或多个图像文件，单击"打开"按钮，在第 1 行"视频"轨道内右边插入选中图像，拖动图像到第 2 行"覆叠"轨道内。

（2）插入字幕文件到时间轴面板：单击"文件"→"将媒体文件插入到时间轴"→"插入字幕"命令，弹出"打开"对话框，利用该对话框可以插入 UTF 或 SRT 格式的字幕文件，效果如图 8-3-8 中第 3 条和第 4 条标题轨道所示。第 4 条标题轨道是自动新增的。

图 8-3-8　时间轴面板内各轨道插入的媒体

（3）插入音频文件到时间轴面板：单击"文件"→"将媒体文件插入到时间轴"→"插入音频"→"到声音轨"命令，弹出"打开音频文件"对话框，利用该对话框可以插入一个选中的音频文件到第 5 条轨道（"声音"轨道），如图 8-3-8 所示。

单击"文件"→"将媒体文件插入到时间轴"→"插入音频"→"到音频轨"命令，弹出"打开音频文件"对话框，利用该对话框可以插入一个选中的音频文件到第 6 条轨道（"音频"轨道 1），如图 8-3-8 所示。

（4）插入声音文件到时间轴面板：单击"文件"→"将媒体文件插入到时间轴"→"插入数字媒体"命令，弹出"从数字媒体导入"对话框，如图 8-3-7 所示。以后的操作和前面介绍的一样，只是最后会根据插入的素材不同，将素材插入不同的轨道。

3. 插入媒体到时间轴的其他方法

（1）插入频闪照片到时间轴面板：单击"文件"→"将媒体文件插入到时间轴"→"插

入要应用时间流逝/频闪的照片"命令,弹出"浏览照片"对话框,选中需要的几个图像文件(建议从连续拍摄的一组照片选择照片),如图8-3-9所示。单击"打开"按钮,关闭"浏览照片"对话框,弹出"时间流逝/频闪"对话框,如图8-3-10所示(还没有设置)。

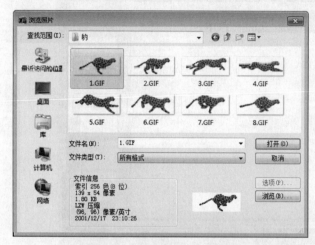

图 8-3-9 "浏览照片"对话框

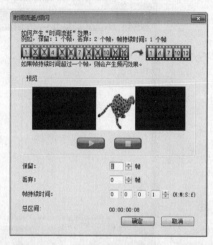

图 8-3-10 "时间流逝/频闪"对话框

"保留"数字框用来设置保留图像的帧数(例如2),"丢弃"数字框用来设置图像丢弃的帧数(此处为2),表示整个素材按照间隔保留2帧和移除2帧;"帧持续时间"栏用来设置各帧的曝光时间。

(2)单击"播放"按钮,可以预览图像的帧设置效果。单击"确定"按钮,可以在"时间轴"面板内的"视频"轨道内插入8幅图像,组成一个频闪的照片动画,如图8-3-11所示。同时将图8-3-9所示"浏览照片"对话框中选中的图像插入素材库选中的文件夹中。

图 8-3-11 时间轴"视频"轨道内插入的8幅图像(组成频闪照片动画)

(3)拖动素材到"时间轴"面板:拖动素材库内的素材到"时间轴"面板内相应的轨道,释放鼠标左键后,即可将被拖动的素材添加加鼠标指针指示的位置。如果按住【Ctrl】键并拖动素材,则被拖动的素材会替代释放鼠标左键时鼠标指针指示处的素材。

(4)复制"时间轴"或"故事板"面板内的素材:右击"时间轴"或"故事板"面板内的素材,弹出该素材的快捷菜单,单击该菜单内的"复制"命令,然后将鼠标指针移到要复制该素材的位置,当鼠标指针呈 状时单击,即可在单击处复制右击的素材。

8.3.3 绘图创建器

单击"工具"→"绘图创建器"命令,弹出"绘图创建器"对话框,如图8-3-12所示。该对话框用来绘制图形,以及录制绘制图形的过程并生成一个绘制图形的动画。

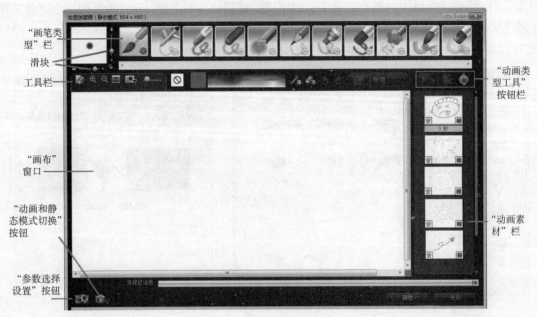

图 8-3-12 "绘图创建器"对话框

该对话框内有很多选项，将鼠标指针移到这些选项之上，即可显示该选项的名称。下面简要介绍这些选项的作用，以及绘制图形和制作绘制图形过程动画的方法。

1. "画笔类型"栏和工具栏简介

（1）"画笔类型"栏：位于"绘图创建器"对话框内最上边一行，有 11 个图案按钮，用来设置画笔笔触的类型，将鼠标指针移到这些按钮之上，即可显示该按钮的名称，即显示单击该按钮后设置的画笔笔触类型。

（2）滑块：位于"绘图创建器"对话框内左上角，有水平和垂直滑块，拖动"笔刷宽度"滑块（即水平滑块），可以调整画笔笔刷的宽度；拖动"笔刷高度"滑块（即垂直滑块），可以调整画笔笔刷的高度。在调整过程中，在左边的显示框内可以看到调整效果。

（3）工具栏部分工具：工具栏工具的图标、名称和作用如表 8-3-1 所示。

表 8-3-1 工具栏工具的图标、名称和作用

图标	名称	作　用
	清除预览窗口	单击该按钮或按【Ctrl + N】组合键，可以将"预览"窗口（即"画布"窗口）清除干净
	放大	单击该按钮，可将"预览"窗口内的图形放大
	缩小	单击该按钮，可将"预览"窗口内的图形缩小
	实际大小	单击该按钮，可将"预览"窗口内的图形还原为实际的大小
	背景图像选项	单击该按钮，可弹出"背景图像选项"对话框，如图 8-3-13 所示，用来设置背景色或背景图像

续上表

图标	名称	作 用
	透明度调整	拖动其内的画块，可以调整"预览"窗口内背景图像透明度的大小
	纹理选项	单击该按钮，可弹出"纹理选项"对话框，如图8-3-14所示，利用它可以设置笔触的纹理类型
	色彩选取器	单击该按钮，可弹出颜色面板，用来设置画笔笔触的颜色
	色彩选取工具	单击该按钮，鼠标指针变为吸管状，单击其左边的调色板，可以选取相应的颜色作为画笔笔触的颜色
	擦除模式	单击该按钮，鼠标指针变为橡皮擦状，在"预览"窗口内绘图之上拖动，可以擦除绘制的图形
	撤销	单击该按钮，可撤销刚刚完成的一步操作
	重复	单击该按钮，可重复进行刚撤销的一步操作
开始录制	开始录制	单 击 该 按 钮，即 可 开 始 录 制 绘 图 过 程，该 按 钮 变 为 停止录制，单击该按钮可停止录制，同时将录制的动画保存在"动画素材"栏内

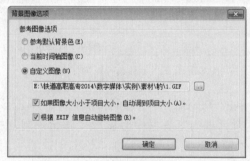

图 8-3-13　"背景图像选项"对话框

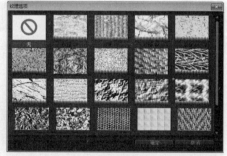

图 8-3-14　"纹理选项"对话框

（4）"背景图像选项"对话框设置：在"背景图像选项"对话框内，选中"自定义图像"单选按钮，则其下边的3行选项会变为有效，如图8-3-13所示。单击按钮 ⋯ ，弹出"打开图像文件"对话框，利用该对话框可以选择一幅图像设置为背景图像，按钮 ⋯ 左边显示框内会显示背景图像的路径。下边的两个复选框用来设置背景图像大小等参数。

2．"动画素材"栏和画布等

（1）"动画素材"栏：其内有多个不同的动画素材，将鼠标指针移到图案之上，会显示选中对应该图案的动画素材特点。选中其中的一个图案，单击"播放选中的画廊条目"按钮，即可播放选中的动画素材。

（2）"播放选中的画廊条目"按钮 ：单击该按钮右边的按钮 ，弹出它的快捷菜单，单击该菜单内的"录制回放"命令，以后单击该按钮可快速播放选中的录制动画；单击该菜单内的"项目回放"命令，该按钮变为 状，以后单击按钮 ，可以正常速度播放选中的录制动画。

（3）"删除选中的画廊条目"按钮 ：单击该按钮，可删除"动画素材"栏内的录制动画或快照照片素材。

（4）"更改选择的画廊区间"按钮 ：在"动画素材"栏中选中一个录制动画素材或快照照片素材，单击该按钮，弹出"区间"对话框，如图 8-3-15 所示。在其内"区间"数字框中输入数值，单击"确定"按钮，即可修改动画的录制时间。

（5）"画布"窗口：也是"预览"窗口，用来绘制图形和播放绘制图形的过程。

（6）"参数选择设置"按钮 ：该按钮在对话框内的左下边，单击该按钮，弹出"参数选择"对话框，如图 8-3-16 所示。在"默认录制区间"栏的数字框中可以设置动画录制的默认时间。单击"默认背景色"复选框，弹出颜色面板，用来设置一种背景颜色。如果在图 8-3-16 所示"背景图像选项"对话框内选中"参考默认背景色"单选按钮，则可以使用"参数选择"对话框中设置的颜色作为"预览"窗口的背景色。

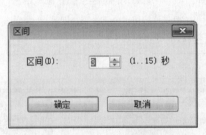

图 8-3-15　"区间"对话框

图 8-3-16　"参数选择"对话框

（7）"动态和静态模式切换"按钮 ：单击该按钮，弹出它的快捷菜单，单击该菜单内的"动画模式"命令，则"绘图创建器"对话框内工具栏中会显示"开始录制"按钮；单击该菜单内的"静态模式"命令，再单击"预览"窗口内部，则"绘图创建器"对话框内工具栏中会显示"快照"按钮。

（8）单击"快照"按钮，可将"预览"窗口内的画面生成一幅快照图像，保存在"动画素材"栏内。

单击"绘图创建器"对话框内的"确定"按钮，关闭该对话框，即可将画廊内选中的录制动画和快照图像添加到素材库内。

8.4　视频制作实例

实例 1　风景图像切换展示

"风景图像切换展示"视频播放后，会依次展示 6 幅风景照片图像，展示各幅风景照片图像的切换使用了不同的转场切换效果。该视频播放后的6幅画面如图8-4-1所示。

图 8-4-1 "风景图像切换展示"视频播放时的6幅画面

1. 添加外部素材到素材库内

（1）启动"会声会影 X5"软件，新建一个项目，单击菜单栏中的"文件"→"另存为"命令，弹出"另存为"对话框，在"保存在"下拉列表框中选择"实例"文件夹下的"第8章"文件夹，在"保存类型"下拉列表框内选择第1个选项，在"文件名"文本框中输入"实例1风景图像切换展示"，单击"保存"按钮，即可将当前项目以名称"实例1风景图像切换展示.VSP"保存。

（2）单击"步骤"栏内的"编辑"按钮，切换到"编辑"状态，单击"媒体"按钮，该按钮变为黄色按钮，同时素材库内显示"媒体"素材内容。单击"添加"按钮，即可在下面的"素材管理"栏内新建一个名称为"文件夹"的文件夹。右击该名称，弹出它的快捷菜单，单击其内的"重命名"命令，将"文件夹"名称改为"风景"。

（3）单击"文件"→"将媒体文件插入到素材库"→"插入照片"命令，弹出"浏览照片"对话框，如图8-4-2所示，在"查找范围"下拉列表框内选择"风景"文件夹。

图 8-4-2 "浏览照片"对话框

（4）按住【Shift】键，同时单击"风景1.jpg"图像文件和"风景6.jpg"图像文件（宽均为260像素，高均为200像素），选中"风景5.jpg" ~ "风景10.jpg"之间的6个图像文件，如图8-4-2所示。

（5）单击"浏览照片"对话框内的"打开"按钮，关闭该对话框，同时将选中的6个图像文件导入到素材库的"风景"文件夹中。

（6）单击"显示照片"按钮，使该按钮变为"隐藏照片"按钮，同时可以显示素材库内"风景"文件夹中导入的"风景5.jpg"~"风景10.jpg"图像素材。

2. 制作图像转场动画

（1）按住【Shift】键，同时单击"媒体素材"面板内素材库中的"风景5.jpg"~"风景10.jpg"图像文件，同时选中这6个图像文件，如图8-4-3所示。

（2）单击"时间轴和故事"面板内的"故事面板图"按钮，切换到"故事"面板，再将素材框内选中的图像拖动到"故事"面板的"视频"轨道中，"故事"面板"视频"轨道中，各图像之间有一些空隙，如图8-4-3所示。

图8-4-3 "故事"面板的"视频"轨道中导入的6幅风景照片图像

（3）按住【Shift】键，同时单击第1幅和第6幅图像，同时选中这6幅图像并右击，弹出它的快捷菜单，单击该菜单内的"更改照片区间"命令，弹出"区间"对话框，将秒（S，最大值为59）和分秒（f，最大值为25）文本框内的数值分别修改为4和0，如图8-4-4所示。单击"确定"按钮，改变选中的所有图像的显示时间（即照片区间）。

另外，选中图像图案，将鼠标指针移到该图案的右边，当出现一个黑色大箭头时，水平拖动鼠标，也可以调整图像图案的宽度，即调整图像的显示时间。

选中第1幅图像，单击素材库右下角的"选项"按钮，弹出"选项"面板的"照片"选项卡，如图8-4-5所示。利用它也可以改变第1幅图像的显示时间和其他属性。按照这种方法，可以调整"视频"轨道内其他5幅图像的显示时间和其他属性。

图8-4-4 "区间"对话框

图8-4-5 "选项"面板的"照片"选项卡

（4）单击素材库左边的"转场"按钮，将素材库切换到转场效果的素材库，在"画廊"下拉列表框中选择"全部"选项，在素材库内显示全部转场效果的图案。

（5）在素材库内单击选中要使用的转场图案，单击"添加到收藏夹"按钮，将选中的转场图案添加到素材库的"收藏夹"文件夹内。继续将其他要使用的转场图案复制到"收藏夹"文件夹内。

（6）选中"素材管理"栏内的"收藏夹"文件夹，将素材库内的"外观"转场图案拖动到"故事"面板"视频"轨道内第1、2幅图像之间。再将素材库内其他种类的转场图案拖动到"故事"面板"视频"轨道内其他两幅图像之间，如图8-4-6所示。

图8-4-6 "故事"面板"视频"轨道中的6幅鲜花照片图像和它们之间的转场效果

（7）可以将素材库内的一种转场效果（如"外观"转场）图案拖动到"故事"面板"视频"轨道内的一种转场效果图案之上，即可更换转场转换效果。按住【Ctrl】键，拖动一个素材库中的图像到"故事"面板"视频"轨道内的图像之上，可以替换原来的图像。

（8）单击素材库右下角的"选项"按钮，弹出转场效果的"选项"面板，如图8-4-7所示。右击"故事"面板"视频"轨道内的转场效果图案，弹出它的快捷菜单，单击该菜单内的"打开选项面板"命令，也可以弹出"选项"面板。在该面板内最上边一行的"时间区间"栏用来调整转场效果的作用时间，其他选项可以调整背景色彩、边框大小、柔化边缘程度和翻面的背景色。转场效果的作用时间一般同时播放两边的图像，因此该时间的调整是在一定的时间范围内有效，转场效果的作用时间大小的调整范围与两边图像的播放时间（时间区间）有关。

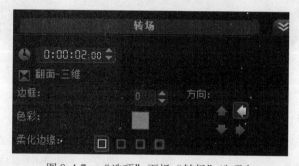

图8-4-7 "选项"面板"转场"选项卡

（9）单击"故事"面板内左上角的"时间轴视图"按钮，可以将"故事"面板切换到"时间轴"面板，如图8-4-8所示。

图8-4-8 "时间轴"面板"视频"轨道中的6幅风景图像及它们之间的转场效果

（10）单击"步骤"栏内的"分享"按钮，切换到"分享"状态，单击"创建视频文件"按钮，弹出它的快捷菜单，单击该菜单内的"自定义"命令，弹出"创建视频文件"对话框，在该对话框内的"保存在"下拉列表框中选中"第8章"文件夹，在"保存类型"下拉列表框内选中"Microsoft AVI文件（*.avi）"选项，在"文件名"文本框内输入

"实例 1 风景图像切换展示"文件名。

然后，单击"保存"按钮，即可关闭"创建视频文件"对话框，弹出"渲染"面板，显示渲染过程，如图 8-4-9 所示。渲染完成后，即可将当前加工的项目文件以名称"实例 1 风景图像切换展示 . avi"保存在"第 8 章"文件夹中。

图 8-4-9　生成视频文件中的渲染

实例 2　北京欢迎您

"北京欢迎您"视频播放后，先显示一幅故宫图像，接着显示一幅颐和园图像，同时一些绿色文字从视频画面下边缓慢向上移动，最后移出画面。再显示一幅长城图像，在图像之上以闪烁方式逐渐显示出"北京欢迎您"立体文字。视频播放后的 3 幅画面如图 8-4-10 所示。

图 8-4-10　"北京欢迎您"视频播放后的 3 幅画面

1. 添加素材到"时间轴"面板

（1）新建一个项目，单击菜单栏中的"文件"→"另存为"命令，弹出"另存为"对话框，将当前项目以名称"实例 2　北京欢迎您 . VSP"保存在"第 8 章"文件夹内。

（2）单击"媒体素材"面板中的"媒体"按钮，再选中"样本"文件夹，单击"显示照片"按钮，该按钮变为黄色"隐藏照片"按钮。

（3）单击"时间轴和故事"面板内的"故事板视图"按钮，切换到"故事"面板。将素材库内的"故宫 . jpg""颐和园 . jpg"和"长城 . jpg"图像图案依次拖动到"故事"面板的"视频"轨道中，如图 8-4-11 所示。

图 8-4-11　"故事"面板内的图像素材

2. 制作滚动字幕动画

（1）单击"媒体素材"面板中素材库显示类型切换栏内的"标题"按钮，该按钮变为黄色，同时素材库内显示系统自带的动画标题文字内容。拖动右上角的滑块，可以调整素材库内标题文字动画图案好的大小。在"画廊"下拉列表框内选中其内的"标题"选项，此时素材库中"标题"素材内容如图8-4-12所示。

图8-4-12 素材库中的"标题"素材内容

（2）单击"故事"面板内左上角的"时间轴视图"按钮，将"故事"面板切换到"时间轴"面板。将素材库中文字从下向上滚动显示的标题文字（第3个图案）拖动到"时间轴"面板的"标题"轨道内，如图8-4-13所示（其中标题文字还没有处理）。

图8-4-13 "时间轴"面板

（3）选中"时间轴"面板"标题"轨道内导入的标题文字动画，将"时间轴"面板内的播放指针移到标题文字动画图案内左边的位置，双击"预览"窗口内，使标题文字在"预览"窗口内显示出来。单击素材库右下角的"选项"按钮，弹出转场效果的"选项"面板。选中"预览"窗口内的标题文字，此时"预览"面板和标题文字"选项"面板的"编辑"选项卡如图8-4-14所示。

图8-4-14 "预览"面板和标题文字"选项"面板的"编辑"选项卡

（4）双击"预览"窗口内的矩形文本框，进入文字的编辑状态，将原文字删除，再输入一些文字。选中这些输入的文字，在标题文字的"选项"窗口内，在"字体"下拉列表框中选择"宋体"选项，设置字体为宋体；在"字体大小"下拉列表框内选择36，设置字大小为36；再设置字间距为100，颜色为蓝色，加粗风格。

（5）双击"时间轴"面板内"标题"轨道中的标题图案，在"预览"窗口内选中文字，将播放指针移到标题文字动画图案内偏左边的位置，如图8-4-15所示。或者在"预览"窗口内将播放指针移到距离左边一点距离的位置。在"预览"窗口的显示框下边垂直向下拖动,将输入的文字块移到画面的下边,如图 8-4-15 左图所示。

（6）在"时间轴"面板内选中标题文字动画图案,将播放指针移到标题文字动画图案内偏右边的位置,或者在"预览"窗口内将播放指针移到右边接近终点处。在"预览"窗口内

图 8-4-15 "预览"窗口内滚动字幕动画设置

垂直向上拖动文字框到画面的上边,如图 8-4-15 右图所示。

3. 制作"北京欢迎您"标题

（1）此时,"时间轴"面板"标题"轨道内滚动字幕的显示时间较短。为了调整滚动字幕的显示时间,可以选中"时间轴"面板内"标题"轨道中的滚动字幕图案,在"选项"面板"编辑"选项卡内"时间区间"栏中单击秒处,再输入 23。

（2）单击"时间轴"面板内的"标题"轨道,即可看见"标题"轨道内的滚动字幕长度增加。水平拖动"标题"轨道内的滚动字幕图案,调整它的位置。

（3）将素材库中倒数第 5 个闪光标题文字图案拖动到"时间轴"面板的"标题"轨道内第 1 个标题图案的末尾处。如果"视频"轨道内的图像图案的宽度不合适,可以在它的"选项"面板"编辑"选项卡内重新设置图像的宽度,或者用鼠标拖动图案边缘来调整。

（4）选中"标题"轨道内新插入的标题文字图案,将鼠标指针移到该标题图案右边缘处,当出现一个黑色大箭头 LOREM 时,向右拖动,可以使该标题图案增长,其右边缘与"视频"轨道中视频图案右边缘对齐;向左拖动,可以使该标题图案缩短。

将鼠标指针移到该标题图案的左边缘处,当出现一个黑色大箭头 LOREM 时,向左拖动,也可以使该标题图案增长,向右拖动,也可以使该标题图案缩短。

（5）单击素材库右下角的"选项"按钮,弹出转场效果的"选项"面板。按照前面介绍的方法,选中"标题"轨道内新插入的标题图案,在"预览"窗口内选中原有文字,将这些文字中的第 1 行大号文字改为"北京欢迎您",字体改为"华文行楷",字大小改为110。此时的"预览"面板和文字"选项"面板"编辑"选项卡如图 8-4-16 所示。再将第 2 行小号文字改为"华文隶书",字大小改为 60,字体不变。

图 8-4-16 "预览"面板和标题文字"选项"面板的"编辑"选项卡

（6）单击"步骤"栏内的"分享"按钮,切换到"分享"状态,单击"创建视频文件"按钮,弹出它的快捷菜单,单击该菜单内的"自定义"命令,弹出"创建视频文件"对话框,将当前加工的项目文件以名称"实例 2 北京欢迎您 .avi"保存。

实例3 视频配音和添加字幕

"视频配音和添加字幕"视频播放后,播放一个"恐龙世界.avi"的视频,在视频画面的下边有一些后添加的文字,同时还有后添加的背景音乐在播放。视频播放后的3幅画面如图8-4-17所示。该视频的制作过程如下。

图8-4-17 "视频配音和添加字幕"视频播放后的3幅画面

1. 给视频配音

(1)启动"会声会影"软件,新建一个项目,将当前项目以名称"实例3 视频配音和添加字幕.VSP"保存在"第8章"文件夹内。

(2)单击"步骤"栏内的"编辑"按钮,再单击"媒体"按钮 和"添加"按钮,添加"视频"和"音频"的文件夹。

(3)单击"文件"→"将媒体文件插入到素材库"→"插入视频"命令,弹出"浏览视频"对话框,利用该对话框将"视频"文件夹内的"恐龙1.avi"视频文件导入到素材库的"视频"文件夹中。再参考上述方法,将"MP3"文件夹内的"音乐.wav"音频文件导入到素材库的"音频"文件夹中。

(4)双击素材库内的"恐龙1.avi"图案,进入它的名称编辑状态,将名称改为"恐龙世界.avi",将该视频图案拖动到"时间轴"面板的"视频"轨道中。将"音频"文件夹中的"音乐.wav"音频文件拖动到"时间轴"面板的音乐轨道中,如图8-4-18所示(还没有调整视频图案和音频图案的长度,还没有添加标题文字)。

(5)如果不播放视频中自带的声音,可以选中"时间轴"面板"视频"轨道中的"恐龙世界.avi"图案,单击素材库右下角的"选项"按钮,弹出转场效果的"选项"面板,如图8-4-19所示。单击"分割音频"按钮,即可将选中视频中的声音分割出来,添加到声音轨道中。单击声音轨道左边的"禁用声音轨"按钮 ,即可使该轨道的声音不播放。再单击该按钮,又可以恢复该轨道的声音进行播放。

图8-4-18 "时间轴"面板

图8-4-19 "选项"面板

（6）选中"时间轴"面板"音乐"轨道中导入的"音乐.wav"音频图案，在"预览"面板内播放选中的音频文件。根据播放情况，在"预览"面板内拖动滑块██和██，调整剪裁一段音乐，如图8-4-20所示。

（7）弹出选中音频的"选项"面板，单击"淡入"按钮██和"淡出"按钮██，如图8-4-21所示。在"时间轴"面板内将鼠标指针移到音频图案的右边，当出现一个黑色大箭头██时，向右拖动，可以使该音频图案增长，其右边缘与"视频"轨道中视频图案右边缘对齐。另外，在"选项"面板内还可以调整播放的时间等参数。

图8-4-20　"预览"面板　　　　图8-4-21　"音乐和声音"的"选项"面板

2. 给视频添加文字

（1）选中"时间轴"面板的"标题"轨道，双击"预览"面板内或者双击"时间轴"面板的"标题"轨道内，再双击文字，都可以进入标题文字的编辑状态，然后输入"展示一个恐龙世界的动画"文字。拖动选中文字，在"选项"面板"编辑"选项卡内，设置字体为华文行楷，字大小为57，颜色为蓝色，其他设置和输入的文字如图8-4-22所示。

（2）在"时间轴"面板"标题"轨道内，将鼠标指针移到标题图案的右边缘处，当出现一个黑色大箭头██时，向右拖动，可以使该标题图案增长，其右边缘与"视频"轨道中视频图案右边缘对齐。选中"标题"轨道内的标题图案，水平拖动可以调整标题图案的位置。

图8-4-22　"预览"面板和标题文字的"选项"面板"编辑"选项卡

（3）按照上述方法，在"时间轴"面板"标题"轨道内的不同位置，分别输入"恐龙最早出现在2亿多万年前"文字和"灭亡于6千5百万年前"文字。这两段标题文字的属性设置和第1段标题文字的设置一样。

（4）双击"时间轴"面板"标题"轨道内第1段标题图案，在"预览"面板内选中标题文字。单击"选项"面板内的"属性"标签，切换到"属性"选项卡，如图8-4-23所示。选中"动画"单选按钮，选中"应用"复选框，在其右边的下拉列表框内选择"弹出"选项，选中其下边列表框中的第2个图案，如图8-4-23所示。

图 8-4-23 标题文字"选项"面板的"属性"选项卡

上述操作设置了第 1 段标题文字以单个文字依次弹出方式的动画显示效果。

（5）按照上述方法，继续设置第 2、3 段标题文字的动画效果。可以在下拉列表框中选择其他动画素材，在列表框中选择不同的图案。

（6）按照前面介绍的方法，将当前加工的项目文件以名称"实例 3 视频配音和添加字幕.avi"保存在"第 8 章"文件夹中。

思考与练习

操作题

1. "会声会影 X5"软件的英文名称是什么？启动中文"会声会影 X5"软件，了解该软件的"预览"面板、"媒体素材"面板和"时间轴和故事"面板的特点和基本使用方法。

2. 新建一个会声会影的项目文件，在素材库内添加 3 个名称分别为"图像素材""音频素材"和"视频素材"的文件夹，在这 3 个文件夹内分别插入 3 个相应的素材。

3. 自定义一个工作界面，再以名称"自定义#1"保存。切换到默认的工作界面，再切换到自定义的"自定义#1"工作界面。

4. 将外部的图像、视频和音频素材导入"时间轴"面板相应轨道（包括"覆叠"轨道）中。将素材库内的图像、视频和音频素材导入"时间轴"面板相应轨道中。

5. 在"故事"面板视频轨道内导入 2 个视频图案和一个图像图案，在各图案之间添加一个转场效果图案。利用"选项"面板设置这些转场的特点。

6. 利用"绘图创建器"对话框绘制一幅小房屋图形，将绘制过程生成一个动画，将绘制结果生成一幅快照图像。再将它们分别保存到素材库的"动画"和"图像"文件夹内。

7. 打开"参数选择"对话框，重新设置自动保存间隔、背景色、撤销级数、可以撤销的操作步数、捕获图像时图像的默认格式和重新链接检查等参数。

8. 使用"会声会影"软件制作一个"中国饮食文化"视频，该视频播放后，会依次展示几幅中国名菜图像，展示各幅中国名菜图像的切换使用了不同的转场切换。

9. 使用"会声会影"软件制作一个"我的学习生涯"视频，该视频播放后，会依次展示 10 幅有关各种学习的照片图像，展示各幅图像的切换使用了不同的专场效果。而且给整个视频配上背景音乐，添加一些字幕和标题字幕。

第9章　会声会影视频制作二

本章介绍中文"会声会影 X5"软件影片制作的步骤。"会声会影"软件采用逐步式的操作流程，通常可以按照顶部"步骤"栏上的"捕捉""编辑"和"分享"3 个条目从左到右执行。在实际操作中，不必完全按照步骤出现的次序进行操作。另外，还介绍了 3 个实例的制作方法，可结合实例学习使用软件制作影片的步骤和操作技巧。

9.1　视频制作的捕获

将视频录制到计算机的过程称为捕获。在"会声会影"软件启动前应连接好数码摄像机或摄像头。然后，启动"会声会影"软件，该软件可以立刻检测到捕获设置（如数码摄像机、摄像头等）。

9.1.1　应用"捕获"面板进行捕获

单击"步骤"栏内的按钮，该按钮会变为黄色，工作界面可以切换到相应的步骤界面。单击"捕获"按钮，切换到"捕获"步骤界面（即"捕获"状态），此时的"媒体素材"面板切换到"捕获"面板，如图 9-1-1 所示。可以看到，捕获分为 5 种类型，单击不同的类型按钮，即可进入相应的捕获状态。

1. 捕获视频

在捕获视频状态下，可将摄像头或摄像机摄制的视频直接录制到计算机硬盘中，可以被捕获成单个文件或自动分割成多个视频文件，以及静态图像文件。具体操作方法如下。

图 9-1-1　"捕获"面板

（1）单击"捕获视频"按钮 ▦，"素材库"面板切换到"捕获视频"面板，"预览"窗口内显示计算机摄像头摄制的画面，"时间轴和故事"面板切换到摄像头的"信息"面板，该面板内显示摄像头的一些技术参数，如图 9-1-2 所示。

（2）在"捕获视频"面板内，在"来源"下拉列表框中选择捕获设备，默认选中"USB2.0 PC CANERA"选项，即通过 USB 接口连接摄像头；"格式"下拉列表框默认选中 DVD 选项；单击"捕获文件夹"按钮 ▦，弹出"浏览文件夹"对话框，用来选择放置捕获文件的文件夹。选中"捕获到素材库"复选框，在它的下拉列表框内选择"素材库"面板内的保存素材的文件夹，单击右边的按钮 ▦，弹出"添加文件夹"对话框，如图 9-1-3 所示，在"文件夹名称"文本框内输入文件夹名称，单击"确定"按钮，创建新文件夹。

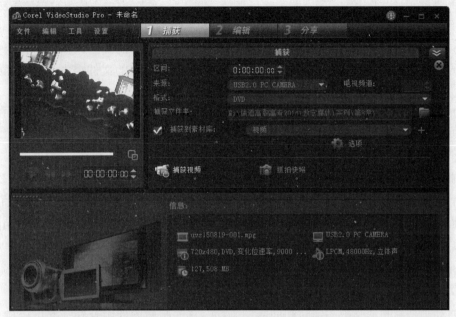

图 9-1-2 捕获视频状态下的工作界面

（3）单击"选项"按钮，调出"选项"快捷菜单，单
击该菜单内的"视频属性"命令，弹出"视频属性"对话
框，如图 9-1-4 所示，利用该对话框可以调整视频画面的亮
度、对比度、色调、饱和度和清晰度等参数，拖动滑块调整
时可以同步看到视频画面的变化。

（4）单击"选项"快捷菜单内的"捕获选项"命令，
弹出"捕获选项"对话框，如图 9-1-5 所示，默认选中"插
入到时间轴"复选框，单击"确定"按钮，保证在进行完视频录制后，录制的视频即可插
入到时间轴的"视频"轨道内。

图 9-1-3 "添加文件夹"对话框

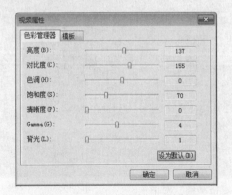

图 9-1-4 "视频属性"对话框

图 9-1-5 "捕获选项"对话框

（5）调整好摄像头的位置和角度后，单击"捕获视频"按钮█，即可开始录制摄像头
设置的视频，在"捕获视频"面板内"区间"栏的"时间"框内会显示视频录制的进度时

间。单击"停止捕获"按钮 ，即可停止视频录制，"预览"窗口内恢复显示第1帧画面，素材库内指定的文件夹中保存了录制的视频，同时插入到时间轴内。

（6）单击"抓拍照片"按钮 ，可以将摄像头当前摄制的画面以图像文件形式保存在指定的文件夹内，同时该图像素材也会保存到素材库内指定的文件夹中，也会插入到时间轴的"视频"轨道内。

（7）单击"步骤"栏内的"编辑"按钮，切换到"会声会影"软件的工作界面的编辑状态。可以看到，录制的视频和抓拍的图像均添加到素材库和时间轴内。打开前面设置的保存录制视频的文件夹内，可以看到录制好的视频和图像文件。

2. 捕获 DV 快速扫描和从数字媒体导入

（1）DV 快速扫描：单击"DV 快速扫描"按钮 ，"素材库"面板切换到"DV 快速扫描"面板，该面板内的选项和图 9-1-2 所示画面中的选项相似，设置方法也基本相同。

（2）从数字媒体导入：单击"从数字媒体导入"按钮 ，弹出"从数字媒体导入"对话框，如图 8-3-6 所示。

3. 定格动画

定格动画是录制动画中一定时间间隔的画面，这些画面图像组合在一起可以构成一个定格动画。例如，拍摄太阳逐渐升起、昙花开放的过程等定格动画。

（1）单击"定格动画"按钮 ，弹出"定格动画"对话框，如图 9-1-6 所示（下边一栏内还没有图像）。利用该对话框可以获取视频中一些画面，这些画面可以是等间隔时间自动拍摄的，也可以是人为控制拍摄的。

图 9-1-6　"定格动画"对话框

（2）在"定格动画"对话框内，"项目名称"文本框内可以输入项目名称，默认是"视频01"；在"捕获文件夹"栏内可以设置捕获后的文件存放的文件夹；"保存到库"下拉列表框用来选择捕获文件保存到素材库的文件夹；"图像区间"下拉列表框用来选择捕获的定格动画画面持续的帧数；"捕获分辨率"下拉列表框用来选择图像的分辨率。

（3）单击"自动捕获"栏内的"启用自动捕获"按钮█，该按钮变为黄色按钮█，它左边的"禁用自动捕获"按钮█变为黑色按钮█，右边的"设置时间"按钮█变为有效。此时，进入自动捕获状态。

单击"禁用自动捕获"按钮█，该按钮变为黄色按钮█，"启用自动捕获"按钮█变为黑色按钮█，进入禁用自动捕获状态。

（4）在自动捕获状态下，单击"设置时间"按钮█，弹出"捕获设置"对话框，在"捕获频率"栏内可以设置自动捕获图像的时间间隔，3个文本框内的数值从左到右依次为小时（H）、分钟（M）和秒（S）；在"总捕获持续时间"栏内可以设置自动捕获图像的总时间，3个文本框内的数值从左到右依次为小时、分钟和秒。"捕获设置"对话框设置完后，单击"确定"按钮。

（5）拖动"洋葱皮"栏滑块，可以调整洋葱皮效果的大小。

（6）在自动捕获状态下，单击红色"开始自动捕获"按钮█，即可自动捕获照相，同时该按钮变为绿色"停止自动捕获"按钮█。自动捕获照相是按照设置好的参数进行的，在自动捕获状态下，单击"停止自动捕获"按钮█，可以提前终止自动捕获拍照。

在自动捕获状态下，单击红色"开始自动捕获"按钮█，可以捕获拍照一幅图像；再单击该按钮，又可以捕获拍照一幅图像，如此不断，不会出现绿色"停止自动捕获"按钮█。

（7）捕获完成后，单击"播放"按钮，可以连续播放捕获的图像，形成一个定格动画。

（8）单击"保存"按钮，可以将捕获的几幅图像保存到指定的文件夹内，同时也导入素材库内指定的文件夹中，插入时间轴的"视频"轨道内。单击"退出"按钮，关闭该对话框，返回"定格动画"对话框。

4. 屏幕捕获

屏幕捕获的功能和中文"录屏大师"ZD Soft Screen Recorder 和 SnagIt 录屏基本一样，只是功能少一些。下面简要介绍屏幕捕获的方法。

（1）单击"屏幕捕获"按钮█，弹出"屏幕捕获"面板，如图9-1-7所示，同时在屏幕上会产生一个将整个屏幕包围的矩形录屏区域，它四周有8个控制柄，中心有一个控制柄。

（2）将鼠标指针移到四周的控制柄处，当鼠标指针呈双箭头状时拖动，可以调整矩形录屏区域的大小。将鼠标指针移到中心的控制柄处时，鼠标指针呈小手状，此时拖动可以改变矩形录屏区域的位置。将矩形录屏区域调小后的状态如图9-1-8所示。

（3）在"屏幕捕获"面板内，单击"锁定纵横比"按钮█，使该按钮变为"解除纵横比"按钮█，处于"锁定纵横比"状态。此时，在"宽"或"高"文本框内修改数字，则另一个文本框会随之自动改变，保持原宽高比不变。

单击"解除纵横比"按钮█，使该按钮变为"锁定纵横比"按钮█，处于"解除纵横比"状态。此时，可以分别修改"宽"或"高"文本框内的数字。在"屏幕捕获"面板内的"宽"和"高"文本框中修改数值后，矩形录屏区域的大小会随之改变。

图9-1-7　"屏幕捕获"面板

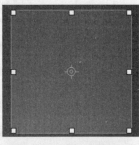

图9-1-8　矩形录屏区域

（4）单击"手绘选定内容"按钮，使该按钮变为黄色，在屏幕上拖动出一个矩形（通常是包围一个工作界面的矩形轮廓），形成矩形录屏区域，如图9-1-8所示，该矩形区域为录制屏幕视频的区域。如果要使该矩形区域的宽高比不固定，则应该处于"解除纵横比"状态；如果要使该矩形区域的宽高比固定，则应该处于"锁定纵横比"状态。

（5）单击"设置"按钮，可以展开"屏幕捕获"面板，如图9-1-9所示。单击"设置"按钮，可以将展开的"屏幕捕获"面板收缩，如图9-1-7所示。

（6）在展开的"屏幕捕获"面板内，将鼠标指针移到各按钮之上，可以显示该按钮的名称，从而也就了解了该按钮的作用。可以设置捕获的视频文件的文件名称、文件的保存文件夹、视频

图9-1-9　"屏幕捕获"面板

格式、是否录音、是否启用系统音频、确定监视器等。

（7）单击"开始录制"按钮或按【F11】键，即可开始录制，该按钮变为"恢复录制"按钮，最小化到Windows的状态栏。单击Windows状态栏内的按钮，弹出"屏幕捕获"面板，单击其内的"恢复录制"按钮或按【F11】键，可以继续录制。单击"停止录制"按钮或按【F10】键，即可停止录制屏幕视频。

（8）单击"屏幕捕获"面板内的"关闭"按钮，关闭该面板，返回"会声会影 X5"软件的工作界面。单击"步骤"栏内的"编辑"按钮，切换到影片的"编辑"状态，可以看到素材库内增加了新录制的视频文件，在指定文件夹内保存有刚录制的视频文件。

9.1.2　应用"录制/捕获选项"面板进行捕捉

单击"时间轴"或"故事"面板内工具栏中的"录制/捕获选项"按钮，弹出"录制/捕获选项"面板，如图9-1-10所示。其中，"定格动画""屏幕捕捉""DV 快速扫描"

"从数字媒体导入"和"屏幕捕获"功能前面已经介绍过了，还有 4 个捕获功能，简介如下。

（1）快照：单击"快照"按钮，即可将"预览"窗口内的图像捕捉到当前素材库的文件夹（即选中的素材库文件夹）中，同时也自动插入到"时间轴"面板的"视频"轨道内。

（2）画外音：单击"画外音"按钮，弹出"调整音量"对话框，如图 9-1-11 所示。在设置音量大小后，单击"开始"按钮，自动关闭"调整音量"对话框，即可对着话筒进行录音，"时间轴"面板内的播放头会自动移动。再单击"录制/捕获选项"按钮，可以使录音结束，同时在"声音"轨道内添加了录制的声音。

（3）从音频 CD 导入：单击"从音频 CD 导入"按钮，弹出"转存 CD 音频"对话框，利用该对话框，可以选中播放 CD 的轨道、保存转换的音频文件的文件夹、音频文件的格式等。单击"转换"按钮后，即可将 CD 选中轨道的音频转换为相应的音频文件。

（4）移动设备：单击"移动设备"按钮，弹出"硬盘/外部设备导入媒体文件"对话框，利用该对话框，可以将移动设备中的素材导入到素材库内。

图 9-1-10　"录制/捕获选项"对话框

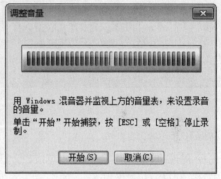

图 9-1-11　"调整音量"对话框

9.2　视频素材编辑

单击"步骤"栏中的"编辑"按钮后，进入影片的"编辑"状态。在该状态下，可以整理、编辑和修整项目中使用的各种素材，可以将素材库中的各种素材拖动到"故事"面板或"时间轴"面板的轨道中，可以在"故事"或"时间轴"面板中编辑项目，可以在素材的"选项"面板中修改素材的属性，例如，可以将大量的视频滤镜应用到素材上等。

9.2.1　图像编辑

1. "预览"窗口网格与图像变形和旋转等调整

（1）选中"故事"面板或"时间轴"面板内的图像素材，单击"媒体素材"面板内右下角的"选项"按钮 选项 ，可以展开"选项"面板，"选项"按钮变为 状，如图 9-2-1所示；单击按钮 ，收缩"选项"面板，该按钮变为"选项"按钮 选项 。

（2）在"预览"窗口内显示网格：选中"时间轴"面板"视频"轨内的一个图像素材，单击"选项"面板内的"属性"标签，切换到"属性"选项卡，如图 9-2-1 所示。

（3）在"预览"窗口内显示网格：选中"显示网格线"复选框，可在"预览"窗口内显示网格线。单击"网格线选项"按钮，弹出"网格线选项"对话框，如图 9-2-2 所示。在"线条类型"下拉列表框中选择一种线条类型。单击"线条颜色"色块，用来设置线条颜色。拖动调整"网格大小"栏内的滑块或改变数字框内的数据，可以调整网格线的间距。选中"靠近网格"复选框，可以在移动调整虚线框并当虚线框接近网格线时，自动和网格线靠齐。单击"确定"按钮，关闭该对话框。

（4）调整素材大小或变形素材：选中"变形素材"复选框，在"预览"窗口内图像四周显示一个矩形虚线框和 8 个黄色控制柄，以及四角的 4 个绿色控制柄，如图 9-2-3 所示。

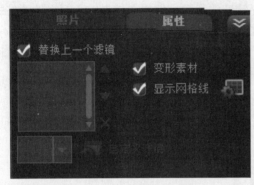

图 9-2-1　"属性"选项卡

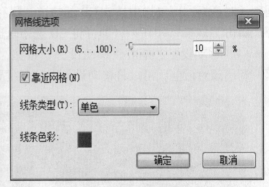

图 9-2-2　"网格线选项"面板

拖动矩形虚线框四角的黄色控制柄，可以调整图像的大小，拖动矩形虚线框四边中间的黄色控制柄，可以调整图像的宽度或高度，如图 9-2-3 所示。拖动矩形虚线框四角上的绿色控制柄，可以使图像变形，如图 9-2-4 所示。

（5）在"选项"面板内，切换到"照片"选项卡，如图 9-2-5 所示。单击"将照片逆时针旋转 90°"按钮，可以使选中的图像逆时针旋转 90°；单击"将照片顺时针旋转 90°"按钮，可以使选中的图像顺时针旋转 90°。

图 9-2-3　图像大小调整

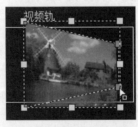

图 9-2-4　图像变形调整

图 9-2-5　"选项"面板"照片"选项卡

（6）在"照片区间"栏中显示的是选中图像的播放时间，它由小时、分钟、秒和百分秒 4 部分组成，右边的两个按钮用来调整数值大小。选中一组数字后，该数字闪烁，表示可以通过单击按钮或键盘输入来修改数值。修改"照片区间"栏内的数值后，可以看到"时间轴"面板轨道内选中的图像水平长度发生变化，表示播放时间改变了。

（7）重新采样选项：切换到"照片"选项卡，选中"图像重新采样选项"单选按钮，单击右边的下拉列表框，弹出它的列表，其内有"保持宽高比"和"调到项目大小"两个选项可供选择。选中不同选项后，可以在"预览"窗口内看到图像的变化。

2. 图像色彩和白平衡调整

（1）调整色彩和亮度：单击"色彩校正"按钮⚫，弹出"色彩校正"面板，如图9-2-6所示。利用该面板可以调整选中图像的白平衡和色彩。将鼠标指针移到该面板内的一些按钮之上，可以显示这些按钮的名称或作用。

在"色彩校正"面板内，拖动右边栏中的圆形滑块，可调整选中图像素材的色调、饱和度、亮度、对比度和 Gamma，在拖动滑块调整的同时，可以在"预览"面板内看到调整效果。双击滑块，可将该滑块回到原位置；单击按钮🔄，可以将所有滑块回到原位置，还原图像素材的原始色彩设置。

选中"自动调整色调"复选框，即可自动调整选中的图像色调，单击"自动调整色调"复选框右边的箭头按钮▼，弹出它的快捷菜单，选中该菜单内"最亮""较亮""一般""较暗"或"最暗"选项中的一个，可设置色调的不同等级。

（2）图像白平衡"调整：在"白平衡"栏内，通过消除由冲突的光源和不正确的相机设置导致的不需要的色偏，从而恢复图像的自然色温。例如，在图像或视频素材中，白炽灯照射下的物体可能显得过红或过黄。要成功获得自然效果，需要在图像中确定一个代表白色或中性灰的参考点（叫白点）颜色。标识白点的方法有以下几种，具体调整方法如下。

①自动计算白点：单击"自动"按钮◣，可自动选择与图像的总体色彩相配的白点，调整白平衡。

②选取色彩：单击"选取色彩"按钮✏后"显示预设"复选框变为有效，选中该复选框，即可在右边显示预设图像，将鼠标指针移到预设图像内，鼠标指针会变为滴管图标，单击图像中的一种颜色，设置该点颜色为白点颜色，调整白平衡。

③白平衡预设：将鼠标指针移到按钮栏■▲☀🌲🏠■内的按钮之上，即可显示该按钮的名称，了解该按钮的作用。单击该按钮栏内的按钮，通过匹配特定光条件或情景，自动选择白点，调整白平衡。

④温度："温度"栏下边的文本框和它的按钮▼、▼是用于指定光源温度，以开氏温标（K）为单位。较低值表示钨光、荧光和日光情景，而较高值表示云彩、阴影和阴暗。单击按钮▼可调整文本框内的温度数值；单击按钮▼，会显示一个滑槽和滑块，如图9-2-7左图所示。拖动滑块可调整文本框内的温度数值。还可以直接在文本框内修改温度值。

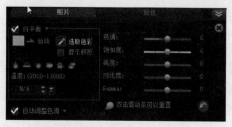

图9-2-6　"色彩校正"面板

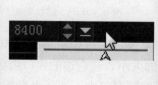

图9-2-7　调整光源的温度和"白平衡"菜单

⑤色彩调整：单击白平衡箭头按钮，弹出"白平衡"菜单，如图9-2-7右图所示。选择其内不同的选项，可以设置一种色彩强度。

如果选中"媒体素材"面板内的图像素材，单击"选项"按钮，展开"选项"面板，"重新采样选项"栏内的选项会变为无效。

3. 摇动和缩放效果

（1）预置摇动和缩放效果的应用：选中"摇动和缩放"单选按钮，使其下边的选项变为有效。单击"摇动和缩放"下拉按钮，调出其列表框，如图9-2-8所示。

单击其内的一个图案，即可将该摇动和缩放效果应用到选中的图像，它模拟视频相机的摇动和缩放效果，这个也称为"Ken Burns 效果"。应用了摇动和缩放效果的图像之上的左上角会添加一个标记▣。

图9-2-8 "摇动和缩放"列表框

右击"时间轴"面板内的图像，弹出其快捷菜单，单击"自动摇动和缩放"命令，即可给右击的图像应用摇动和缩放效果。同时，图9-2-5所示的"选项"面板内会自动选中"摇动和缩放"单选按钮。应用了摇动和缩放效果的图像之上的左上角会添加一个标记▣。

（2）选中"选项"面板内的"摇动和缩放"单选按钮，单击"自定义"按钮，弹出"摇动和缩放"对话框，如图9-2-9所示。该对话框中的各选项用来自定义摇动和缩放效果，下面简要介绍其中部分选项的作用和操作方法。

图9-2-9 "摇动和缩放"对话框

（3）拖动左边"原始图像"窗口中矩形虚线框（即选取框）四角的黄色正方形控制柄，可以调整矩形虚线框的大小，在右边的窗口内会显示矩形虚线框内的图像。

（4）在左边"原始图像"窗口中，红色十字标记▣代表图像素材中的开始关键帧，白色十字标记▣代表图像素材中的结束关键帧。拖动开始关键帧的红色十字标记▣，可以调整矩形虚线框的位置。拖动结束关键帧的白色十字标记到要作为结束点的位置，可以调整摇动和缩放效果。

（5）在"摇动和缩放"对话框内左下边"选项"选项卡内的停靠栏（由9个彩色正方形按钮组成）中，单击其内的按钮，即可将选取框移到"原始图像"窗口内的相应固定位置。"选项"选项卡如图9-2-10所示。

图9-2-10 "选项"选项卡和右边的选项

（6）在"缩放率"栏内拖动滑块或者改变数字框内的数字，都可以改变选取框的大小。

在"透明度"栏内拖动滑块或者改变数字框内的数字，都可以调整图像的透明度。

（7）选中"网格线"复选框，即可在"原始图像"窗口内显示网格线，调整"网线大小"栏的滑块，可以调整网格线间距的百分比大小。选中"靠近网线"复选框，可以在移动调整红色或白色十字标记时，自动定位到网格线的交叉点处。

选中"无摇动"复选框，则白色十字标记消失。此时不可以调整图像摇动。

（8）将鼠标指针移到其他按钮之上，会显示它的名称，了解它的作用。完成设置和调整后，单击"确定"按钮，可以将设置好的摇动和缩放效果应用于选中的图像。

要在放大或缩小固定区域时不摇动图像，请选择无摇动。要添加淡入/淡出效果，请增大透明度。图像将淡化到背景色。单击颜色框选择一种背景色，或者使用滴管工具在"图像窗口"上选择一种色彩。

9.2.2 视频编辑

1. 视频基本编辑

选中"故事"面板或"时间轴"面板内的视频素材，单击"媒体素材"面板内右下角的"选项"按钮，展开"选项"面板，切换到"视频"选项卡，如图9-2-11所示。在选中的视频内部不包含音频时，其中的"音频"栏 无效。

（1）"视频区间"栏内显示的是选中视频的播放时间 ，它由小时、分钟、秒和百分秒4部分组成，右边的两个按钮用来调整数值大小。选中一组数字后，该数字闪烁，表示可以通过单击按钮或键盘输入来修改数值。

（2）抓拍快照：单击"抓拍快照"按钮，即可将"预览"面板内视频当前画面拍照，并将拍照获得的画面保存到"媒体素材"面板内选中的当前文件夹中。

（3）反转视频：选中"反转视频"复选框，即可使选中的视频反转，从"预览"面板内中可以看到视频反转效果，即从后向前播放的效果。

2. 视频"速度/时间流逝"编辑

单击"速度/时间流逝"按钮，弹出"速度/时间流逝"对话框，如图9-2-12所示。

利用该对话框可以修改视频的播放速度，将视频设置为慢动作，可以强调动作，或设置快速的播放速度，为视频营造滑稽的气氛。还可以移除一些帧，产生时间流逝和频闪效果。调整视频素材的速度和时间流逝属性的方法简介如下。

图 9-2-11　"选项"面板的"视频"选项卡

图 9-2-12　"速度/时间流逝"对话框

（1）在"新素材区间"栏内可以设置视频素材的播放区间。如果想要保留素材的原始区间，则不要更改原始值。

（2）在"帧频率"数值框内设置在视频播放过程中每隔一定时间要移除的帧数量，其值越大，视频的时间流逝效果越明显。如果采用默认值 0，则会保留视频素材中的所有帧。

如果"帧频率"数字框内的数值大于 1 且素材区间不变，则会产生频闪效果。如果"帧频率"数字框内的值大于 1 且素材区间缩短，则会产生时间流逝效果。

（3）在"速度"数字框（值范围为 10% ~ 1000%）内输入一个值，或者根据参数选择（即慢、正常或快）拖动滑块，可调整视频播放速度。该数值越大，视频的播放速度越快。

（4）在"时间轴"面板之上，将鼠标指针移到一些素材的右边终点处，当鼠标指针呈黑色箭头状时，水平拖动可以修整素材的宽度，即播放的时间。按住【Shift】键，将鼠标指针移到一些素材（例如音频素材）的右边终点处，当鼠标指针呈白色箭头状时，水平拖动可以改变播放速度。如果素材的左边有空间，则将鼠标指针移到素材左边的起始处水平拖动，也可以改变播放的时间或速度。

（5）单击"预览"按钮，可查看设置效果。单击"确定"按钮完成设置，关闭对话框。

3. 视频的按场景分割

在"时间轴"面板上选择所捕获的 DV AVI 文件或 MPEG 文件，将"预览"面板内视频的起始标记和终止标记调整到它的原始默认状态。单击"按场景分割"按钮，弹出"场景"对话框，如图 9-2-13 所示。利用该对话框，可以检测视频文件中的不同场景，然后，自动将该文件分割成多个素材文件。检测场景的方式取决于视频文件的类型。在捕获的 DV AVI 文件中，场景的检测方法有以下两种。

图 9-2-13　"场景"对话框

（1）DV 录制时间扫描：根据拍摄日期和时间来检测场景，将它们分割成多个文件。

在"扫描方法"下拉列表框中可以选择"DV 录制时间扫描"或"帧内容"选项，单击"选项"按钮，弹出"场景扫描敏感度"对话框，在其内拖动滑块可以设置敏感度级别，此值越高，场景检测越精确。

单击"扫描"按钮，软件立即扫描整个视频文件并列出检测到的所有场景。选择要连接在一起的所有场景，然后单击"连接"按钮，可以将检测到的部分场景合并到单个素材中。加号（＋）和一个数字表示该特定素材所合并的场景的数目。单击"分割"按钮，可撤销已完成的所有"连接"操作。

（2）按照"帧内容"检测内容的变化，例如，画面变化、镜头转换、亮度变化等，然后将它们分割成不同的文件。在 MPEG－1 或 MPEG-2 文件中，只能根据内容的变化来检测场景（即按帧内容检测）。

4. 多重修整视频

单击图 9-2-11 所示"视频"选项卡内的"多重修整视频"按钮，弹出一个提示框，提示必须将素材的属性重置为默认设置。单击该提示框内的"确定"按钮，关闭该对话框，弹出"多重修整视频"对话框，如图 9-2-14 所示。

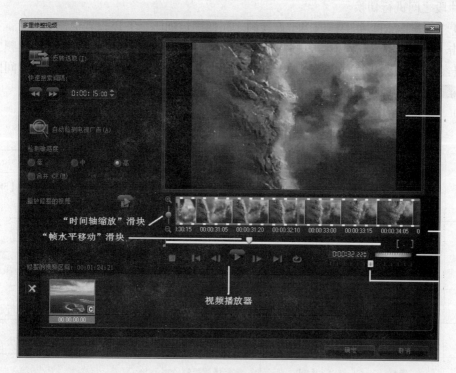

图 9-2-14　"多重修整视频"对话框

利用"多重修整视频"对话框可以实现按场景分割，是将一个视频分割成多个片段的另一种方法，它可以完全控制要提取的素材，易于只提取想要的场景。其内各选项的作用简介如下。

（1）单击"播放"按钮，查看整个素材，以确定在该对话框中标记视频片段的位置。

（2）拖动"时间轴缩放"滑块，可以选择要显示的帧数，可以选择显示每秒一帧的最小分割。拖动"帧水平移动"滑块（也叫播放头），直到到达要用作第一个片段的起始帧的视频部分。单击"设置开始标记"按钮 ，创建一个开始标记 。再次拖动"帧水平移动"滑块到要终止该视频片段的位置，单击"设置结束标记"按钮 。此时，会在下边栏内显示该视频片段的一幅幅缩略图，如图 9-2-15 所示。

重复执行步骤（1）和（2），直到标记出要保留的所有视频片段，如图 9-2-15 所示。

图 9-2-15　在"多重修整视频"对话框内下边栏中显示该视频片段的一幅幅缩略图

若要标记开始和结束的一个视频片段，还可以在播放视频时按【F3】和【F4】键。

单击"反转选取"按钮 或按【Alt + I】组合键，可以在标记保留素材片段和标记剔除素材片段之间进行切换。

（3）"快速搜索间隔"栏内用于设置帧之间的固定间隔，并以设置值浏览影片。

单击"向后搜索"按钮 或按【F6】键，可以固定时间间隔量向前浏览视频。单击"向前搜索"按钮 或按【F5】键，可以固定时间间隔量向后浏览视频。利用时间间隔设置 可以调整时间间隔量，默认情况下，时间间隔量是 15s。

（4）"多重修整视频"对话框中的视频播放器内各按钮的作用如表 9-2-1 所示。

表 9-2-1　视频播放器内各按钮的作用

按钮	名称	快捷键	作　用
▶	播放	【Space】	播放视频文件；按【Shift + Space】组合键或按住【Shift】键并单击该按钮，可以只播放所选片段
◀┃	起始	【Home】	移动到修整过的视频片段的起始帧
┃▶	结束	【End】	移动到修整过的视频片段的结束帧
◀┃	转到上一帧	【←】	移动到视频的上一帧
┃▶	转到下一帧	【→】	移动到视频的下一帧
↻	重复	【R】	重复播放视频
■	停止	【S】	暂停播放视频，单击"播放"按钮继续播放

（5）"播放修正的视频"按钮 ，只播放前面截取的几个视频片段。单击"确定"按钮，保留的视频片段即可插入到"时间轴"面板的"视频"轨道内。

（6）"自动检测"栏用来自动检测电视广告，可以设置检测的灵敏度。

（7）单击"删除"按钮 ，可以删除选中的视频片断。

（8）单击"确定"按钮，完成视频片断的设置，关闭该对话框，将加工的视频片断添加到"时间轴"面板内的"视频"轨道中。

9.2.3 音频编辑

1. 加工视频中的音频

选中"故事"面板或"时间轴"面板内的有音频成分的视频素材，展开"选项"面板，切换到"视频"选项卡，如图9-2-14所示，其中的"音频"栏 ◁ 100 ▲▼ ◀× ◣◢ ▥ 有效。其内各选项的作用如下。

（1）"素材音量"栏：在"素材音量"文本框内可以输入音频的音量大小数值（最大值为500，最小值为0）；单击"素材音量"按钮 ▲▼ 中的两个按钮，可以调整"素材音量"文本框内音量数值的大小；单击按钮 ▼ ，可以调出"音量调整"面板，如图9-2-16所示，拖动其内的滑块，可以调整音量的大小。

（2）"静音"按钮 ◀× ：单击该按钮，可将选中视频中的声音在静音和播音之间切换。

（3）"淡入"按钮 ◣◢ ：单击该按钮，可将选中视频中的声音在开始时逐渐变大。

（4）"淡出"按钮 ◣◢ ：单击该按钮，可将选中视频中的声音在结束时逐渐变小。

图9-2-16 "音量调整"面板

2. 分割音频

选中"时间轴"面板内的有音频成分的视频素材，展开"选项"面板，切换到"视频"选项卡，单击其内的"分割音频"按钮，即可将视频中的声音独立出来，放置到"声音"轨道，名称与视频素材的名称一样，如图9-2-17所示。

3. 音频滤镜

（1）选中"时间轴"面板内"音乐"或"声音"轨道内的音频素材，展开"选项"面板的"音乐和声音"选项卡，如图9-2-18所示。其中，第1行各选项的作用前面已经介绍过，单击"速度/时间流逝"按钮，弹出图9-2-12所示的"速度/时间流逝"对话框。

图9-2-17 "时间轴"面板   图9-2-18 "音乐和声音"面板

（2）单击"音频滤镜"按钮，弹出"音频滤镜"对话框，如图9-2-19所示。在其内左边"可用滤镜"列表框中选中一种滤镜，"添加"按钮会变为有效，单击该按钮，可将选中的滤镜移到右边的"已有滤镜"列表框中。在其内右边"已用滤镜"列表框中选中一种滤镜，"删除"按钮和"全部删除"按钮会变为有效，单击"删除"按钮，可将选中的滤镜删除；单击"全部删除"按钮，可以删除"已用滤镜"列表框中的所有滤镜。

（3）选中列表框中的滤镜选项，单击"选项"按钮，即可弹出相应的滤镜参数设置对话框，用来调整该滤镜参数。

图 9-2-19　"音频滤镜"对话框

例如，选中"已有滤镜"列表框中的"NewBlue 音频润色"滤镜选项，单击"选项"按钮，即可弹出"NewBlue 音频润色"对话框，如图 9-2-20 所示，用来调整该滤镜的一些参数。再例如，选中"可用滤镜"列表框中的"删除噪音"滤镜选项，单击"选项"按钮，即可弹出"删除噪音"对话框，如图 9-2-21 所示，用来调整该滤镜的噪声阀值参数。

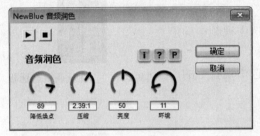

图 9-2-20　"NewBlue 干扰去除器"对话框

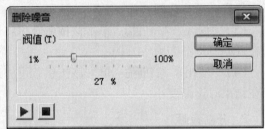

图 9-2-21　"删除噪音"对话框

9.3　视频制作的编辑

9.3.1　转场和标题编辑

1. 转场编辑

将素材库中的图像或视频素材拖动到"故事"面板或"时间轴"面板的"视频"轨道或"覆叠"轨道中，再将转场素材库内的一个转场图案拖动到两个素材之间，在它们之间会生成一个场景转换效果图案。在"预览"面板内播放整个项目，可以看到两个图像或视频素材画面在切换时的转场效果。

应用不同的转场，可以获得许多有趣的效果。转场效果可以应用于视频和图像、图像和图像、视频和视频素材之间。

选中"故事"面板或"时间轴"面板中的转场图案，展开"选项"面板，可以切换到"转场"选项卡。在该选项卡内会显示所选转场效果的属性，还可以修改这些属性参数，自定义转场效果样式，准确地控制效果在影片中的运行方式。选中不同的转场图案，"转场"选项卡的内容会不一样。

例如，选中的转场图案是"手风琴 – 三维"转场图案，则"转场"选项卡如图 9-3-1 所示；选中的转场图案是"横条 – 卷动"转场图案，则"转场"选项卡如图 9-3-2 所示。单击其内的"色彩"色块，可以弹出一个颜色面板，单击其内的一个色块，即可修改三维效果或卷动效果的背景色；单击"方向"栏内的按钮 ◀ 或其他按钮，可以改变手风琴动画的方向；单击"方向"栏内的按钮 ➡ 或其他按钮，可以改变画面卷动的方向。

图 9-3-1 "转场"选项卡 1

图 9-3-2 "转场"选项卡 2

2. 标题编辑

将"媒体素材"面板的标题素材库中的标题图案拖动到"时间轴"面板内"标题"轨道中，选中"标题"轨道内的标题图案，此时"预览"面板内还没有显示标题文字。

双击"标题"轨道内标题图案，或双击"预览"面板内，都可以在"预览"面板内显示出添加的标题文字，如图 9-3-3 所示。再双击标题文字，进入标题文字的输入和编辑状态，同时"选项"面板的"编辑"选项卡如图 9-3-4 所示。在"编辑"选项卡内，将鼠标指针移到各选项之上，会显示该选项的名称，各选项的作用简介如下。

图 9-3-3 "预览"面板

图 9-3-4 "选项"面板的"编辑"选项卡

（1）"区间" 0:00:03:00 ：用来设置标题文字的播放时间。

（2）按钮组 B I U 等 ：从左到右，分别是"加粗""斜体""下画线""居左""居中""居右"按钮。单击按钮，即可进行相应的设置。

（3）"将方向更改为垂直"按钮 T ：单击该按钮，将标题文字改为垂直方向。

（4）"字体"下拉列表框 La Bamba LET ▼ ：用来选择一种字体。

（5）"字体大小"下拉列表框 103 ▼ ：用来选择字体的大小。

（6）"色彩"按钮 ：单击该按钮，弹出颜色面板，用来设置文字的颜色。

（7）"行间距"下拉列表框 60 ▼ ：用来选择行间距的大小。

（8）"按角度旋转"数字框 0 ：用来设置标题的旋转角度。

（9）"多个标题"和"单个标题"单选按钮：默认选中"多个标题"单选按钮，可以输入多个标题文字；选中"单个标题"单选按钮，会弹出 Corel VideoStudio Pro 提示框，提示只可以输入一个标题文字和其他有关信息，如图 9-3-5 所示。单击"是"按钮，只选中"单个标题"单选按钮，"预览"窗口内只有一个标题文字。

（10）"文字背景"复选框：选中该复选框，单击其右边的"自定义文字背景的属性"按钮，弹出"文字背景"对话框，如图 9-3-6 所示。该对话框内一些选项的作用如下。

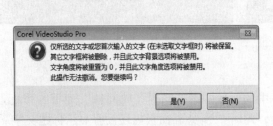

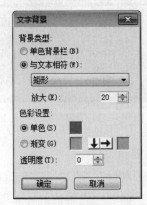

图 9-3-5　Corel VideoStudio Pro 提示框　　　图 9-3-6　"文字背景"对话框

① "背景类型"栏：其内可以选择一种类型，在下拉列表框中选择一种背景图形，如图 9-3-7 所示。在"放大"数字框中设置背景图形的大小。

图 9-3-7　"背景类型"列表框

按照图 9-3-6 所示进行设置后的标题文字和背景图形如图 9-3-8 所示。

② "色彩设置"栏：选中"单色"单选按钮后，单击色块，可以弹出颜色面板，利用该面板可以设置标题文字背景图形的颜色。选中"渐变"单选按钮后，依次单击两个色块，弹出颜色面板，用来设置标题文字背景图形的渐变颜色的起始颜色和终止颜色，再在"透明度"数字框内设置透明度数值，如图 9-3-9 所示，单击"确定"按钮。

图 9-3-8　标题文字和背景图形

图 9-3-9　渐变色设置

（11）"边框/阴影/透明度"按钮：单击该按钮，弹出"边框/阴影/透明度"对话框"边框"选项卡，如图 9-3-10 所示，利用该选项卡可以设置边框的颜色和大小，以及透明度等属性。切换到"阴影"选项卡，如图 9-3-11 所示，利用该选项卡可以设置文字的阴影。将鼠标指针移到"边框/阴影/透明度"对话框内各选项之上，可以显示该选项的名称和它的作用，提示用户进行操作。

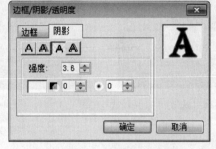

图 9-3-10 "边框"选项卡   图 9-3-11 "阴影"选项卡

（12）"打开字幕文件"按钮：单击该按钮，弹出"打开"对话框，如图 9-3-12 所示。在其内选择扩展名为 UTF 格式的字幕文件，还可以设置字体、大小、字体颜色、阴影颜色等，最后单击"打开"按钮，打开选中的字幕文件，添加到"预览"窗口和"标题"轨道内。

（13）"保存字幕文件"按钮：单击该按钮，弹出"另存为"对话框，如图 9-3-13 所示。用来保存当前的标题文字。

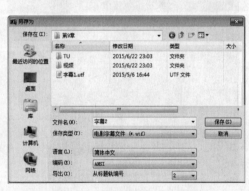

图 9-3-12 "打开"对话框   图 9-3-13 "另存为"对话框

（14）"选取标题样式预设值"下拉按钮：单击该下拉按钮，弹出"选取标题样式预设值"列表框，如图 9-3-14 所示。单击其内的图案，可给当前标题文字添加一种预设好的标题样式。

（15）"对齐"栏：如图 9-3-4 所示，单击该栏内的按钮，可以设置标题文字的位置和对齐方式。将鼠标指针移到按钮之上，可以显示按钮的名称，了解单击按钮后的作用。

（16）切换到"属性"选项卡，图 9-3-15 所示。选中"应用"复选框，下边的列表框变为有效，选中一种动画图案，即可将该动画添加到选中的标题文字。

（17）"显示网格线"复选框和"网格线选项"按钮：参看 9.2.1 中介绍的内容。

图 9-3-14　选取"标题样式
预设值"列表框

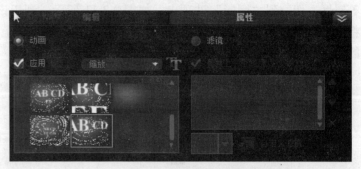

图 9-3-15　"选项"面板的"属性"选项卡

9.3.2　图形和滤镜编辑

1. 图形编辑

（1）"图形"素材库：单击"图形"按钮 ，弹出"图形"素材库，其内显示系统自带的图案，在"画廊"下拉列表框内选择"色彩"选项后的"图形"素材库如图 9-3-16 所示。在"画廊"下拉列表框内选择"对象"选项后的"图形"素材库如图 9-3-17 所示。

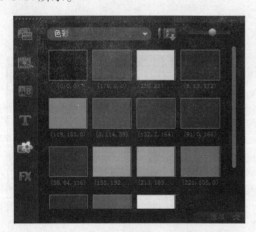

图 9-3-16　"色彩"选项的"图形"素材库

图 9-3-17　"对象"选项的"图形"素材库

在"画廊"下拉列表框内选择"边框"选项后的"图形"素材库如图 9-3-18 所示。在"画廊"下拉列表框内选择"Flash 动画"选项后的"图形"素材库如图 9-3-19 所示。

（2）"图形"素材库素材的"选项"面板：将"图形"素材库内的对象（例如 Flash 动画素材）图案拖动到"故事"或"时间轴"面板的"覆叠"轨道内。选中"覆叠"轨道内的对象图案，展开"选项"面板的"编辑"选项卡，如图 9-3-20 所示，切换到"属性"选项卡，如图 9-3-21 所示。

将"图形"素材库内的对象图案拖动到"故事"或"时间轴"面板的"视频"轨道内。如果选中"视频"轨道内的色彩图案，"选项"面板的"色彩"选项卡如图 9-3-22 所示。如果选中"视频"轨道内的对象或边框素材图案，则"选项"面板的两个选项卡和选中"视频"轨道内图像素材后的"选项"面板的两个选项卡一样；如果选中"视频"轨道内的 Flash 素材图案，则"选项"面板的两个选项卡和选中"视频"轨道内视频素材后的"选项"面板的两个选项卡一样。

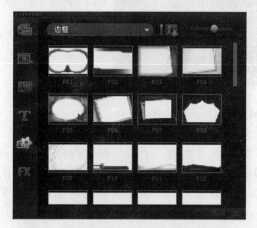

图 9-3-18　"边框"选项"图形"素材库

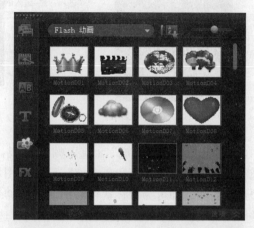

图 9-3-19　"Flash 对象"选项"图形"素材库

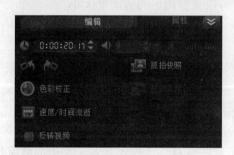

图 9-3-20　"编辑"选项卡

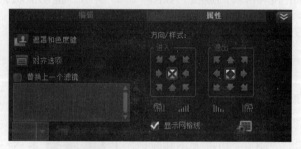

图 9-3-21　"属性"选项卡

（3）选项卡选项作用：上述"选项"面板各选项卡内主要选项的作用简介如下。

① "照片区间" ![0:00:02:00]：用来设置色彩图案的播放时间。

② "色彩选取器"按钮：单击该按钮，弹出颜色面板，用来设置色彩颜色。

图 9-3-22　"色彩"选项卡

③ "对齐选项"按钮：单击该按钮，弹出"对齐选项"菜单，如图 9-3-23 所示。利用其内的菜单命令，可以调整选中的素材对象的大小、位置、变形等参数。

④ "方向/样式"栏：其内各选项的作用如图 9-3-24 所示。

2. 遮罩帧

单击"遮罩帧和色度键"按钮，弹出"遮罩帧和色度键"面板，其内有一个"类型"下拉列表框，如果前面选择"覆叠"轨道内的色彩图案，则"类型"下拉列表框内只有"遮罩帧"选项；如果前面选择"覆叠"轨道内的边框、对象或 Flash 动画图案，则"类型"下拉列表框内有"遮罩帧"和"色度键"选项。

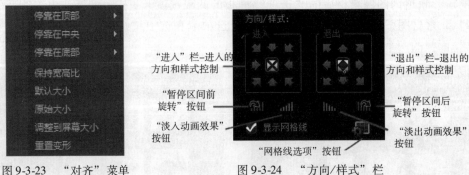

图 9-3-23　"对齐"菜单　　　　　图 9-3-24　"方向/样式"栏

（1）"遮罩帧和色度键"（遮罩帧）面板：如果在"类型"下拉列表框内选择了"遮罩帧"选项，则"遮罩帧和色度键"面板如图 9-3-25 所示，单击"遮罩图形"列表框内的一个形状图案，即可为覆叠素材添加遮罩或镂空罩形状图形，可以将这些形状图形调整为不透明或透明。"遮罩帧和色度键"面板内各选项的作用简介如下。

（2）"透明度"数字框　　　：用来设置图形的透明度。单击按钮　，可弹出一个有滑轨和滑块的面板，如图 9-3-26 所示。拖动滑块，可以调整图形的透明度大小。

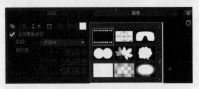　　　　　　　

图 9-3-25　"遮罩帧和色度键"面板　　　图 9-3-26　有滑轨和滑块的面板

（3）"边框大小和颜色"栏　　　：对于有些素材，该栏才有效。左边的数字框用来设置边框的大小，右边用来设置边框的颜色。

（4）添加遮罩项：单击"添加遮罩项"按钮　，弹出"浏览照片"对话框，如图 9-3-27 所示。选中 1 个或多个图像文件（可以使用任何图像文件），单击"打开"按钮，弹出 Corel VideoStudio Pro 提示框，提示将位图转换为 8 位位图。

单击"确定"按钮，即可将选中的图像文件作为遮罩导入"遮罩和色度键"面板"遮罩图形"列表框内的后边。可以使用 CorelDRAW 等软件来创建图像遮罩。

（5）删除遮罩项：选中"遮罩帧和色度键"面板"遮罩图形"列表框内添加的遮罩项，单击"删除遮罩项"按钮　，即可将选中的遮罩项删除。

3. 色度键

（1）在"覆叠"轨道内选中素材（例如框架图形），在"类型"下拉列表框内选择"色度键"选项的"遮罩帧和色度键"面板如图 9-3-28 所示，此时，"相似度"栏内的色块、滴管和 3 个数字框、"相似度"栏内所有选项变为有效。选择"色度键"选项可使素材中的某一特定颜色变透明并将"视频"轨道中的素材显示为背景。

（2）此时，"预览"窗口内的图像如图 9-3-29 所示，可以调整框架图像的大小。

（3）在"相似度"栏中，单击"滴管工具"按钮，单击右边框架图像内的一种颜色（例如椭圆形内框浅棕色），在"预览"窗口内可以立即看到图像的相应颜色变为透明色（即渲染为透明色），如图9-3-30所示。

图9-3-27 "浏览照片"对话框

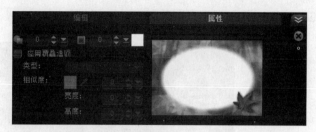

图9-3-28 "遮罩帧和色度键"面板

（4）单击"相似度"栏内的色块，弹出颜色面板，利用该面板也可以设置要透明的颜色。

（5）调整"相似度"栏内第1行"针对遮罩的色彩相似度"数字框的值，调整要渲染为透明的色彩范围。调整第2行"修剪覆叠素材的宽度"和第3行"修剪覆叠素材的高度"数字框的值，可以分别调整"覆叠"轨道内选中素材的宽度和高度。

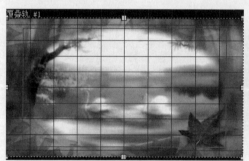

图9-3-29 未应用色度键的框架图形

图9-3-30 应用色度键的框架图形

（6）单击"关闭"按钮，关闭"遮罩帧和色度键"面板，返回"选项"面板。

4. 滤镜编辑

单击"滤镜"按钮，该按钮变为黄色，同时"滤镜"素材库内的滤镜如图9-3-31所示。将素材库内的滤镜图案拖动到"视频"或"覆叠"轨道内图像、视频、图形等素材之上，给该素材添加滤镜效果，在图像等素材对象的图案中左上角会显示一个图标。

选中"视频"或"覆叠"轨道内添加了滤镜效果的素材对象图案，展开"选项"面板，切换到"属性"选项卡，如图9-3-32左图所示；切换到"编辑"选项卡，如图9-3-32右图所示。可以看到，它与图9-3-20和图9-3-21所示的"选项"面板的"编辑"选项卡和"属性"选项卡相比较增加了一些选项。下面介绍这些新增选项的作用。

（1）单击"滤镜样式"按钮，弹出"滤镜样式"面板，如图9-3-33所示，其内列出滤镜类型的几种不同样式的图案，单击样式图案，可以更换滤镜样式。

（2）应用多个滤镜：默认情况下，素材所应用的滤镜总会由拖动添加到素材上的新滤镜替换原有的滤镜。取消选项中"替换上一个滤镜"复选框，可以对单个素材应用多个滤镜。"会声会影"软件最多可以向单个素材应用 5 个滤镜。如果一个素材应用了多个视频滤镜，单击"上移滤镜"按钮■和"下移滤镜"按钮▲，可改变滤镜的次序。改变视频滤镜的次序会对素材产生不同效果。单击"删除"按钮✕，可以删除选中的滤镜。

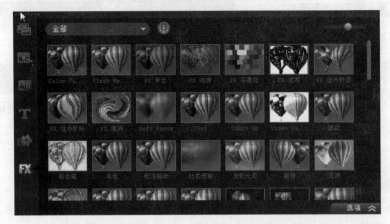

图 9-3-31 "滤镜"素材库

图 9-3-32 添加了滤镜效果的对象的"选项"面板

（3）单击"自定义滤镜"按钮■，弹出"FX 漩涡"对话框，拖动左边图像之上的圆形控制柄●和左下边的滑块，右边效果图像会随之变化，如图 9-3-34 所示。可以看到，该对话框内的左上边是原图，右上边是添加滤镜效果后的动画画面。在对项目进行渲染时，只有启用的滤镜才能包含到影片中。

"FX 漩涡"对话框内控制按钮和播放条如图 9-3-35 所示。在该对话框内的左下边有 5 行滑槽与滑块，以及数字框，用来调整图像滤镜的参数，在调整

图 9-3-33 "滤镜样式"面板

中可以同时在右上边观察到调整的效果。拖动滑块或直接修改数字框中的数据都可以改变相应的参数。对于使用不同的滤镜，它的参数选项会不一样。这里，"X"和"Y""强度""频率 X"和"频率 Y"数字框可以调整动画关键帧的属性参数。其他选项的作用简介如下。

① "添加关键帧"按钮➕：拖动播放头到非关键帧处，"添加关键帧"按钮■变为有效，单击该按钮，可在播放头处添加一个关键帧，可以为关键帧设置视频滤镜参数。当前

关键帧标记的颜色为红色。

图 9-3-34　"FX 漩涡"对话框

图 9-3-35　原始图和 FX 漩涡效果图的控制按钮

②"删除关键帧"按钮◆：单击该按钮，可以删除当前关键帧（当前关键帧标记为◢）。

③"翻转关键帧"按钮➔：单击该按钮，可以翻转时间轴中的关键帧的顺序，即以最后一个关键帧为开始关键帧，以第 1 个关键帧为结束关键帧。

④"转到下一个关键帧"按钮➡：将播放头移动到下一关键帧处。

⑤"转到上一个关键帧"按钮◀：将播放头移动到上一关键帧处。

⑥"淡入"按钮◀和"淡出"▶：单击两个按钮，可以分别确定滤镜上的"淡入"和"淡出"点。

⑦"将关键帧移到左边"按钮◀：单击该按钮，可以将当前关键帧左移一帧。

⑧"将关键帧移到右边"按钮▶：单击该按钮，可以将当前关键帧右移一帧。

⑨"转到起始帧"按钮◀：将播放头移到起始关键帧。

⑩"左移一帧"按钮◀▶：单击该按钮，可以将播放头左移一帧。

⑪"右移一帧"按钮▶：单击该按钮，可以将播放头右移一帧。

⑫"转到终止帧"按钮◀：单击该按钮，可以将播放头移到终止关键帧。

⑬"播放"按钮▶：在右上边显示框内显示添加滤镜后的动画效果，预览所做的更改。

⑭"播放速度"按钮：单击该按钮，弹出"播放速度"菜单，单击其内的一个选项，即可设置一种相应的播放速度。

⑮"启用设备"按钮：单击该按钮，可以选择显示设备。

⑯"更换设备"按钮：单击该按钮，弹出"预览回放选项"对话框，用来更换设备。

9.4 视频制作的分享

9.4.1 "分享"面板

使用项目文件创建影片的实际过程在"分享"步骤中执行。单击"步骤"栏内的"分享"标签，切换到"分享"步骤的"分享"面板，如图9-4-1所示。在"分享"步骤中，可以将创建的项目生成（也叫渲染）保存为视频文件（AVI和MPEG等格式）、音频文件（WAV和MP3等格式）和刻录成VCD、SVCD或DVD等（通过向导来完成）。

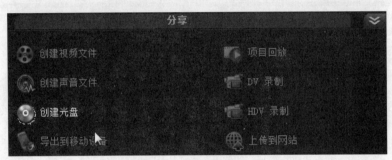

图 9-4-1　"分享"面板

"分享"面板中有8个按钮，它们的作用简介如表9-4-1所示。

表 9-4-1　"分享"面板中8个按钮的作用

图标	名称	作用
	创建视频文件	可以将项目保存为多种文件格式和视频设置的视频文件，还可以将项目输出为3D格式的视频文件
	项目回放	清空屏幕，并在黑色背景上显示整个项目或所选片段。如果有连接到系统的VGA-TV转换器、摄像机或录像机，则还可以输出到磁带，它还允许在录制时手动控制输出设备
	创建声音文件	将视频项目音频轨中的音频内容保存为单独的音频文件。如果将同一个声音应用到其他图像上，或要将捕获的现场表演的音频转换成声音文件，则此功能尤其有用
	DV 录制	允许使用DV摄像机将所选视频文件录制到DV磁带上
	创建光盘	启动光盘制作向导，以AVCHD、DVD或BDMV格式将项目刻录到各种光盘中
	HDV 录制	可以使用HDV摄像机将所选视频文件录制到DV磁带上
	导出到移动设备	创建可导出版本的视频文件，可以在iPhone、iPad、iPod Classic、iPod touch、Pocket PC、Nokia等手机、Windows Mobile-based Device设备和SD（安全数字）卡等外围设备上使用
	上传到网站	允许使用Vimeo、YouTube、Facebook和Flickr账户在线共享视频

其中一些重要内容进一步介绍如下。

9.4.2 创建各种视频和音频文件

1. 创建视频文件

（1）在将整个项目渲染为影片文件之前，务必将其保存为 VSP 格式的项目文件，这样随时可以返回项目并进行编辑。

（2）单击"分享"面板内的"创建视频文件"按钮 ，弹出"创建视频文件"菜单，其内给出要创建视频文件的多个命令，如图 9-4-2 所示。

（3）单击"创建视频文件"菜单中的一种视频输出格式，例如，WMV→WMV HD 720 25p 命令，弹出"创建视频文件"对话框，如图 9-4-3 所示。"保存类型"下拉列表框内的选项是依据选择的视频输出格式自动确定的。"名称"栏和"属性"列表框内分别显示要保存的视频的名称和属性。

图 9-4-2 "创建视频文件"菜单

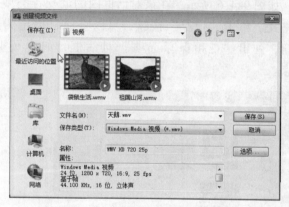

图 9-4-3 "创建视频文件"对话框

选择保存视频文件的文件夹，在"文件名"文本框内输入文件名称，单击"选项"按钮，弹出 Corel VideoStudio Pro 对话框，如图 9-4-4 所示。利用该对话框可以设置一些视频创建和渲染特点的设置，设置完成后单击"确定"按钮，关闭该对话框。

单击"创建视频文件"对话框内的"保存"按钮，弹出"渲染"面板，开始进行视频渲染（即将项目内容转换为相应格式的视频文件），其中的一幅画面如图 9-4-5 所示。在渲染过程中，单击按钮 ，可以在

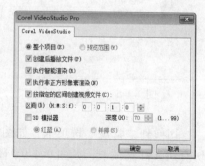

图 9-4-4 Corel VideoStudio Pro 对话框

"预览"面板内预览和停止预览渲染效果之间切换；单击按钮 和 ，可以在暂停渲染和继续渲染之间切换；按【ESc】键，可以终止渲染。

图 9-4-5 "渲染"面板

（4）单击"创建视频文件"菜单中的"与第一个视频素材相同"命令，弹出"创建视频文件"对话框，利用该对话框可以使用视频轨上的第一个视频素材的设置来将当前项目保存为一个指定的视频文件。

（5）单击"创建视频文件"菜单中的"与项目设置相同"命令，弹出"创建视频文件"对话框，利用它可以使用当前项目的设置将项目输出为视频文件。单击"设置"→"项目属性"命令，弹出"项目属性"对话框，可利用该对话框来访问当前项目的设置。

（6）单击"创建视频文件"菜单中的"MPEG 优化器"命令，弹出"MPEG 优化器"对话框，利用该对话框可以查看视频和音频设置，可以设置转换文件的大小，单击"接受"按钮，关闭该对话框，弹出"创建视频文件"对话框，利用该对话框可以优化 MPEG 影片的渲染，将项目输出为视频文件。

（7）单击"创建视频文件"菜单中的"自定义"命令，弹出"创建视频文件"对话框，如图 9-4-6 所示，在该对话框内的"保存类型"下拉列表框中可以选择一种视频文件格式，单击"保存"按钮，可以将项目输出为选定格式的视频文件。单击"选项"按钮，弹出"视频保存选项"对话框，如图 9-4-7 所示，用来设置视频创建和渲染特点。

图 9-4-6 "创建视频文件"对话框

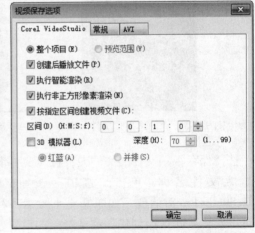

图 9-4-7 "视频保存选项"对话框

切换到"常规"选项卡，如图 9-4-8 所示，用来设置帧速率、帧类型和帧大小等属性。切换到 AVI 选项卡，如图 9-4-9 所示，用来设置 AVI 格式视频的数据类型、音频格式和属性等参数。

2. 创建音频文件

单击"分享"面板内的"创建声音文件"按钮 ，弹出"创建声音文件"对话框，如图 9-4-10 所示。它可以选择的音频文件格式如图 9-4-11 所示。利用该对话框可以将项目的音频部分保存为指定格式的声音文件，也可以创建 WAV 或 WMA 等格式的音频文件。

图 9-4-8 "常规"选项卡   图 9-4-9 AVI 选项卡

图 9-4-10 "创建声音文件"对话框   图 9-4-11 "保存类型"下拉列表

3. 创建 3D 视频文件

会声会影 X5 可以创建 3D 影片或将普通的 2D 视频转化为 3D 视频文件,使用此功能并结合兼容的 3D 工具,只需几个简单的步骤即可在屏幕上观看 3D 视频。

(1) 单击"创建视频文件"菜单中的 3D 命令,调出 3D 菜单,如图 9-4-12 所示。单击其内命令下的一个子命令,弹出 Corel VideoStudio Pro 提示框,如图 9-4-13 所示。此命令只有在使用标记的 3D 媒体素材且未应用 2D 滤镜或效果时才可以使用。

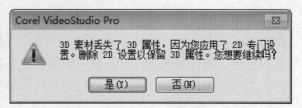

图 9-4-12 3D 菜单   图 9-4-13 Corel VideoStudio Pro 提示框

(2) 单击"是"按钮,关闭该提示框,弹出"创建视频文件"对话框,如图 9-4-14 所示。单击"选项"按钮,弹出 Corel VideoStudio Pro 对话框,如图 9-4-15 所示。

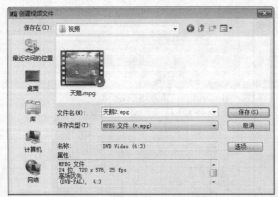
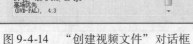

图 9-4-14 "创建视频文件"对话框　　　　图 9-4-15　Corel VideoStudio Pro 对话框

根据 3D 项目中所使用的媒体素材的属性，启用以下一个选项：

①"3D 模拟器"复选框：在"时间轴"面板内有可模拟为 3D 的 2D 媒体素材时，该复选框才有效。

②"深度"数字框：在该数字框内输入一个数值，用来调整 3D 视频文件的深度。

③"红蓝"单选钮：选中该单选按钮，设置"红蓝"3D 视频模式，观看 3D 视频时需要红色和蓝色立体 3D 眼镜，无须专门的显示器。

④"并排"单选按钮：选中该单选按钮，设置"并排"3D 视频模式，观看 3D 视频需要偏振光 3D 眼镜和可兼容的偏振光显示器。

观看 3D 视频需要一个可以支持 3D 视频播放的软件。

（3）"名称"栏和"属性"列表框内分别显示要保存的视频的名称和属性。选择要保存 3D 视频文件的文件夹，在"文件名"文本框内输入文件名称，单击"保存"按钮，即可将项目以选定的文件类型和输入的文件名保存。

9.4.3　创建光盘和导出到移动设备

1. 创建光盘

（1）单击"分享"面板内的"创建光盘"按钮，弹出"创建光盘"菜单，单击选中其内的一个命令，即可设置光盘类型，例如选中 DVD，表示刻录的光盘为 DVD 光盘。

（2）在单击 DVD 后，弹出一个 Corel VideoStudio Pro 对话框的"1 添加媒体"选项卡，如图 9-4-16 所示。其内左边有"添加媒体""编辑媒体"和"高级编辑"栏，下边列表框内是各段视频图案，右边是视频播放器和编辑器。下边列表框和右边的视频播放器和编辑器与"多重修整视频"对话框内相应部分完全一样。该选项卡内各选项的作用简介如下。

2. 光盘添加媒体

将鼠标指针移到"添加媒体"栏内的图案按钮之上，在"添加媒体"文字的右边会显示该按钮的名称，提供相应的帮助，同时还会独立显示图案按钮的名称。

图 9-4-16 Corel VideoStudio Pro 对话框

（1）单击左起第 1 个"添加视频文件"按钮，弹出"打开视频文件"对话框，如图 9-4-17所示。利用该对话框选择一个或多个视频文件，单击"打开"按钮，关闭该对话框，在 Corel VideoStudio Pro 对话框内下边列表框中显示该视频图案，即添加了该视频素材。

（2）单击左起第 2 个"添加 VideoStudio 项目文件"按钮，弹出"打开"对话框，如图 9-4-18所示。利用该对话框选择一个或多个项目文件，单击"打开"按钮，在 Corel VideoStudio Pro 对话框内下边列表框中显示该项目图案，表示添加了该项目素材。

图 9-4-17 "打开视频文件"对话框

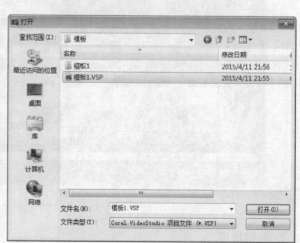

图 9-4-18 "打开"对话框

（3）单击左起第 3 个"数字媒体"按钮，弹出"从数字媒体导入"对话框，如图 9-4-19 所示，可以导入 1 个或多个视频素材到 Corel VideoStudio Pro 对话框内下边列表框中，表示添加了这些视频素材。

（4）单击左起第 4 个"数字媒体"按钮，会弹出"从硬盘/外部设备导入媒体文件"对话框，如图 9-4-20 所示。利用它可以从硬盘/外部设备导入 1 个或多个视频素材到 Corel VideoStudio Pro 对话框内下边列表框中，表示添加了这些素材。

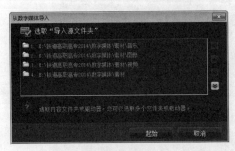
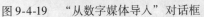

图 9-4-19　"从数字媒体导入"对话框　　　图 9-4-20　"从硬盘/外部设备导入媒体文件"对话框

通过上述方法，导入多个视频素材和项目素材后，Corel VideoStudio Pro 对话框如图 9-4-21 所示，下边列表框中显示出导入素材的首帧画面。

图 9-4-21　Corel VideoStudio Pro 对话框

3. 编辑媒体

选中下边列表框中一个素材图案，例如左边第 1 个视频素材画面。

（1）单击"编辑媒体"栏内的"添加/编辑章节"按钮，切换到"添加编辑章节"对话框。其下边列表框中显示要添加章节的素材，如图 9-4-22 左图所示。

（2）对于一些视频素材，拖动播放头到要添加章节号的位置，"添加章节"按钮会变为有效，单击该按钮，即可在播放头处添加章节号。

（3）将鼠标指针移到"自动添加章节"按钮，会显示相应的帮助信息，如图 9-4-22 中图所示。对于一些视频素材，单击"自动添加章节"按钮，会根据视频中场景的变化自动添加章节号。

（4）单击"当前选取的素材"下拉列表框，展开它的列表，如图 9-4-22 右图所示，可以选择其他导入的素材，再给其他素材自动添加章节号。

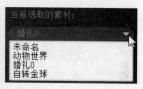

图 9-4-22　"添加编辑章节"对话框的几个选项

（5）自动添加章节号后的"添加/编辑章节"对话框如图 9-4-23 所示。可以看到"自转金球.avi"视频素材的总章节号为 4，划分情况在右边的播放器内可以看到，左边还增加了"删除章节"和"删除所有章节"2 个按钮。将播放头移到红色竖线标记处，"删除章节"按钮会变为有效，单击"删除章节"按钮，可以删除视频素材内选中的章节片段；单击"删除所有章节"按钮，可以删除视频素材内所有章节片段。

图 9-4-23　"添加/编辑章节"对话框

（6）单击"确定"按钮，关闭"添加/编辑章节"对话框，完成项目中所有素材的章节添加和编辑工作，返回图 9-4-21 所示的 Corel VideoStudio Pro 对话框。

4. 媒体高级编辑

"高级编辑"栏内有 3 个按钮和 2 个复选框：其中"编辑字幕"按钮的作用在后面介绍。其他 2 个按钮和 2 个复选框的作用简介如下。

（1）"多重修整视频"按钮：即是按场景分割。单击该按钮弹出"多重修整视频"对话框，它和图 9-2-14 所示基本一样。

（2）"创建菜单"复选框：选中该复选框后，刻录出的 DVD 有菜单，单击菜单命令，可以控制浏览相应的视频。

（3）"将第一个素材用作引导视频"复选框：选中该复选框后，刻录出的 DVD 将第一个素材用作引导视频。

（4）"导出所选素材"按钮：选中下边列表框中一个素材图案，例如最左边的"球球1.avi"视频素材画面。单击"导出所选素材"按钮，弹出"保存视频文件"对话框，如图 9-4-24 所示，利用该对话框可以将选中的素材保存在选定的文件夹中。

5. 编辑字幕

创建和编辑字幕的方法简述如下。

（1）打开图 8-1-1 所示的"Corel VideoStudio Pro"对话框，播放选中的视频素材，记录下各章节视频（一段视频）的起始时间和终止时间。

（2）单击"高级编辑"栏内的"编辑字幕"按钮，弹出"编辑字幕"对话框，如图 9-4-25 所示。如果已有字幕，要重新修改字幕，可单击"导入字幕文件"栏内的"删除"按钮。

图 9-4-24　"保存视频文件"对话框

图 9-4-25　"编辑字幕"对话框

（3）启动 Windows 的"记事本"程序，其内输入如下内容。然后以名称"字幕1.utf"（UTF 和 SRT 格式文件都是字幕文件）保存在指定的文件夹内。

1

00：00：00, 000 - - > 00：00：02, 000

球球骑自行车

2

00：00：02, 000 - - > 00：00：04, 000

球球照片 1

3

00：00：04，000 －－＞ 00：00：08，000

红色汽车出库

上边第1行数字表示字幕序号，第2行"00：00：00，000 －－＞ 00：00：02，000"表示起始时间到终止时间，第3行文字是字母文字。

（4）在"编辑字幕"对话框内，单击"导入字幕文件"栏内第1行按钮 ，弹出"打开"对话框，利用该对话框选择扩展名为 UTF 或 SRT 格式的字幕文件，单击"打开"按钮，即可将选中的字幕文件标识的字幕文字在一定的时间段添加到视频画面中。

（5）在"导入字幕文件"栏内，在第2行"代码页"下拉列表框中选择一种用于代码页的字体，在"偏移时间"栏中调整字幕文字的出现时间；在"文字格式"栏内，设置字母文字字体、大小和风格；在"文字颜色"栏内，设置文字外观、背景和边框颜色。

（6）单击"确定"按钮，关闭"编辑字幕"对话框，返回 Corel VideoStudio Pro 对话框，播放选中的视频素材，观察添加的字幕情况。

6. 创建光盘菜单和预览

（1）添加和编辑媒体素材后，Corel VideoStudio Pro 对话框的"1 添加媒体"选项卡如图 9-4-26 所示。单击"下一步"按钮，切换到"2 菜单和预览"选项卡，如图 9-4-26 所示。该选项卡内左边有两个选项卡，默认切换到"画廊"选项卡。

图 9-4-26 Corel VideoStudio Pro 对话框

（2）该选项卡内右边是视频菜单编辑窗口，它的下边是控制按钮栏等。在"画廊"选项卡内下拉列表框中可以选择一个菜单模板类型，单击其下边列表框中的图案，即可应用相应的菜单模板，右边视频菜单编辑窗口内的菜单也会随之改变。

（3）在"当前显示的菜单"下拉列表框中选择一个菜单选项，上边即可显示该菜单的背景图像和主题与各级菜单文字。选中文字，可以拖动控制柄调整文字大小；将鼠标指针移到文字中心，当鼠标指针呈 2 个双箭头状时拖动文字，即可调整文字的位置；双击文字，进入文字的编辑状态，可以进行文字内容的修改。

（4）单击控制按钮栏内的"添加注解菜单"按钮，即可切换到注解菜单编辑状态，如图 9-4-27 所示，在上边的视频菜单编辑窗口内可以设计和编辑注解菜单。

（5）单击控制按钮栏内的"删除注解菜单"按钮，即可删除注解菜单。单击控制按钮栏内的"添加修饰"按钮，弹出"打开"对话框，如图 9-4-28 所示。

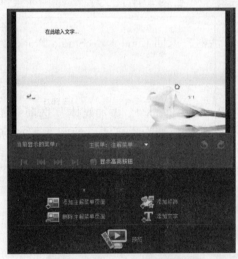
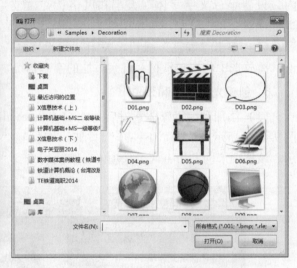

图 9-4-27　注解菜单编辑状态　　　　　　　图 9-4-28　"打开"对话框

利用该对话框可以给菜单界面添加系统自带的一些图案，也可以添加其他外部图案。单击"添加文字"按钮，可以在菜单界面之上添加新的文字。

（6）切换到"编辑"选项卡，如图 9-4-29 所示。利用该选项卡内的各选项，可进行菜单的各种属性编辑。

（7）单击"预览"按钮，即可切换到"预览"窗口，如图 9-4-30 所示。此时，可以模拟播放光盘的效果，包括用遥控器控制的效果等。

（8）单击"后退"按钮，返回图 9-4-26 所示的对话框，单击"下一步"按钮，切换到 Corel VideoStudio Pro 对话框"输出"选项卡，利用该选项卡可以完成光盘刻录机等的设置，进行光盘的最后刻录工作。

7. 导出到移动设备

（1）单击"导出到移动设备"按钮，弹出"导出到移动设备"菜单，如图 9-4-31 所示。单击其内一个选项，即可保存为这种设备可以播放的文件。例如，单击"导出到移动设备"菜单内的 iPod MPEG-4（320×240）命令，弹出"将媒体文件保存至硬盘/外部设备"对话框,如图9-4-32所示。

图9-4-29 "编辑"选项卡

图9-4-30 "预览"窗口

图9-4-31 "导出到移动设备"菜单

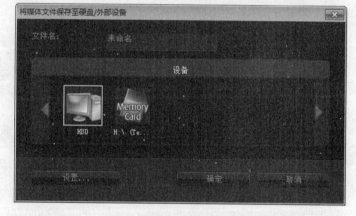

图9-4-32 "将媒体文件保存至硬盘/外部设备"对话框

(2)在"设备"栏内选中硬盘(HDD)或其他外部设备,在"文件名"文本框内输入文件的名字。

(3)单击"设备"按钮,弹出"设备"对话框,如图9-4-33所示。单击该对话框内的"浏览"按钮，弹出"浏览计算机"对话框,选中导出的视频文件保存的文件夹,如图9-4-34所示。单击"确定"按钮,关闭该对话框,返回"设置"对话框。

(4)单击"确定"按钮,关闭"设置"对话框。单击"将媒体文件保存至硬盘/外部设备"对话框内的"确定"按钮,即可导出指定设备类型的视频文件到指定的外部设备。

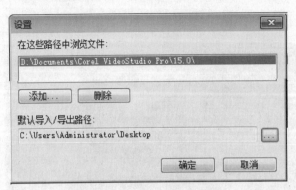

图 9-4-33　"设置"对话框　　　　　图 9-4-34　"浏览计算机"对话框

9.5　视频制作实例

实例 1　夜景转美景

"夜景转美景"视频播放后，显示一幅较亮的"夜景"图像，接着该图像由亮逐渐变暗，同时一幅"月亮"图像从左向右移动，其中的两幅画面如图 9-5-1 左边两幅图所示。接着一幅风景图像从左向右以卷轴水平展开方式逐渐展示，其中的一幅画面如图 9-5-1 右图所示。

图 9-5-1　以卷轴水平展开方式展开的 3 幅画面

完全展开后的风景图像如图 9-5-2 所示。接着，该风景图像从中间向两边以开门方式逐渐打开，将另一幅风景图像展示出来，其中的 2 幅画面如图 9-5-3 所示。

图 9-5-2　完全展开的风景图像　　　　图 9-5-3　以开门方式逐渐展开的 2 幅画面

1. 制作图像由亮变暗

（1）启动"会声会影"软件，新建一个项目，将项目名称以"实例 1 夜景转美景 . VSP"

保存在"第9章"文件夹内。单击"步骤"栏内的"编辑"按钮,切换到编辑状态。

(2)单击"媒体"按钮█,选中"图像"文件夹。单击"文件"→"将媒体文件插入到素材库"→"插入照片"命令,弹出"浏览照片"对话框,利用该对话框将"第9章"文件夹内"图像"文件夹中的3幅图像文件导入到素材库的"图像"文件夹中。

(3)将素材库内"图像"文件夹中的"夜景3.jpg""风景2.jpg"和"风景3.jpg"图像拖动到"时间轴"面板"视频"轨道中。将"音频"文件夹中的"音乐.wav"音频文件拖动到"时间轴"面板的"音乐"轨道中。然后,调整各图案的位置和水平宽度,如图9-5-4所示(还没有添加场景切换)。

图9-5-4 "时间轴"面板

(4)单击"滤镜"按钮█,素材库内显示系统自带的滤镜效果图案,在"画廊"下拉列表框中选中"全部"选项,滤镜素材库如图9-5-5所示。将素材库中的"亮度和对比度"滤镜图案拖动到"时间轴"面板"视频"轨道中的"夜景3.jpg"图像图案之上。此时"夜景3.jpg"图像图案上左上角显示一个滤镜图标█,表示该视频素材添加了滤镜。

(5)选中"夜景3jpg"图像图案,单击"选项"按钮,切换到"夜景3jpg"图像的"亮度和对比度"滤镜的"选项"面板;单击"属性"标签,切换到"属性"选项卡,如图9-5-6所示。此时,"选项"面板中的"已用滤镜"列表框内会显示出"亮度和对比度"选项,表示该图像添加了该滤镜。一个图像或视频文件可以添加多个滤镜。

单击"预设值"下拉按钮█,弹出"预设值"显示框,其内会显示几种"亮度和对比度"的预设图案,单击其中的一个图案,即可给视频添加相应的亮度和对比度。

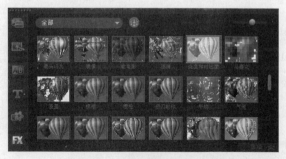

图9-5-5 滤镜素材库

图9-5-6 滤镜"选项"面板的"属性"选项卡

(6)单击"自定义滤镜"按钮█,弹出"亮度和对比度"对话框,如图9-5-7所示。单击第一个关键帧的菱形小图标(选中的菱形小图标会变为红色),该对话框内左下边的"参数调整"栏如图9-5-8所示。在"通道"下拉列表框(见图9-5-9)内选择"主要"选项,拖动"亮度"栏的滑块,使亮度值调整为50,使图像稍微偏亮一些。单击最后一个终止关键帧的菱形小图标，调整它的亮度值为 0。

图 9-5-7 "亮度和对比度"对话框

（7）将播放头 🔽 移到时间轴的其他位置，单击"添加关键帧"按钮 ➕，在播放头 🔽 指示的位置可以添加一个关键帧并选中该关键帧，接着也可以调整此关键点图像的亮度，此处没有新增关键帧。单击"确定"按钮，完成亮度变化动画的设置，退出该对话框。

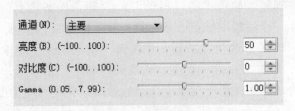

图 9-5-8 "参数调整"栏

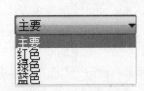

图 9-5-9 "通道"下拉列表框

（8）选中第一幅风景图像图案，切换到该图像的"亮度和对比度"滤镜的"选项"面板的"属性"选项卡。单击"自定义滤镜"按钮 ，弹出"亮度和对比度"对话框，如图 9-5-7 所示。按照上述方法设置第一个关键帧的亮度值为 – 80，终止关键帧的亮度值为 20。单击"确定"按钮，完成亮度变化动画的设置，退出该对话框。

（9）切换到"选项"面板"照片"选项卡，如图 9-5-10 所示。选中"重新采样选项"单选按钮，在"重新采样选项"下拉列表框中选中"调到项目大小"选项。可以看到"预览"窗口内的图像也随之发生了变化，图像大小与项目大小一致。

图 9-5-10 "选项"面板的"照片"选项卡

按照相同的方法，调整"时间轴"面板"视频"轨道内其他两幅图像的大小与项目大小一致。

2. 制作移动的月亮视频

（1）将素材库内"图像"文件夹中的"月亮.jpg"图像图案拖动到"时间轴"面板"覆叠"轨道中。选中"覆叠"轨道中的"月亮.jpg"图像图案，调整它的位置和宽度。

（2）单击"选项"按钮，切换到"选项"面板的"属性"选项卡，此时的"预览"窗口和"选项"面板的"属性"选项卡如图 9-5-11 所示。调整"预览"窗口内"月亮.jpg"图像的大小和位置，如图 9-5-11 所示。

图 9-5-11　"预览"窗口和"选项"面板的"属性"选项卡

（3）单击"方向/样式"栏内"进入"栏中的按钮▶和"退出"栏内的按钮▶。调整"预览"窗口内的起始修整标记滑块◢和结束修整标记滑块◣重合，并位于滑轨上偏左的位置，如图 9-5-11 所示。保证月亮图像缓慢从左边移入画面，缓慢向右移动，最后移出画面的动画效果。

（4）选中"覆叠"轨道中的"月亮.jpg"图像图案，单击"选项"面板"属性"选项卡内的"遮罩和色度键"按钮，弹出"遮罩帧和色度键"面板，在"类型"下拉列表框内只有"色度键"选项。

（5）在"相似度"栏中，单击"滴管工具"按钮◢，单击右边月亮图像四周的黑色，调整"相似度"栏内第 1 行"针对遮罩的色彩相似度"数字框的值，使月亮四周的黑色完全透明。在"预览"窗口内可看到月亮图像的四周颜色变为透明。

3. 制作图像转场切换视频

（1）单击素材库左边的"转场"按钮AB，将素材库切换到转场效果的素材库，在"画廊"下拉列表框中选择"卷动"选项，选中"单向"图案，如图 9-5-12 所示。

（2）将素材库内的"单向－卷动"转场图案拖动到"时间轴"面板"视频"轨道内"夜景3.jpg"和"风景2.jpg"图像图案之间，如图 9-5-4 所示。

（3）选中"时间轴"面板"视频"轨道内的"单向－卷动"转场图案，单击"选项"按钮，切换到"单向－卷动"转场的"选项"面板，调整推动转场的变化方向，以及转场所用时间（即时间区间）为 5s，如图 9-5-13 所示。

图 9-5-12 "单向 – 卷动"转场的"媒体素材"面板

（4）选中"时间轴"面板的"音乐"轨道中导入的"清晨的声音 . wav"音频图案，在"预览"面板内播放选中的音频文件。根据播放情况，在"预览"面板内拖动滑块▮和▮，调整剪裁一段音乐，如图 9-5-14 所示。在"时间轴"面板内，将鼠标指针移到音频图案的右边，当出现一个黑色大箭头▮时水平拖动，使该音频图案右边缘与"视频"轨道中右边图像图案的右边缘对齐。

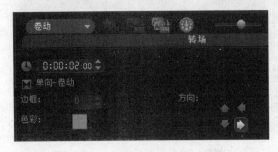

图 9-5-13 "棋盘"转场的"选项"
面板的"转场"选项卡

图 9-5-14 剪裁一段音乐

（5）打开音频的"选项"面板，单击"淡入"按钮▮和"淡出"按钮▮。

（6）单击素材库左边的"转场"按钮▮，将素材库切换到转场效果的素材库，在"画廊"下拉列表框中选择 3D 选项，选中"对开门"图案，如图 9-5-15 所示。

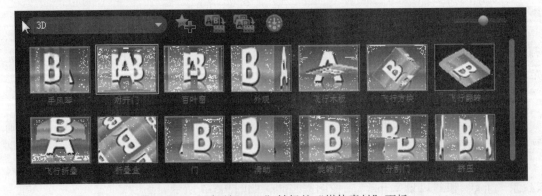

图 9-5-15 "对开门 – 3D"转场的"媒体素材"面板

将素材库内的"对开门 – 3D"转场图案拖动到"时间轴"面板"视频"轨道内"风景 3. jpg"和"风景 7. jpg"图像图案之间，如图 9-5-4 所示。

（7）选中"时间轴"面板"视频"轨道内的"对开门–三维"转场图案，单击"选项"按钮，切换到"对开门–三维"转场的"选项"面板，调整对开门伸展转场的变化方向，以及转场所用时间（即时间区间）为 4 s。

（8）单击"步骤"栏内的"分享"按钮，切换到"分享"状态，单击"创建视频文件"按钮，弹出它的菜单，单击其内的"自定义"命令，弹出"创建视频文件"对话框，利用它将当前项目文件以名称"实例 1　夜景转美景 . avi"保存在"第 9 章"文件夹中。

实例 2　魔幻夜和美妙景

"魔幻夜和美妙景"视频播放后，首先播放第 1 段视频，在一幅黑夜风景（风景 21）画面中，有移动和大小变化的圆形灯光，以及闪耀的闪电，构成"魔幻黑夜"的视频画面。在播放这段视频画面的同时，"魔幻黑夜"棕色立体文字逐个由小变大地依次在屏幕中间显示出来。其中的 2 幅画面如图 9-5-16 所示。

图 9-5-16　"魔幻夜和美妙景"视频播放后的 2 幅画面

接着播放第 2 段视频，在"风景 22"画面中，由许多从下向上移动的透明气泡组成一个人间仙境的画面。播放一会后"风景 23"画面从下向上移入"风景 22"画面中间，画面中呈现很多飘逸浮云。当"风景 23"画面完全将"风景 22"画面遮挡后，"美妙风景"立体文字也采用相同的方法显示出来。第 2 段视频播放后的 3 幅画面如图 9-5-17 所示。

图 9-5-17　"魔幻夜和美妙景"视频播放后的 3 幅画面

1. 制作"魔幻黑夜"视频

（1）启动"会声会影"软件，新建一个项目，将当前项目以名称"实例 2 魔幻夜和美妙景 . VSP"保存在"第 9 章"文件夹内。单击"步骤"栏内的"编辑"按钮，单击"媒体"按钮■，选中"图像"文件夹。

（2）单击"步骤"栏内的"编辑"按钮，单击"媒体"按钮■，选中"图像"文件夹。单击"文件"→"将媒体文件插入到素材库"→"插入照片"命令，弹出"浏览照片"对话框,利用该对话框将"第9章"文件夹内"图像"文件夹中的"风景21.jpg""风景22.jpg"和"风景23.jpg"图像文件导入到素材库的"图像"文件夹中。

(3)将素材库内"图像"文件夹中的"风景21.jpg"和"风景22.jpg"图像图案拖动到"时间轴"面板"视频"轨道中;将素材库内"图像"文件夹中的"风景23.jpg"图像图案拖动到"时间轴"面板"覆叠"轨道中。然后,调整各图案的水平宽度,如图9-5-18所示(还没有添加标题文字)。

(4)单击"滤镜"按钮 ,素材库内显示系统自带的滤镜效果动画,在"画廊"下拉列表框中选中"全部"选项。将素材库中的"闪电""星形"和"亮度和对比度"滤镜图案拖动到"时间轴"面板"视频"轨道中的"风景21.jpg"图像图案之上。

图9-5-18 "时间轴"面板

(5)选中"风景21.jpg"图像图案,单击"选项"按钮,切换到滤镜的"选项"面板的"属性"选项卡,如图9-5-19所示。此时,"选项"面板的"已用滤镜"列表框中会显示出"闪电""星形"和"亮度和对比度"滤镜,表示该视频中添加了这3个滤镜。

(6)在"已用滤镜"列表框中选中"闪电"选项,单击"预设值" ,弹出"预设值"显示框,如图9-5-20所示。"预设值"显示框内显示几种"闪电"的预设图案,单击其中的第2个图案,即可给视频添加相应的预设的闪电滤镜。

图9-5-19 滤镜"选项"面板的"属性"选项卡

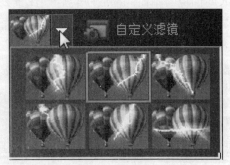

图9-5-20 "预设值"显示框

(7)切换到"选项"面板的"照片"选项卡,如图9-5-21所示。选中"重新采样选项"单选按钮,在"重新采样选项"下拉列表框中选中"调到项目大小"选项。

(8)单击"自定义滤镜"按钮 ,弹出"闪电"对话框,它和图9-5-7所示的"亮度和对比度"对话框基本一样。单击关键帧(菱形小图标),再在该对话框内左下边的"基本"和"高级"选项卡内进行属性的设置。然后,单击"确定"按钮,完成亮度变化动画的设置,退出该对话框。

（9）在"已用滤镜"列表框中依次分别选中"星形"和"亮度和对比度"滤镜选项，按照上述方法，分别进行"星形"和"亮度和对比度"滤镜的属性设置。分别切换到"选项"面板的"照片"选项卡，选中"重新采样选项"单选按钮，在"重新采样选项"下拉列表框中选中"保持宽高比"选项。

（10）双击"标题"轨道内的标题图案，在"预览"窗口内选中原文字，将第 1 行大号文字改为"魔幻黑夜"，字体改为"华文行

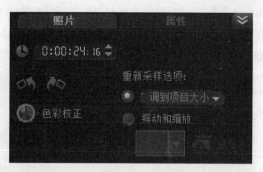

图 9-5-21　"选项"面板的"照片"选项卡

楷"，字大小改为 125。此时的"预览"面板和"选项"面板"编辑"选项卡如图 9-5-22 所示。再将第 2 行小号文字删除。

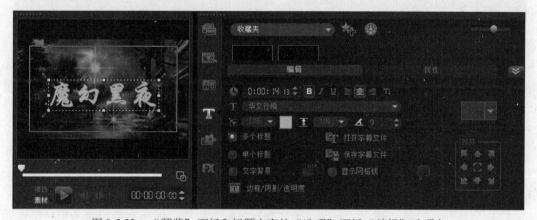

图 9-5-22　"预览"面板和标题文字的"选项"面板"编辑"选项卡

（11）单击"媒体素材"面板中的"标题"按钮 T，素材库内显示系统自带的动画标题图案。在"画廊"下拉列表框内选择"标题"选项。将素材库中倒数第 5 个标题图案拖动到"时间轴"面板的"标题"轨道内。再调整标题文字图案的长度，如图 9-5-16 所示。

2. 制作"美妙风景"视频

（1）单击"滤镜"按钮 FX，在"画廊"下拉列表框中选中"全部"选项。将素材库中的"气泡"滤镜图案拖动到"视频"轨道中的"风景 22. jpg"图像图案之上。将素材库中的"云彩"滤镜图案拖动到"覆叠"轨道中的"风景 23. jpg"图像图案之上。

（2）选中"风景 22. jpg"图像图案之上的"气泡"滤镜选项，参考前面介绍的方法进行"气泡"滤镜的属性设置。选中"风景 23. jpg"图像图案之上的"云彩"滤镜选项，参考前面介绍的方法，在各自的"预设值"显示框内选择一种预设的滤镜样式，进行"云彩"滤镜的属性设置。

（3）选中"时间轴"面板内"覆叠"轨道当中的"风景 23. jpg"图像图案，单击"选项"按钮，切换到"选项"面板"属性"选项卡。单击"方向/样式"栏内"进入"栏内

的按钮![icon]，设置调整"风景 23. jpg"图像的移动方向；调整方向位置再拖动滑块![icon]，可以调整"风景 23. jpg"图像动画的移动起始时间。按钮![icon]位置不影响动画效果。此时的"预览"面板和"选项"面板"属性"选项卡如图 9-5-23 所示。

图 9-5-23　"选项"面板的"属性"选项卡

（4）右击"标题"轨道内"魔幻黑夜"的标题图案，弹出它的快捷菜单，单击其内的"复制"命令，将"魔幻黑夜"标题复制到剪贴板内。此时的鼠标指针变为代加号的手指状，而且有一个和复制的标题图案一样大小的白色矩形与时间值。将鼠标指针移到"风景23. jpg"图像画面下边的"标题"轨道内单击，即可复制一份"魔幻黑夜"标题图案。

（5）双击复制的"魔幻黑夜"标题图案，在"预览"窗口内选中"魔幻黑夜"文字，双击"魔幻黑夜"文字，进入它的编辑状态，将文字改为"美妙风景"。然后，调整"美妙风景"标题图案的大小和位置。

（6）切换到"分享"状态，单击"创建视频文件"按钮，弹出它的快捷菜单，单击该菜单内的"自定义"命令，弹出"创建视频文件"对话框，利用该对话框将当前加工的项目文件以名称"实例3 魔幻夜和美妙景 . avi"保存在"第9章"文件夹中。

实例3　动物世界多视频

"动物世界多视频"视频播放后，6 个视频画面依次从不同方向移入背景画面之上的左上角，显示一会后再移出背景画面；另外一个海洋视频从右下方垂直移入画面右上方，播放一段时间后再移出画面。同时，在背景图像之上的下边从左到右依次逐字显示出"多个视频同时播放"蓝色立体文字。该段视频播放后的 4 幅画面如图 9-5-24 和图 9-5-25 所示。右边海洋视频的播放画面呈梯形透视状。

1. 制作视频和图像转场

（1）启动"会声会影"软件，新建一个项目，将当前项目以名称"实例3 动物世界多视频 . VSP"保存在"第9章"文件夹内。单击"轨道管理器"按钮![icon]，弹出"轨道管理器"对话框，利用该对话框设置"覆叠"轨道为 3 个。

（2）单击"步骤"栏内的"编辑"按钮，单击"媒体"按钮![icon]，添加一个"风景"文件夹，选中该文件夹。单击"文件"→"将媒体文件插入到素材库"→"插入照片"命令，弹出"浏览照片"对话框，利用该对话框将"风景10.jpg"和"风景13.jpg"图像文件导入到素材库的"风景"文件夹中。

图9-5-24 "动物世界多视频"视频播放的2幅画面

图9-5-25 "动物世界多视频"视频播放的2幅画面

（3）选中"视频"文件夹。单击"文件"→"将媒体文件插入到素材库"→"插入视频"命令，弹出"浏览视频"对话框，将"视频"文件夹内的"袋鼠生活.wmv""恐龙1.avi""动物世界.wmv""鲜花.wmv""兔子.avi""小老鼠.avi"和"海洋1.avi"视频文件导入到素材库的"视频"文件夹中。

（4）将"图像"文件夹内的"风景12.jpg"和"风景13.jpg"图像文件依次拖动到"时间轴"面板的"视频"轨道中。将"视频"文件夹内的"海洋1.avi"视频文件拖动到"时间轴"面板的"覆叠1"轨道中，调整它的宽度；将"视频"文件夹内的"袋鼠生活.wmv""龙1.avi"和"动物世界.wmv"视频图案依次拖动到"时间轴"面板的"覆叠2"轨道中；将"视频"文件夹内的"鲜花.wmv""兔子.avi"和"小老鼠.avi"视频图案依次拖动到"时间轴"面板的"覆叠3"轨道中；然后，调整这些视频图案的宽度，如图9-5-26所示（还没有添加转场和视频移动）。

（5）单击素材库左边的"转场"按钮，将素材库切换到转场效果的素材库，在"画廊"下拉列表框中选择3D选项，在素材库内显示全部转场效果的动态图案。将素材库内的"外观－三维"转场图案拖动到"时间轴"面板"视频"轨道内"风景10.jpg"和"风景13.jpg"图像之间，如图9-5-26所示。

（6）单击"时间轴"空白处，再选中"外观－三维"转场图案，单击"选项"按钮，弹出它的"选项"面板"属性"选项卡，如图9-5-27所示。利用该选项卡可以设置转场时间、边框大小、背景颜色、边缘柔缓程度和转场方向。

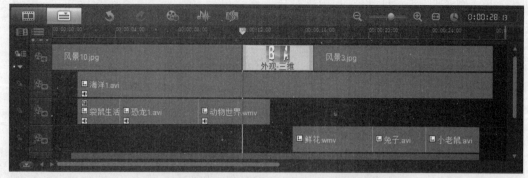

图 9-5-26   "时间轴"面板

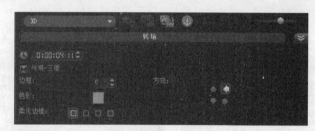

图 9-5-27   "外观 - 三维"转场的"选项"面板的"属性"选项卡

2. 编辑视频画面和进入与退出方式

（1）选中"海洋 1. avi"图像图案，单击"选项"按钮，弹出它的"选项"面板"属性"选项卡，单击"方向/样式"栏内"进入"栏中的按钮■和"退出"栏中的按钮■，两个按钮变亮，如图 9-5-28 所示。表示选中的视频从右向左水平移入画面，播放一段时间后再从左向右水平移出画面。

（2）在"预览"窗口内，"海洋 1. avi"视频被选中，拖动调整它四周的黄色控制柄，可以调整它的大小，拖动整个视频画面，可以调整该视频画面的位置，如图 9-5-28 所示。

（3）拖动调整播放条内的开始标记■和结束标记■的位置，这两个标记间距的大小决定了视频画面停止移动的时间大小，如图 9-5-28 所示。开始标记■左边的宽度表示移入画面所用的时间，结束标记■右边的宽度表示移入画面所用的时间。

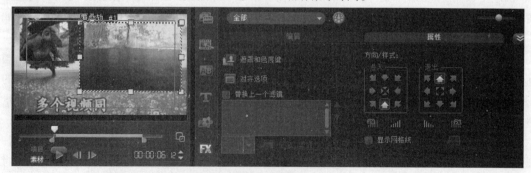

图 9-5-28   视频的"预览"窗口和"选项"面板的"属性"选项卡

（4）按照上述方法，调整"时间轴"面板的"覆叠2"轨道内3个视频画面的大小和位置；调整"时间轴"面板的"覆叠3"轨道内3个视频画面的大小和位置。

（5）选中"海洋1.avi"视频画面，水平向右拖动视频画面左上角的绿色方形控制柄，如图9-5-29左图所示；水平向左拖动视频画面右上角的绿色方形控制柄，如图9-5-29右图所示，使"海洋1.avi"视频画面呈梯形透视状。

图9-5-29 "海洋1.avi"视频画面呈梯形透视状的调整

（6）在"时间轴"面板内"覆叠2"轨道内，选中"袋鼠生活.wmv"图像图案，切换到"选项"面板的"属性"选项卡，"方向/样式"栏设置如图9-5-30左图所示；选中"恐龙1.avi"图像图案，"方向/样式"栏设置如图9-5-30中图所示；选中"动物世界.avi"图像图案，"方向/样式"栏设置如图9-5-30右图所示。

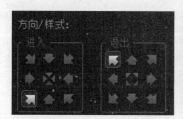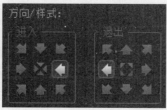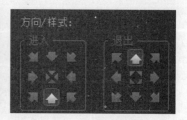

图9-5-30 3个视频"属性"选项卡的"方向/样式"栏设置

（7）按照上述方法，在"时间轴"面板内"覆叠2"轨道内，调整3个视频的进入和退出的方式。

（8）切换到"分享"状态，单击"创建视频文件"按钮，弹出它的快捷菜单，单击该菜单内的"自定义"命令，弹出"创建视频文件"对话框，利用该对话框将当前加工的项目文件以名称"实例3 动物世界多视频"保存在"第9章"文件夹中。

思考与练习

操作题

1. 利用摄像机或摄像头捕捉一段视频，保存在素材库的"视频"文件夹内。录制一段定格动画中各帧之间的时间间隔为6秒，保存在素材库的"视频"文件夹内。录制一段"录屏大师"软件录屏的操作过程，生成一个视频，保存在素材库的"视素"文件夹内。

2. 在"时间轴"面板内的"标题"轨道中添加两行标题文字，进行文字的各种设置。在"视频"轨道内添加 2 种不同的图形，进行图形编辑。然后，进行图形替换。

3. 将素材库中的 2 幅图像和 2 个视频素材分别添加到"时间轴"面板内的"视频"和"覆盖 1"轨道中，将素材库中的 4 个音频素材分别添加到"时间轴"面板内的"声音"和"音乐"轨道中，在"视频"轨道中各图案之间添加不同的转场，分别给图像和视频图案添加不同的滤镜。然后，分别编辑"时间轴"面板内的不同素材，以及修改转场和滤镜效果。

4. 制作一个"上升的泡泡"视频，在一个视频画面之上，有很多气泡从下向上浮动并逐渐变大。制作一个"可爱宝宝"视频，该视频播放后，一幅宝宝图像从下向上移动，逐渐将下边的第 1 幅宝宝图像遮挡住。同时还有背景音乐在播放，播放的时间应为 8 s。

5. 制作一个"世界名胜"视频，该视频播放后，会依次展示 8 幅世界名胜图像，图像的切换使用了不同的转场。其中几幅图像还使用了不同的滤镜，以及摇动和缩放动画。

6. 制作一个"多视频同时播放"视频，该视频播放后，会显示一个视频画面，视频画面之上显示不同透明度的 6 个视频，大小一样。隔一定时间后，6 个视频的位置移动，透明度发生变化。接着，再移动变化，回到原始状态。

参 考 文 献

[1] JENNIFER BURG. 数字媒体技术教程 [M]. 王崇文，李志强，等，译. 机械工业工业，2015.

[2] 黄裕宁，唐杰. 数字媒体基础教程 [M]. 机械工业出版社，2009.

[3] 杨忆泉. 数字媒体技术应用基础教程 [M]. 机械工业出版社，2014.

[4] 洪小达. 多媒体制作案例教程 [M]. 人民邮电出版社，2005.

[5] 洪小达. 多媒体技术简明教程 [M]. 电子工业出版社，2004.

[6] 陈芳林. 多媒体课件制作教程 [M]. 电子工业出版社，2003.